E. CHAILAN

Géométrie

A L'USAGE

DES ÉLÈVES DES CLASSES DE LETTRES

PROGRAMME DE 1905

PARIS

LIBRAIRIE Vᵉ CH. POUSSIELGUE

RUE CASSETTE, 15

E. CHAILAN

PROFESSEUR
A L'INSTITUT CATHOLIQUE DE PARIS

Géométrie

A L'USAGE

DES ÉLÈVES DE L'ENSEIGNEMENT SECONDAIRE

PREMIER CYCLE, DIVISIONS A ET B
SECOND CYCLE, DIVISIONS A ET B
(PROGRAMME DE 1905)

Quatrième édition.

PARIS

LIBRAIRIE Vve CH. POUSSIELGUE

RUE CASSETTE, 15

1908

DE L'ETUDE
DE LA GÉOMÉTRIE

La *Géométrie* a pour but l'étude des propriétés des figures.

La connaissance d'une figure géométrique nous est donnée par sa définition.

Ses propriétés sont mises en évidence par la démonstration de théorèmes.

DES DÉFINITIONS

Nous diviserons les définitions en trois genres : les définitions expérimentales, les définitions évidentes ou des figures immédiatement constructibles, les définitions à théorèmes.

1° *Définitions expérimentales.* — La notion de la ligne droite est expérimentale : nous concevons que par deux points passe une ligne droite et une seule, mais nous ne le démontrons pas, et cette propriété nous sert de définition. De même, pour le plan, la coïncidence imparfaite d'une règle *droite* avec une table *plane*, nous suggère l'idée qu'il existe une surface telle que toute droite ayant deux de ses points sur la surface soit tout entière sur celle-ci. Nous joindrons à ces définitions le *postulatum d'Euclide*; nous n'avons pas de doutes sur son exactitude parce que toutes les conclusions que nous en tirons sont vérifiées expérimentalement.

A côté du fait expérimental, nous avons donc créé un

être *fictif* sur lequel nous raisonnons. C'est un tort de dissimuler aux élèves ce côté expérimental, on leur donnerait une idée fausse sur le genre de vérité que comporte la géométrie.

2° *Définitions évidentes ou de figures immédiatement constructibles.* — Les définitions les plus simples sont celles qui permettent de construire immédiatement la figure définie.

Au moment où une définition de ce genre se présente dans l'ordre naturel du cours, il faut avoir bien soin de montrer aux élèves qu'ils savent construire la figure définie à l'aide des connaissances antérieurement acquises.

Par exemple : un triangle isocèle se construit en traçant un angle quelconque et en prenant sur ses côtés, à partir du sommet, deux longueurs égales.

Toutes les fois qu'il existe, pour une figure, une définition constructible, il faut rigoureusement s'abstenir de donner une définition non immédiatement constructible, et surtout de ne pas donner de définitions surabondantes.

Par exemple, prenons le rectangle : nous savons construire un parallélogramme qui a un angle droit, tandis qu'il n'est pas évident que l'on puisse construire un quadrilatère ayant quatre angles droits.

3° *Définitions à théorèmes.* — Lorsqu'une figure n'est pas immédiatement constructible d'après sa définition, il faut un théorème pour démontrer l'existence de l'objet défini.

Pour faciliter les recherches, nous avons groupé les définitions au commencement de chaque paragraphe. Au point de vue logique, il aurait mieux valu placer chaque définition avant le théorème où le mot défini était employé pour la première fois. Nous conseillons de n'apprendre les définitions qu'à partir du moment où elles deviennent utiles, et en particulier de rapprocher toujours les *définitions à théorèmes* du théorème qui prouve l'existence de l'objet défini. Une numérotation spéciale facilite ce rapprochement.

Toutes les définitions doivent être apprises *par cœur*. C'est la seule manière de parvenir à ce résultat essentiel qu'un mot prononcé évoque aussitôt dans l'esprit des élèves les propriétés de l'objet qu'il représente.

DES THÉORÈMES

La division en *lemmes, théorèmes, corollaires, applications,* est absolument arbitraire et ne correspond à aucune différence bien nette dans la nature des démonstrations et l'utilité des résultats. Tout théorème est le corollaire de celui qui le précède et le lemme de celui qui le suit. La seule remarque à faire est que les élèves ont une tendance aussi prononcée que fâcheuse, à n'apprendre que ce qu'on a intitulé théorème et à négliger ce qu'on a donné sous le nom de corollaire.

Un théorème est l'énoncé d'un fait dont la vérité est mise en évidence par une démonstration s'appuyant sur des vérités antérieurement acquises.

1º *Énoncé.* — Il est de toute nécessité d'énoncer les théorèmes en langage vulgaire, sans en désigner les éléments par des lettres. Autrement les élèves qui ont appris un énoncé avec de certaines lettres ne savent plus l'appliquer lorsqu'ils n'ont plus les mêmes notations. En dehors, peut-être, du théorème des trois perpendiculaires, il n'en est pas qu'on ne puisse formuler sans lettres.

Tout énoncé de théorème contient deux parties : *l'hypothèse* et la *conclusion*.

Pour pouvoir progresser dans l'étude de la géométrie, il faut savoir *par cœur* l'énoncé de chaque théorème, et savoir distinguer dans chacun l'hypothèse et la conclusion. La géométrie est un ensemble logique de propositions se déduisant les unes des autres : la connaissance seule des énoncés d'une partie de la géométrie est nécessaire et suffisante pour passer à l'étude de la partie suivante ; d'où l'importance de posséder des énoncés précis.

2° *Démonstration*. — L'élève doit d'abord répéter l'énoncé du théorème en langage vulgaire en séparant nettement l'hypothèse de la conclusion. Puis il doit tracer une figure satisfaisant aux hypothèses du théorème, donner à nouveau l'énoncé en se servant des lettres de la figure et écrire, toutes les fois que cela est possible, à gauche du tableau, l'hypothèse et la conclusion séparées par un trait.

Les élèves doivent s'appliquer à faire des figures correctes. La fameuse définition de la géométrie : l'art de raisonner juste sur des figures fausses, est plus spirituelle que fondée. Il n'est pas aussi indifférent qu'on le pense souvent de faire des figures exactes ; souvent, une figure bien faite rappelle la démonstration d'un théorème ou suggère celle d'un problème. Mais, il est encore plus important de ne pas faire de figures particulières : la substitution d'un triangle équilatéral à un triangle quelconque, celle d'un rectangle à un parallélogramme conduisent, presque toujours, à de funestes erreurs.

Lorsque les figures contiennent des éléments égaux par hypothèse, non seulement il faut écrire les égalités correspondantes dans le tableau des hypothèses, mais encore marquer d'un même signe sur la figure les éléments égaux. Il faut éviter avec le plus grand soin de prendre la mauvaise habitude de marquer d'un même signe des éléments différents.

Ce travail préliminaire fait, la démonstration commence réellement. Nous n'entrerons ici dans aucun développement sur les *méthodes analytique* et *synthétique* et sur leurs avantages respectifs ; nous les avons employées simultanément en visant à la plus grande simplicité. Nous nous sommes moins attaché à donner pour *chaque* théorème la démonstration la plus courte possible qu'à grouper les théorèmes en cherchant à réduire au minimum *l'ensemble* des démonstrations.

Nous ne donnerons que quelques conseils sur la manière pratique d'exposer la démonstration d'un théorème.

Lorsque dans la démonstration on doit mener des lignes de construction, il y a grand avantage à les tracer en pointillé. Lorsqu'on énonce que l'on construit des éléments égaux, il faut les marquer d'un même signe et écrire les égalités correspondantes à côté de l'hypothèse.

Dans le transport des figures égales, il faut bien insister sur les éléments que l'on fait coïncider et montrer qu'il ne dépend pas de soi de faire coïncider les autres, mais que l'on peut constater dans les figures égales que les éléments coïncident. Des figures découpées peuvent être très utiles dans ce mode de raisonnement comme aussi dans le retournement.

Quand les constructions introduisent des figures partielles sur lesquelles il faut raisonner séparément, on éloigne souvent les difficultés en dessinant à part ces figures, surtout quand elles se superposent sur la figure totale.

Quand on cite un élément d'une figure quelconque, il faut toujours le désigner par son *nom générique* suivi des lettres de la figure qui le désignent, rappeler toutes les fois que cela est nécessaire la définition précise du mot que l'on emploie. Chaque fois que l'on applique un théorème antérieur, il faut en donner l'énoncé absolu indépendamment des lettres de la figure avant d'en faire l'application au cas particulier qui se présente. De ce côté, l'emploi constant de la méthode socratique donne toujours d'excellents résultats : elle consiste à faire répéter les définitions et les énoncés des théorèmes, qui interviennent au cours d'une démonstration, par un élève que l'on interpelle brusquement, ce qui force tous les élèves à une attention soutenue pendant le cours.

Un grand nombre de théorèmes conduisant à des fo.-

mules, il est indispensable d'avoir quelques notions d'algèbre avant d'aborder l'étude de la *Géométrie*.

La démonstration de certains théorèmes se modifie quelquefois légèrement suivant les formes différentes que l'on peut donner à la figure tout en respectant les conditions imposées par l'hypothèse. Nous n'avons jamais donné la démonstration de ces théorèmes que dans un seul cas de figure. Mais nous avons réuni dans une même série d'exercices les énoncés de ces théorèmes, en indiquant les modifications que l'on peut faire subir à la figure. Il est indispensable que les élèves rédigent la démonstration de ces théorèmes : c'est un complément indispensable du cours. En connaissant les variantes que peuvent subir ces démonstrations, ils pourront répondre victorieusement à de petites objections qui se présentent souvent aux examens. Nous avons mis dans la même série les énoncés de quelques réciproques qu'il n'est pas d'usage de démontrer dans le cours, quoique certaines d'entre elles soient d'un usage constant. Leur importance et leur simplicité sont une double raison pour que la démonstration de ces questions soit faite par les élèves.

Ces deux genres d'exercices sont d'ailleurs les meilleurs qui puissent être donnés aux élèves pour les préparer à aborder des questions plus difficiles, et à acquérir l'esprit géométrique, qui a ce résultat si important d'assujétir le raisonnement de celui qui le possède aux lois de la logique.

E. C.

GÉOMÉTRIE

NOTIONS PRÉLIMINAIRES

1. Volume. — Un corps occupe une partie limitée de l'espace appelée *volume*.

2. Surface. — Un volume est séparé de l'espace environnant par sa *surface*.

3. Ligne. — L'intersection de deux surfaces est une *ligne*.

4. Point. — L'intersection de deux lignes est un *point*.

5. Figure. — Les surfaces, lignes et points peuvent être considérés indépendamment des corps qui les contiennent.

Une *figure* est un ensemble quelconque de volumes, surfaces, lignes ou points.

6. Figures égales. — Deux figures sont *égales* lorsqu'en les transportant l'une sur l'autre on peut les faire coïncider dans toutes leurs parties.

7. But de la géométrie. — La *géométrie* étudie les propriétés des figures et particulièrement la mesure de leur grandeur.

8. Axiome. — Un axiome est une vérité évidente par elle-même.

Exemple : Deux quantités égales à une troisième sont égales entre elles.

9. Théorème. — Un *théorème* est l'énoncé d'une vérité qui a besoin d'être démontrée.

L'énoncé d'un théorème contient deux parties :

1º L'*hypothèse*, qui est la partie que l'on suppose vraie ;

2° La *conclusion*, qui est la partie dont on veut démontrer la vérité.

10. Lemme. — Un *lemme* est un théorème dont la démonstration est utile pour les théorèmes suivants, mais dont l'énoncé ne semblerait pas devoir le placer dans le chapitre où il se trouve.

11. Corollaire. — Un *corollaire* est un théorème qui est une conséquence simple d'un autre théorème.

12. Réciproque. — Une *réciproque* est un théorème dont l'hypothèse et la conclusion sont respectivement la conclusion et l'hypothèse d'un autre théorème.

Si un théorème est vrai, sa réciproque peut être fausse.

13. Ligne droite. — La *ligne droite*, ou simplement *la droite*, est la plus simple des lignes ; un fil tendu nous en donne l'idée, à condition de le supposer illimité.

La ligne droite jouit de la propriété suivante :

Par deux points passe une ligne droite et une seule.

Donc deux droites qui ont deux points communs sont confondues.

Nous *représenterons* une ligne droite par un trait, et nous

la *désignerons* par deux lettres majuscules : nous dirons la droite AB.

14. Demi-droite. — Une *demi-droite* est une droite limitée d'un seul côté par un point.

Nous *figurerons* ce point pour la distinguer de la droite : nous dirons la demi-droite AB.

15. Segment. — Un *segment de droite* ou simplement *un segment*, est une portion de droite limitée par deux points.

Nous *figurerons* ces deux points pour le distinguer de la droite et de la demi-droite : nous dirons le segment AB.

16. Ligne brisée. — Une *ligne brisée* ou *polygonale* est composée de segments successifs.

17. Ligne courbe. — Une ligne courbe n'est ni droite ni brisée.

18. Plan. — Un plan est une surface illimitée telle que toute droite, ayant deux de ses points sur cette surface, est tout entière sur la surface.

19. Lemme. — *Un plan et un seul est déterminé par :*

1° *Une droite et un point extérieur ;*
2° *Deux droites qui se coupent ;*
3° *Trois points non situés en ligne droite.*

1° Soit la droite AC et le point D extérieur à cette droite. Par la droite AC faisons passer un plan quelconque et faisons-le tourner d'un mouvement continu autour de AC : il y a une position et une seule dans laquelle il contient le point D. 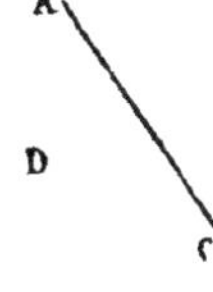

2° Soit deux droites AC et AD qui se coupent. Par la droite AC et le point D, nous savons faire passer un plan. Ce plan, contenant les points A et D, contient la droite AD tout entière (18). 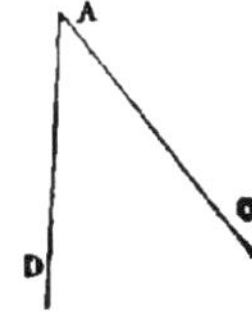

3° Soit trois points A, C, D, non situés en ligne droite. Joignons AC et AD : nous sommes ramenés au cas précédent.

20. Conséquence. — Deux plans coïncideront lorsqu'ils auront :

1° Une droite et un point, non situé sur la droite, communs ;

2° Deux droites communes ;

3° Trois points, non situés en ligne droite, communs.

21. Lemme. — *L'intersection de deux plans est une ligne droite.*

Soit A et B, deux points de l'intersection de deux plans. Joignons AB.

AB est tout entière dans le premier plan, puisqu'elle a

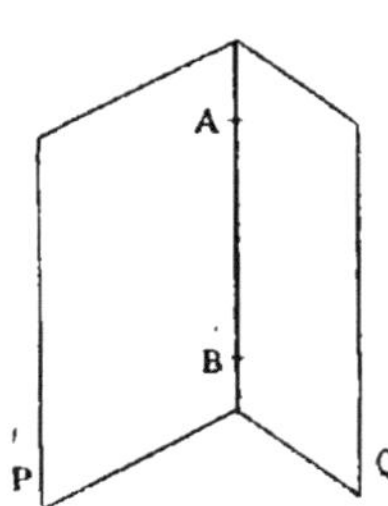

deux points dans ce plan (18). De même, AB est tout entière dans le second plan. Donc, AB fait partie de l'intersection des plans.

Tout point qui n'est pas sur AB ne peut faire partie de l'intersection. Car, si cela avait lieu, les deux plans considérés, ayant la droite AB commune et un point extérieur commun, seraient confondus (19).

Donc, l'intersection des deux plans est une ligne droite.

22. Division de la géométrie. — L'étude de la géométrie se divise en deux parties :

1° La *géométrie plane*, qui étudie les figures tracées sur un plan ;

2° La *géométrie de l'espace*, qui étudie les figures dont les diverses parties ne sont pas dans un même plan.

23. Utilité des deux lemmes. — Les deux lemmes montrent que les opérations suivantes :

1° Appliquer un plan sur un autre plan,

2° Appliquer un plan sur lui-même en le repliant autour d'une de ses droites,

Sont deux opérations possibles. Nous aurons, dans la géométrie, constamment recours à ces deux opérations.

GÉOMÉTRIE PLANE

LIVRE I

---

§ I. — TRIANGLES

24. Angle. — Un *angle* est la figure formée par deux demi-droites issues d'un même point appelé *sommet* ; les deux demi-droites prennent le nom de *côtés*.

Un angle est indépendant de la longueur de ses côtés que l'on doit supposer indéfinis.

Nous *nommerons* un angle :

1° *Par trois lettres*, l'une placée au sommet, les deux autres le long des côtés. Mais nous aurons bien soin de nommer la lettre du sommet *entre* les deux lettres des côtés.

Exemple : Nous dirons : l'angle BAC ou l'angle CAB.

2° *Par la lettre du sommet seule.*

Exemple : Nous dirons : l'angle A.

Nous emploierons cette notation lorsqu'un angle *seulement* a pour sommet le point A.

3° *Par la lettre du sommet accompagnée d'un indice.*

Un *indice* est un petit chiffre placé à droite et en dessous de la lettre.

A_1 se lit : *A indice 1*, ou simplement : *A un*.

Nous emploierons cette notation dans deux cas :

a) Lorsque plusieurs angles ont même sommet. Les

indices s'inscrivent sur la figure, à l'intérieur de l'angle
(voir 25).

b) Lorsque plusieurs angles de sommets différents sont
égaux. Dans ce cas, nous mettrons le même indice à l'intérieur des angles égaux entre eux (voir 45).

25. Angles adjacents. — Deux angles sont *adjacents* lorsqu'ils ont même sommet, un côté commun, et s'ils sont situés
de part et d'autre du côté commun.

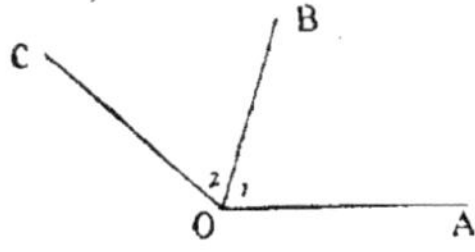

Exemple : Les angles AOB et BOC
sont adjacents.

Nous pouvons aussi dire les angles
O_1 et O_2 sont adjacents.

26. Somme de deux angles. — Un angle est la somme
de deux autres lorsqu'il peut être formé par deux angles
adjacents égaux aux angles donnés.

Exemple : De la figure précédente et de cette définition
nous concluons :

$$AOB + BOC = AOC$$
ou
$$O_1 + O_2 = AOC$$

27. Bissectrice. — La *bissectrice* d'un angle est la demi-
droite issue du sommet qui divise cet angle en deux parties
égales (voir 38).

28. Perpendiculaire. — Deux droites sont *perpendiculaires* lorsqu'elles forment des angles adjacents égaux
(voir 38). Ces angles sont appelés *angles droits*.

Par abréviation, en parlant d'un angle droit, nous dirons :
un droit.

29. Angles opposés par le sommet. — Deux angles

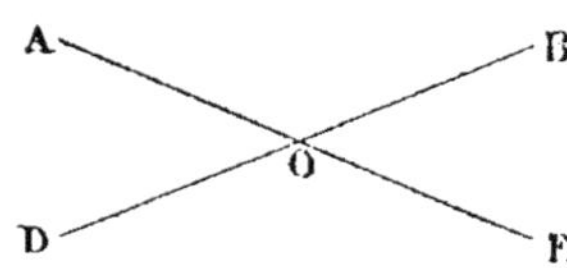

sont *opposés par le sommet* lorsque les côtés de l'un sont les
prolongements des côtés de l'autre.

Exemple : Les angles AOD et BOE sont opposés par le sommet.

3o. Triangle. — Un *triangle* est la figure formée par trois droites qui se coupent deux à deux, ces droites étant limitées à leurs points d'intersection.

Ces points d'intersection sont les *sommets* du triangle, les segments de droite compris entre les sommets sont les *côtés*, et les angles formés par les côtés sont les *angles* du triangle.

Un triangle est :

scalène, lorsqu'il a ses trois côtés inégaux ;

isocèle, lorsqu'il a deux côtés égaux ;

équilatéral, lorsqu'il a ses trois côtés égaux.

Nous désignerons un triangle par trois lettres placées aux sommets. Nous dirons :

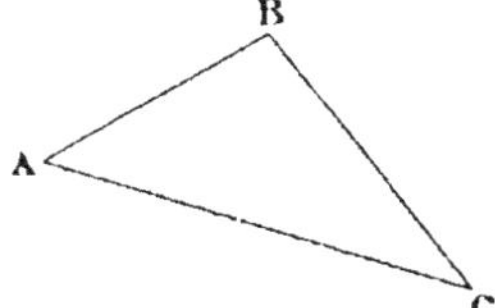

Le triangle ABC a

pour côtés :	AB,	BC,	CA ;
pour angles :	A,	B,	C.

3r. Remarque. — Lorsque les trois mêmes lettres désignent à la fois un triangle et un angle, pour distinguer, dans l'écriture, l'une des désignations de l'autre, nous *convenons* de surmonter d'un angle les lettres désignant l'angle.

Exemple : Nous écrirons le triangle ABC et l'angle $\widehat{ABC}$.

32. Hauteur. — Une *hauteur* d'un triangle est le segment mené d'un sommet perpendiculairement sur le côté opposé.

33. Médiane. — Une *médiane* d'un triangle est le segment qui joint un sommet au milieu du côté opposé.

34. Remarque. — Dans le *triangle isocèle*, les mots : *hauteur*, *médiane* et *bissectrice*, employés seuls, désignent celle de ces lignes relative au côté inégal qui prend le nom de *base*.

35. Angle extérieur. — *L'angle extérieur* d'un triangle est l'angle formé par un côté et le prolongement du côté adjacent.

36. Ligne polygonale convexe. — Une ligne polygonale ou brisée est *convexe* lorsque chaque droite qui la forme, prolongée indéfiniment, laisse la ligne polygonale du même côté de cette droite.

37. Lemme. — *Deux angles opposés par le sommet sont égaux.*

Soit l'angle AOB, si nous prolongeons ses côtés, nous formons l'angle DOC opposé par le sommet au précédent.

Nous voulons démontrer que

$$AOB = DOC$$

Décalquons la figure après l'avoir retournée.

Les angles   AOB,   DOC,   AOD,
se reproduisent en A'O'B', D'O'C', A'O'D',

en conservant leurs grandeurs respectives.

Transportons la seconde figure sur la première, de façon que les deux angles égaux AOD et A'O'D' coïncident (6), A'O' coïncidant avec OD et O'D' coïncidant avec OA.

Les deux portions de droites O'D' et OA coïncidant, il en est de même de leurs prolongements ; donc, O'B' coïncide avec OC.

Les deux côtés de l'angle A'O'B' coïncidant avec ceux de DOC, nous avons :   A'O'B' = DOC
mais   A'O'B' = AOB   par construction.
Donc :   AOB = DOC

38. Théorème. — *Dans un triangle isocèle :*

1° *Les angles opposés aux côtés égaux sont égaux.*
2° *La médiane est à la fois bissectrice et hauteur.*

Soit ABC un triangle isocèle, c'est-à-dire tel que

$$AB = AC$$

Si nous prenons $MB = MC$

la droite AM est la médiane (33).

Nous voulons démontrer que :

premièrement : $\widehat{B} = \widehat{C}$

deuxièmement : la médiane AM est bissectrice, c'est-à-dire (27) que

$$\widehat{MAB} = \widehat{MAC}$$

et que la médiane AM est hauteur, c'est-à-dire (28) que

$$\widehat{AMB} = \widehat{AMC}$$

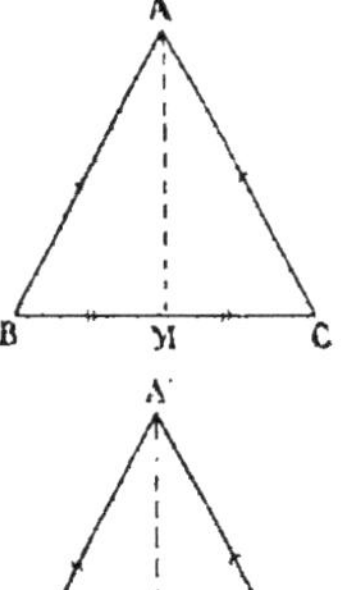

1° Décalquons la figure après l'avoir retournée. Tous les éléments se reproduisent égaux à eux-mêmes.

Transportons la seconde figure sur la première, de façon que :

$\widehat{A'}$ coïncide avec son égal $\widehat{A}$.

Or A'C' = AC   par construction
AB = AC   par hypothèse
Donc :   A'C' = AB.

Il en résulte que le point C' coïncide avec le point B.
De même, le point B' coïncide avec le point C.
Les deux droites C'B' et BC, qui ont deux points communs, coïncident, leurs milieux M' et M coïncident aussi.
Par suite :

$\widehat{C'} = \widehat{B}$ puisque leurs côtés coïncident ;

or $\widehat{C'} = \widehat{C}$ par construction.

Donc :
$$\widehat{B} = \widehat{C}$$

ou, les angles opposés aux côtés égaux sont égaux.

2° Les deux droites A'M' et AM ayant deux points coïncidants coïncident. Par suite :

$$\widehat{M'A'C'} = \widehat{MAB}$$

or $\qquad \widehat{M'A'C'} = \widehat{MAC} \qquad$ par construction.

Donc :
$$\widehat{MAB} = \widehat{MAC}$$

la médiane d'un triangle isocèle est en même temps bissectrice.

De même :

$$\widehat{A'M'C'} = \widehat{AMB}$$

or $\qquad \widehat{A'M'C'} = \widehat{AMC} \qquad$ par construction.

Donc :
$$\widehat{AMB} = \widehat{AMC}$$

la médiane d'un triangle isocèle est en même temps hauteur.

39. Remarque. — Ce théorème prouve qu'il existe des droites satisfaisant à la définition de *bissectrice* (27) et de *perpendiculaire* (28).

40. Réciproque. — *Un triangle qui a deux angles égaux est isocèle.*

Soit le triangle ABC tel que

$$\widehat{B} = \widehat{C}$$

Nous voulons démontrer que ce triangle est isocèle, c'est-à-dire que
$$AB = AC$$

Décalquons le triangle ABC après l'avoir retourné. Tous les éléments se reproduisent égaux à eux-mêmes. En particulier,

$$\widehat{B} = \widehat{B'} \qquad\qquad \widehat{C} = \widehat{C'}$$

A cause de l'hypothèse, nous en concluons :

$$\widehat{C'} = \widehat{B} \quad \text{et} \quad \widehat{B'} = \widehat{C}$$

Transportons le triangle A'B'C' sur le triangle ABC, de façon que C'B' coïncide avec son égal BC, C' venant en B et B' en C.

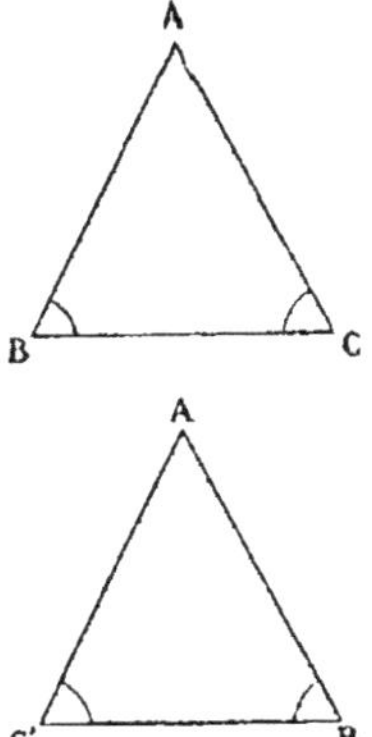

Puisque $\widehat{C'} = \widehat{B}$, le côté A'C' prend la direction de AB.

Puisque $\widehat{B'} = C$, le côté A'B' prend la direction de AC; d'après ce raisonnement, le point A', devant être à la fois sur AB et sur AC, coïncidera avec A. Donc :

$$AB = A'C' \quad \text{par suite de la coïncidence précédente;}$$
or $\quad AC = A'C' \quad$ par construction.

Donc : $\qquad AB = AC$

41. Théorème. — *Un triangle équilatéral a ses trois angles égaux.*

Soit le triangle équilatéral ABC. **Par** hypothèse, nous avons :

$$AB = BC = CA$$

Nous voulons démontrer que

$$\widehat{A} = \widehat{B} = \widehat{C}$$

Puisque BC = CA, appliquons au triangle ABC la propriété du triangle isocèle (38) :

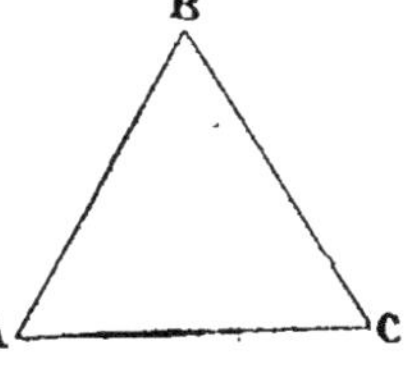

$$\widehat{A} = \widehat{B}$$

Puisque CA = AB, appliquons aux angles opposés la propriété du triangle isocèle :

$$\widehat{B} = \widehat{C}$$

De ces deux dernières égalités, nous concluons :

$$\widehat{A} = \widehat{B} = \widehat{C}$$

42. Réciproque. — *Un triangle qui a ses trois angles égaux est équilatéral.*

Soit le triangle équiangle ABC. Par hypothèse, nous avons :

$$\widehat{A} = \widehat{B} = \widehat{C}$$

Nous voulons démontrer que le triangle est équilatéral, c'est-à-dire que

$$AB = BC = CA$$

Puisque $\widehat{A} = \widehat{B}$, le triangle ABC a ses côtés opposés égaux (40). Donc :

$$BC = CA$$

Puisque $\widehat{B} = \widehat{C}$, nous avons de même :

$$CA = AB$$

De ces deux dernières égalités, nous concluons :

$$AB = BC = CA$$

43. Théorème. — *Deux triangles, qui ont un côté égal adjacent à deux angles égaux chacun à chacun, sont égaux.*

Soit les deux triangles ABC et DEF tels que

$$AC = DF \qquad \widehat{A} = \widehat{D} \qquad \widehat{C} = \widehat{F}$$

Nous voulons démontrer que ces triangles sont égaux.

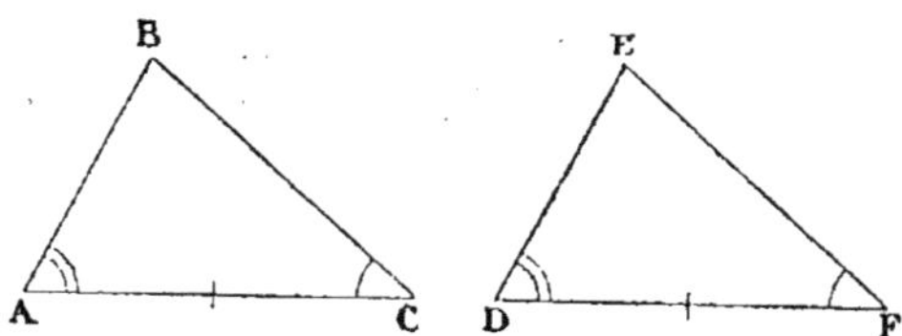

Transportons le triangle DEF sur le triangle ABC, de façon que DF coïncide avec son égal AC, D coïncidant avec A, et F avec C.

Puisque $\widehat{A} = \widehat{D}$, le côté DE prend la direction de AB

Puisque $\widehat{F} = \widehat{C}$, le côté EF prend la direction de BC.

D'après ce raisonnement, le point E, devant être à la fois sur AB et sur BC, coïncidera avec B.

Les deux triangles, ayant leurs trois sommets coïncidant, coïncident dans toutes leurs parties et, par suite, sont égaux.

44. Théorème. — *Deux triangles qui ont un angle égal compris entre deux côtés égaux chacun à chacun sont égaux.*

Soit les deux triangles ABC et DEF, tels que

$$AB = DE \qquad BC = EF \qquad \widehat{B} = \widehat{E}$$

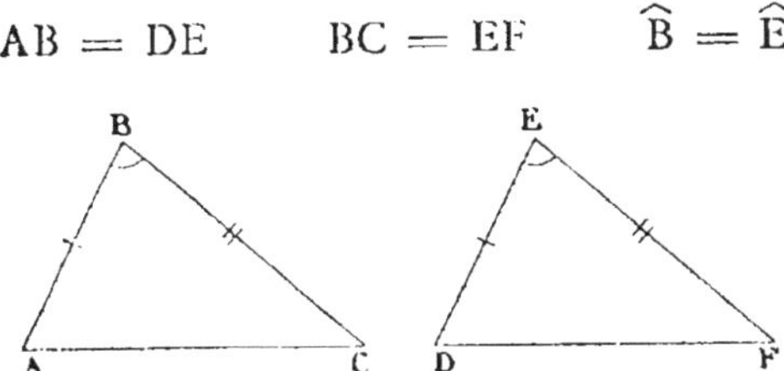

Nous voulons démontrer que ces triangles sont égaux.

Transportons le triangle DEF sur le triangle ABC, de façon que DE coïncide avec son égal AB, D coïncidant avec A, et E avec B.

Puisque $\widehat{B} = \widehat{E}$, le côté EF prend la direction de BC, et comme EF = BC, le point F tombe au point C.

Les deux triangles, ayant leurs trois sommets coïncidant, coïncident dans toutes leurs parties et par suite sont égaux.

45. Théorème. — *Deux triangles qui ont les trois côtés égaux chacun à chacun sont égaux.*

Soit les deux triangles ABC et DEF, tels que

$$AB = DE \qquad BC = EF \qquad CA = FD$$

Nous voulons démontrer que ces triangles sont égaux.

Transportons le triangle DEF *au-dessous* du triangle ABC, de façon que DF coïncide avec son égal AC, et que les côtés égaux soient issus du même sommet.

Le triangle DEF se reproduit en AE'C identique à lui-même.

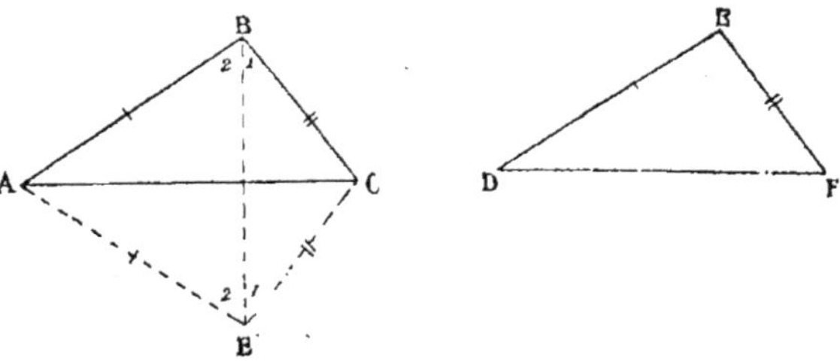

Joignons BE'. Les deux triangles ABE' et BCE' sont isocèles, par suite (38) :

$$\widehat{B}_1 = \widehat{E}'_1 \qquad \widehat{B}_2 = \widehat{E}'_2$$

Additionnant ces deux égalités, nous en concluons :

$$\widehat{ABC} = \widehat{AE'C} \qquad \text{ou} \qquad \widehat{ABC} = \widehat{DEF}$$

Nous pouvons maintenant dire que les deux triangles ABC et DEF ont un angle égal compris entre deux côtés égaux chacun à chacun, donc (44) ils sont égaux.

46. Conséquence. — De ce théorème, il résulte que

Dans les triangles égaux, aux côtés égaux sont opposés les angles égaux, et réciproquement.

47. Théorème. — *L'angle extérieur d'un triangle est plus grand que chacun des angles non adjacents.*

Soit le triangle ABC. Nous voulons démontrer que

$$\widehat{ACD} > \widehat{BAC}$$

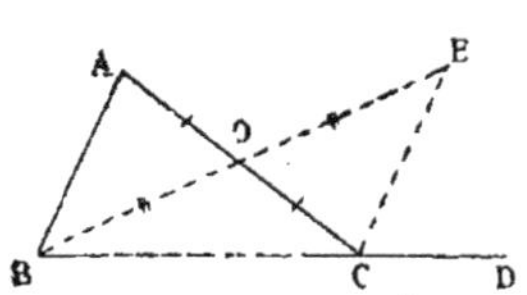

Prenons le point O sur AC, tel que

$$AO = OC$$

Joignons BO, et prolongeons-le d'une longueur égale :

$$OE = BO$$

Enfin traçons EC.

Nous avons de plus :

$$\widehat{AOB} = \widehat{COE} \quad \text{comme opposés par le sommet.}$$

Par suite, les deux triangles AOB et COE sont égaux (44) ; écrivons qu'aux côtés égaux sont opposés des angles égaux (46) :

$$\widehat{BAC} = \widehat{OCE}$$

mais

$$\widehat{ACD} > \widehat{OCE}$$

Donc :

$$\widehat{ACD} > \widehat{BAC}$$

48. Théorème. — *Lorsqu'un triangle a deux côtés inégaux, au plus grand côté est opposé le plus grand angle.*

Soit le triangle ABC, tel que

$$AB > AC$$

Nous voulons démontrer que

$$\widehat{ACB} > \widehat{ABC}$$

Prenons sur le côté AB un point D tel que :

$$AD = AC$$

et joignons DC. Le triangle ADC est isocèle, par suite (3°) :

$$\widehat{C_1} = \widehat{D_1}$$

Or $\widehat{ACB} > \widehat{C_1}$ par suite de la construction,

ou $\widehat{ACB} > \widehat{D_1}$ d'après l'égalité précédente ;

de plus, $\widehat{D_1} > \widehat{ABC}$ comme angle extérieur du triangle BDC (47). Donc
$$\widehat{ACB} > \widehat{ABC}$$

49. Réciproque. — *Lorsqu'un triangle a deux angles inégaux, au plus grand angle est opposé le plus grand côté.*

Soit le triangle ABC, dans lequel nous avons :

$$\widehat{A} > \widehat{C}$$

Nous voulons démontrer que

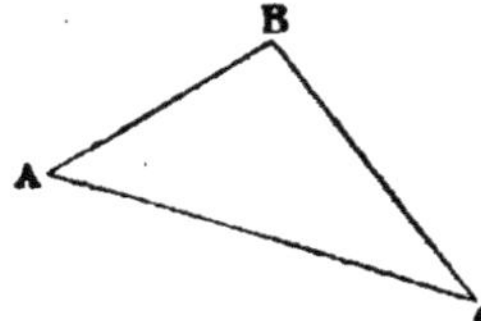

$$BC > AB$$

Nous pouvons sur les deux côtés AB et BC faire les trois hypothèses suivantes :

$$BC < AB \quad BC = AB \quad BC > AB$$

Si BC était plus petit que AB, nous démontrerions que (48)

$$\widehat{A} < \widehat{C} \qquad \text{conclusion contraire à l'hypothèse.}$$

Si BC était égal à AB, le triangle serait isocèle et (38) :

$$\widehat{A} = \widehat{C} \qquad \text{conclusion contraire à l'hypothèse.}$$

Donc, la solution $\quad BC > AB \quad$ est seule admissible.

5o. Théorème. — *Dans un triangle :*

1° *Un côté quelconque est plus petit que la somme des deux autres ;*

2° *Un côté quelconque est plus grand que leur différence.*

1° Soit un triangle ABC; nous voulons démontrer que :

$$BC < AB + AC$$

Prolongeons le côté AB d'une longueur telle que :

$$AD = AC$$

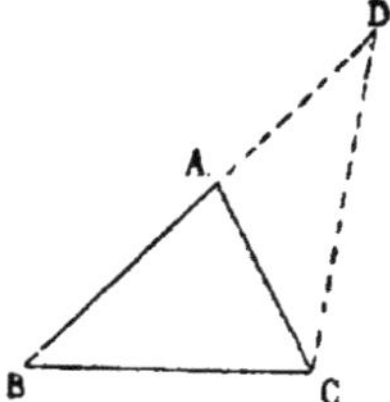

et joignons DC. Le triangle ACD est isocèle, par suite (38) :

$$\widehat{ACD} = \widehat{ADC}$$

d'après la figure, $\quad \widehat{ACD} < \widehat{BCD}$

donc, $\qquad \widehat{ADC} < \widehat{BCD}$

Dans le triangle BCD, au plus grand angle est opposé le plus grand côté (49).

$$BC < BD$$

ou $\qquad\qquad BC < AB + AD$

ou à cause de $\qquad$ AD $=$ AC

$$BC < AB + AC$$

2° Faisant passer un terme d'un membre dans un autre, nous concluons de la dernière inégalité :

$$AB > BC - AC$$

Remarque. — Nous ferions la même démonstration pour les autres côtés.

51. Théorème. — *Un segment de droite est plus court que toute ligne polygonale ayant mêmes extrémités.*

Soit le segment AF et la ligne polygonale ABCDEF ayant mêmes extrémités.

Nous voulons démontrer que

$$AF < AB + BC + CD + DE + EF$$

Joignons, par une droite CE, les extrémités de deux côtés issus d'un même sommet. Nous savons que (50)

$$CE < CD + DE$$

Nous avons donc une ligne polygonale de quatre côtés ABCEF, dont le périmètre est plus petit que celui de la ligne de cinq côtés ABCDEF.

Répétons la même construction une seconde fois, nous obtenons une ligne polygonale de trois côtés qui est plus petite ; répétons-la une troisième fois, nous obtenons une ligne de deux côtés qui est encore plus petite.

Cette dernière ligne forme avec AF un triangle, et AF est plus petit que la somme des deux côtés de la dernière ligne polygonale.

AF, étant plus petite que chacune des lignes polygonales construites, est plus petite que la ligne polygonale donnée.

Remarque. — Le raisonnement est indépendant du nombre de côtés de la ligne polygonale donnée.

52. Conséquence.

On démontre aussi que la ligne droite est plus courte que toute ligne *courbe* ayant mêmes extrémités, donc :

La ligne droite est le plus court chemin d'un point à un autre.

53. Théorème. — *Lorsque deux lignes polygonales convexes ont mêmes extrémités, la ligne enveloppante est plus grande que la ligne enveloppée.*

Soit la ligne polygonale convexe ABCDE, qui enveloppe la ligne polygonale convexe AGFE.

Nous voulons démontrer que

$$AB + BC + CD + DE > AG + GF + FE$$

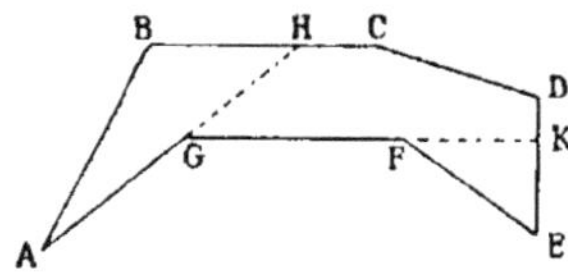

Prolongeons dans le *même sens* les côtés de la ligne enveloppée jusqu'aux points où ils rencontrent la ligne enveloppante. Nous savons que (51)

$$AB + BH > AG + GH$$
$$GH + HC + CD + DK > GF + FK$$
$$FK + KE > FE$$

Ajoutons membre à membre les trois inégalités :

$$AB + BH + GH + HC + CD + DK + FK + KE >$$
$$AG + GH + GF + FK + FE$$

Si nous remarquons que, d'une part :

$$BH + HC = BC \qquad DK + KE = DE$$

et d'autre part, que nous pouvons retrancher, dans les deux membres de l'inégalité, les quantités communes GH et FK, nous obtenons :

$$AB + BC + CD + DE > AG + GF + FE$$

54. Théorème. — *Lorsque deux triangles ont deux côtés égaux chacun à chacun comprenant des angles inégaux, les*

troisièmes côtés sont inégaux, le plus grand côté étant opposé au plus grand angle.

Soit deux triangles ABC et A'B'D', tels que

$$AB = A'B' \quad BC = B'D' \quad \widehat{ABC} > \widehat{A'B'D'}$$

Nous voulons démontrer que

$$AC > A'D'$$

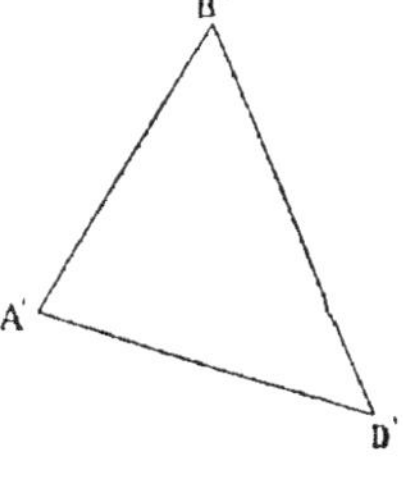

Transportons le triangle A'B'D' sur le triangle ABC, de façon que A'B' coïncide avec son égal AB.

Puisque $\widehat{ABC} > \widehat{A'B'D'}$, B'D' prend une certaine position BD, à l'intérieur de l'angle ABC. Le triangle A'B'D' se reproduit identique à lui-même en ABD.

Il suffit donc de démontrer que

$$AC > AD$$

Menons la bissectrice BE de l'angle CBD. Les deux triangles CBE et DBE sont égaux (44), car

$$\widehat{CBE} = \widehat{DBE} \quad \text{par construction} ;$$

BE est commun ;

BC = BD puisque BC = B'D' par hypothèse, et B'D' = BD par construction.

Par suite : DE = EC

Or, dans le triangle ADE (50) :

$$AE + DE > AD$$

ou

$$AE + EC > AD$$

$$AC > AD$$

55. Réciproque. — *Lorsque deux triangles ont deux côtés égaux chacun à chacun et les troisièmes côtés inégaux,* *les angles compris entre les côtés égaux sont inégaux, le plus grand angle étant opposé au plus grand côté.*

Soit les deux triangles A'B'D' et ABC, tels que

$$AB = A'B' \qquad BC = B'D' \qquad AC > A'D'$$

Nous voulons démontrer que

$$\widehat{ABC} > \widehat{A'B'D'}$$

Si nous avions : $\widehat{ABC} < \widehat{A'B'D'}$

nous démontrerions que $\quad AC < A'D'$, $\quad$ ce qui est contraire à l'hypothèse.

Si nous avions : $\widehat{ABC} = \widehat{A'B'D'}$

les deux triangles auraient un angle égal compris entre deux côtés égaux chacun à chacun, d'après l'hypothèse, ils seraient égaux (44), d'où

$$AC = A'D'$$

ce qui est contraire à l'hypothèse.

AC, ne pouvant être ni inférieur ni égal à A'D', lui est supérieur.

§ II. — PERPENDICULAIRES ET OBLIQUES

56. Oblique. — Toute droite qui n'est pas perpendiculaire est dite *oblique*.

57. Angle aigu, angle obtus. — Tout angle plus petit qu'un angle droit est dit *aigu*, tout angle plus grand est *obtus*.

58. Angles supplémentaires. — Deux angles sont *supplémentaires*, lorsque leur somme vaut deux angles droits.

59. Angles complémentaires. — Deux angles sont *complémentaires*, lorsque leur somme vaut un angle droit.

60. Triangle rectangle. — Un triangle est *rectangle*, lorsqu'il a un angle droit; le côté opposé à l'angle droit prend le nom d'*hypoténuse*.

61. Lieu géométrique. — Un *lieu géométrique* est une ligne dont tous les points jouissent d'une même propriété géométrique à l'exclusion de tous les autres points du plan.

62. Distance. — La *distance* d'un point à une droite est le plus court segment issu du point et limité à la droite.

En géométrie, le mot *distance* est toujours employé dans le sens de *plus courte distance*.

63. Théorème. — *Par un point pris sur une droite :*

1° *On peut mener une perpendiculaire à cette droite;*
2° *On ne peut en mener qu'une seule.*

1° Soit la droite MN et le point O pris sur cette droite.

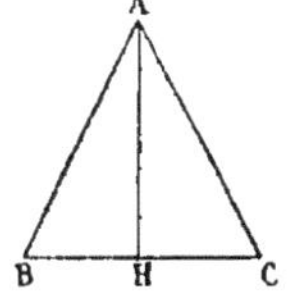 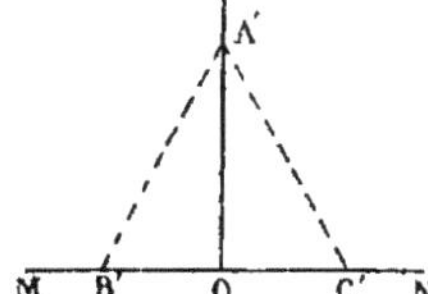

Nous voulons démontrer que par le point O nous pouvons mener une perpendiculaire à MN.

Construisons un triangle isocèle et menons sa médiane AH : nous savons que AH est perpendiculaire sur BC (38).

Transportons le triangle ABC de façon que BC s'applique sur MN, le point H tombant en O, la droite AH a la position A'O ; donc la demi-droite A'O est perpendiculaire sur MN.

2° Démontrons que cette demi-droite seule est perpendiculaire en O sur MN.

Traçons une droite quelconque OA''.

$$\widehat{MOA''} = \widehat{MOA'} + \widehat{A'OA''} = 1 \text{ droit} + A'OA''$$

$$\widehat{NOA''} = \widehat{NOA'} - \widehat{A'OA''} = 1 \text{ droit} - A'OA''$$

de ces deux égalités nous concluons que :

$$\widehat{MOA''} > \widehat{NOA''}$$

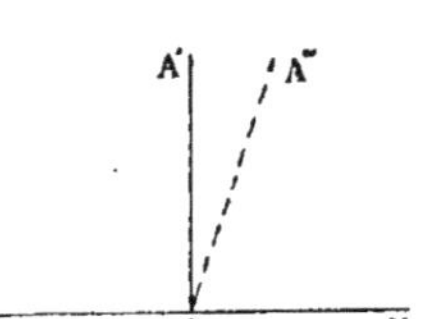

C'est-à-dire que OA″ n'est pas perpendiculaire sur MN (28).

Nous pourrions répéter le même raisonnement pour toutes les droites issues de O, sauf pour OA′; donc OA′ est la seule perpendiculaire en O à MN.

64. Corollaire. — *Lorsque deux droites sont perpendiculaires, les quatre angles formés sont droits.*

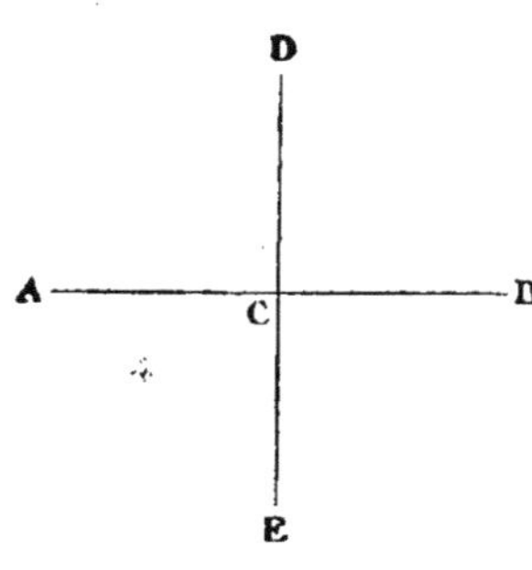

Soit les deux droites AB et DE telles que la demi-droite CD est perpendiculaire sur AB, c'est-à-dire que

$$\widehat{ACD} = \widehat{DCB}$$

Nous voulons démontrer que

$$\widehat{ACD} = \widehat{DCB} = \widehat{BCE} = \widehat{ECA}$$

Nous voyons que

$\widehat{ACD} = \widehat{BCE}$ et $\widehat{DCB} = \widehat{ACE}$ comme opposés par le sommet (37); donc, à cause de l'hypothèse, les quatre angles sont égaux et par suite droits.

65. Théorème. — *Tous les angles droits sont égaux.*

Soit les deux angles droits BCD et FGH; nous voulons démontrer que

$$\widehat{BCD} = \widehat{FGH}$$

Les angles BCD et FGH étant droits, les demi-droites CD

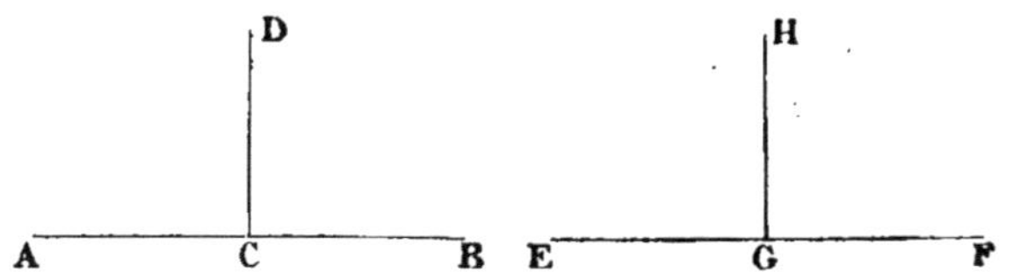

et GH sont respectivement perpendiculaires sur AB et sur EF.

Transportons l'angle FGH sur l'angle BCD, de façon que EF coïncide avec AB, le point G tombant au point C.

Si GH ne coïncidait pas avec CD, nous aurions au point C deux perpendiculaires à AB, ce qui est impossible (63).

Donc GH coïncide avec CD, et les deux angles BCD et FGH coïncidant sont égaux.

66. Théorème. — *Une droite et une demi-droite, issue d'un point de la droite, forment deux angles adjacents supplémentaires.*

Soit la droite AB et la demi-droite CD. Nous voulons démontrer que :

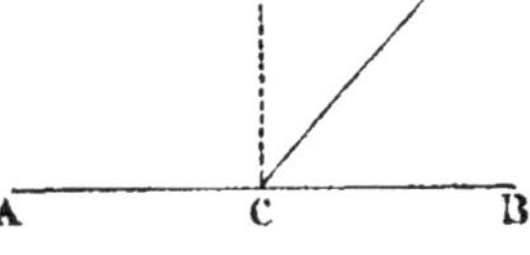

$$ACD + DCB = 2 \text{ droits}$$

Menons par le point C la perpendiculaire CE à AC.

Nous avons :

$$ACD = ACE + ECD = 1 \text{ dr.} + ECD$$
$$DCB = BCE - ECD = 1 \text{ dr.} - ECD$$

Ajoutons membre à membre ces deux égalités, nous obtenons :

$$ACD + DCB = 2 \text{ dr.}$$

67. Réciproque. — *Deux angles adjacents et supplémentaires ont leurs côtés non communs en ligne droite.*

Soit deux angles adjacents ACE et ECB tels que :

$$ACE + ECB = 2 \text{ dr.}$$

Nous voulons démontrer que AC et CB sont en ligne droite.

Supposons, pour un instant, que CB ne soit pas le prolongement de AC et que CD soit le prolongement, nous aurions (66) :

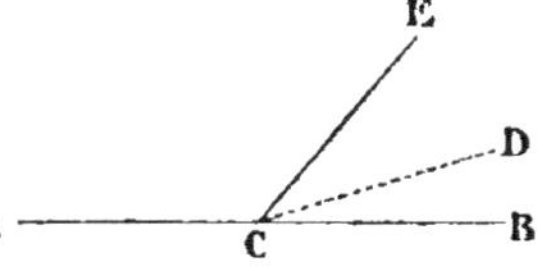

$$ACE + ECD = 2 \text{ dr.}$$

d'où $$ACE + ECB = ACE + ECD$$
ou $$ECB = ECD$$

ce qui signifierait, d'après la figure, que le tout est égal à sa partie.

Nous avons donc eu tort de supposer que CB n'était pas le prolongement de AC, ce qui prouve que CB est ce prolongement.

68. Théorème. — *La somme des angles consécutifs formés autour d'un point et du même côté d'une droite passant par ce point vaut deux angles droits.*

Soit la droite AF et les demi-droites BC et BD.
Nous voulons prouver que

$$ABC + CBD + DBF = 2 \text{ dr.}$$

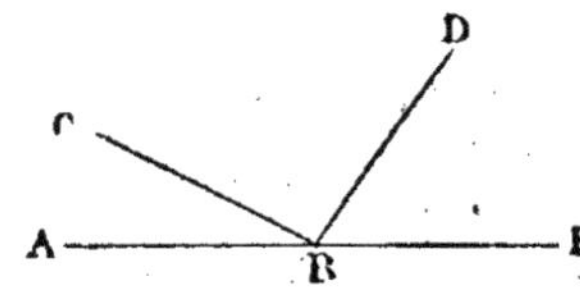

Nous savons que (66)

$$ABD + DBF = 2 \text{ dr.}$$

Or $ABD = ABC + CBD$

Remplaçant ABD par cette valeur dans l'égalité précédente, nous obtenons :

$$ABC + CBD + DBF = 2 \text{ dr.}$$

69. Théorème. — *La somme des angles consécutifs formés autour d'un point est égale à quatre angles droits.*

Considérons les angles consécutifs formés autour d'un point B, nous voulons prouver que

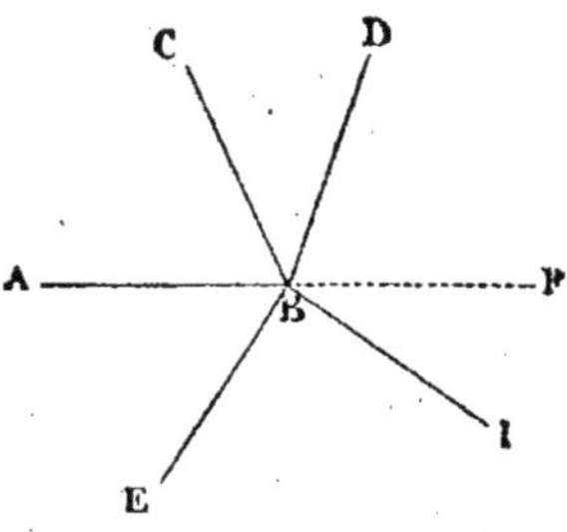

$$ABC + CBD + DBI + IBE + EBA = 4 \text{ dr.}$$

Prolongeons AB en BF. Nous savons que (68)

$$ABC + CBD + DBF = 2 \text{ dr.}$$

et que $\qquad FBI + IBE + EBA = 2 \text{ dr.}$

Ajoutons membre à membre les deux égalités, en remarquant que

$$DBF + FBI = DBI$$

Nous obtenons :

$$ABC + CBD + DBI + IBE + EBA = 4 \text{ dr.}$$

70. Théorème. — *D'un point pris hors d'une droite :*

1° *On peut mener une perpendiculaire à cette droite,*

2° *On ne peut en mener qu'une seule.*

Soit une droite AB et un point C pris hors de cette droite, nous voulons prouver que :

1° Du point C on peut mener une perpendiculaire à AB.

Par le point C menons une droite quelconque CF, et traçons FD telle que

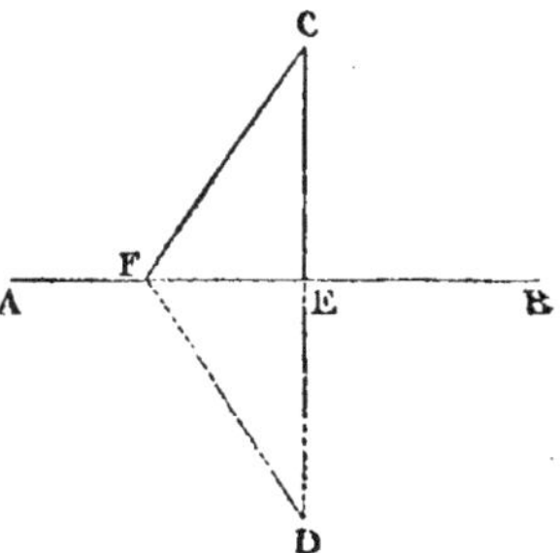

$$\widehat{CFE} = \widehat{DFE}$$

de plus, prenons

$$CF = FD$$

enfin, joignons CD. Les deux triangles CFE et EFD sont égaux comme ayant :

FE commun, $FC = FD$, et $\widehat{CFE} = \widehat{DFE}$ par construction ;

donc $\qquad \widehat{CEF} = \widehat{FED}$

Par suite, AB est perpendiculaire sur CE (28).

2° Du point C on ne peut mener qu'une seule perpendiculaire.

Soit CE la perpendiculaire que nous savons mener sur AB.
Traçons du point C une droite quelconque CF.

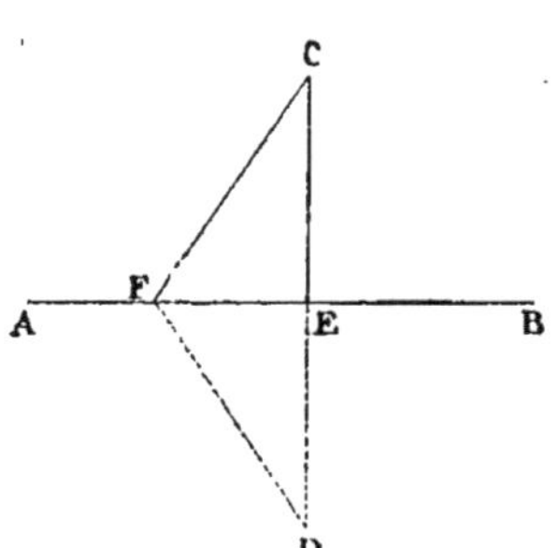

Il est impossible que CF soit perpendiculaire sur AB.

En effet, prolongeons CE en ED d'une longueur égale à elle-même :

$$CE = ED$$

et joignons FD. Les deux triangles CEF et DEF sont égaux comme ayant :

EF commun,   CE = ED   par construction ;

$\widehat{CEF} = \widehat{DEF}$ puisque CE est perpendiculaire à AB.

Nous en concluons :

$$\widehat{CFE} = \widehat{EFD}$$

Si CF était perpendiculaire sur **AB**,

$$\widehat{CFE} = 1 \text{ dr.}$$

par suite, $\widehat{EFD} = 1 \text{ dr.}$

Ces deux angles adjacents seraient supplémentaires, leurs côtés extérieurs CF et FD devraient être en ligne droite ; or par les deux points C et D ne passe que la ligne droite CD.
Donc, CF ne peut être perpendiculaire sur **AB**.

71. Théorème. — *La perpendiculaire menée d'un point extérieur sur une droite est plus courte que toute oblique issue du même point.*

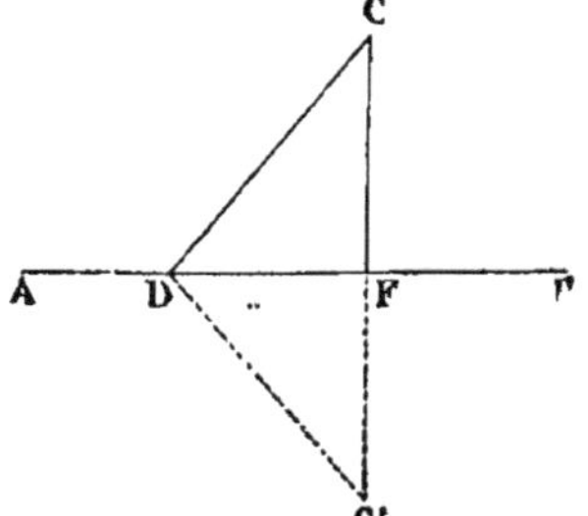

Soit la droite **AB** et le point C extérieur ; menons par ce point la perpendiculaire CE et l'oblique CD à **AB**.

Nous voulons démontrer que

$$CE < CD$$

Prolongeons CE en EC′ d'une longueur égale à elle-même :

$$CE = EC'$$

et joignons C′D.

Les deux triangles CDE et C′DE sont égaux, comme ayant,

$$DE \text{ commun}, \quad CE = EC' \quad \text{par construction}$$

$$\widehat{CED} = \widehat{DEC'} \quad \text{puisque CE est perpendiculaire sur AB};$$

d'où
$$CD = C'D$$

Dans le triangle CDC′, nous avons (50) :

$$CC' < CD + C'D$$

or
$$CC' = 2\,CE \quad \text{et} \quad CD = C'D$$

d'où
$$2\,CE < 2\,CD$$

et
$$CE < CD$$

Remarque. — Si nous nous reportons à la définition du mot distance (62), nous concluons que

La distance d'un point à une droite est le segment de perpendiculaire mené du point sur la droite.

72 Théorème. — *1° Deux obliques, issues d'un même point, qui s'écartent également du pied de la perpendiculaire menée par ce point, sont égales.*

2° De deux obliques qui s'écartent inégalement du pied de la perpendiculaire, celle qui s'en écarte le plus est la plus grande.

1° Soit le point O pris hors de la droite AB. Prenons

$$CD = CE$$

et joignons OD et OE ; nous avons deux obliques qui *s'écartent* également-ment du pied de la perpendiculaire.

Nous voulons prouver que

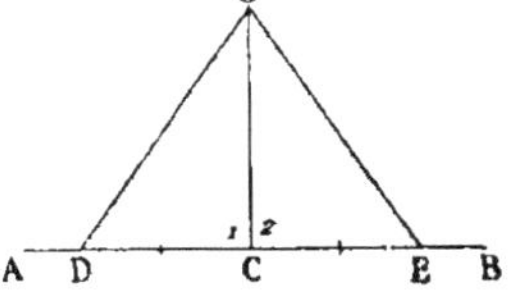

$$OD = OE$$

Les deux triangles OCD et OCE sont égaux, car (44) :

$$\widehat{C_1} = \widehat{C_2} \quad \text{comme angles droits,}$$

$$CD = CE \quad \text{par construction,}$$

$$OC \quad \text{est commun}$$

donc
$$OD = OE$$

2° Soit le point C pris hors de la droite AB ; traçons les deux obliques CD et CF qui s'écartent inégalement du pied de la perpendiculaire. Nous voulons démontrer que

$$CF > CD$$

Prolongeons la perpendiculaire CE d'une longueur égale à elle-même.

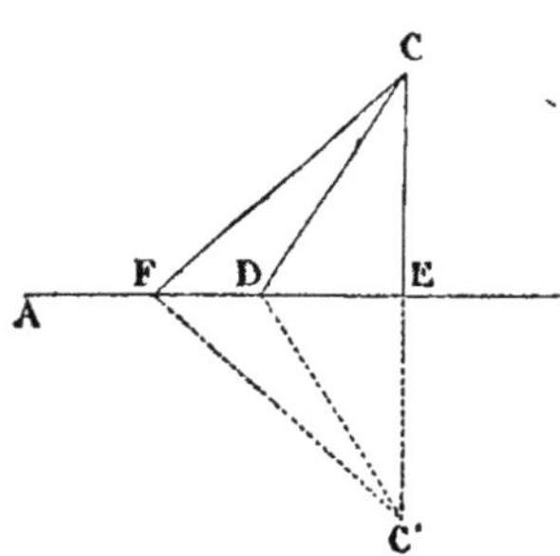

$$C'E = CE$$

et joignons DC' et FC'.

Toute ligne enveloppante étant plus grande qu'une enveloppée convexe (53),

$$CF + C'F > CD + C'D$$

Les deux triangles CEF et C'EF sont égaux, car (44) ·

$$\widehat{CEF} = \widehat{C'EF} \quad \text{comme angles droits,}$$

$$CE = C'E \quad \text{par construction,}$$

$$EF \quad \text{est commun}$$

donc
$$C'F = CF$$

De même nous démontrerions que

$$C'D = CD$$

Remplaçons dans l'inégalité précédente C'F et C'D par leurs égales :

$$2\,CF > 2\,CD$$

ou
$$CF > CD$$

73. Réciproque. — *Deux obliques égales s'écartent éga-lement du pied de la perpendiculaire.*

Soit les deux obliques égales OD et OE.

Nous voulons démontrer que :
$$CD = CE$$

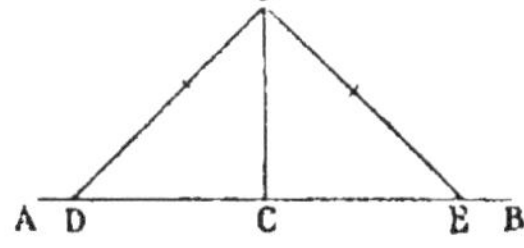

Si nous avions $CD > CE$

nous démontrerions que (72)

$$OD > OE \qquad$$ ce qui est contraire à l'hypothèse

De même, nous ne pouvons pas supposer $CD < CE$.

Par suite $\qquad CD = CE$

74. Conséquence. — *Par un point pris hors d'une droite on ne peut mener que deux obliques égales entre elles.*

En effet, s'il y avait trois obliques égales entre elles issues du point C, leurs trois pieds seraient à la même distance du pied de la perpendiculaire ; or, sur une droite, il n'y a que deux points situés à une distance donnée d'un point donné.

75. Théorème. — *Deux triangles rectangles sont égaux, lorsqu'ils ont l'hypoténuse égale et un angle aigu égal.*

Soit les deux triangles ABC et DEF rectangles en A et E,

tels que $\qquad BC = DF$ et $\widehat{C} = \widehat{F}$

Nous voulons démontrer que les deux triangles sont egaux.

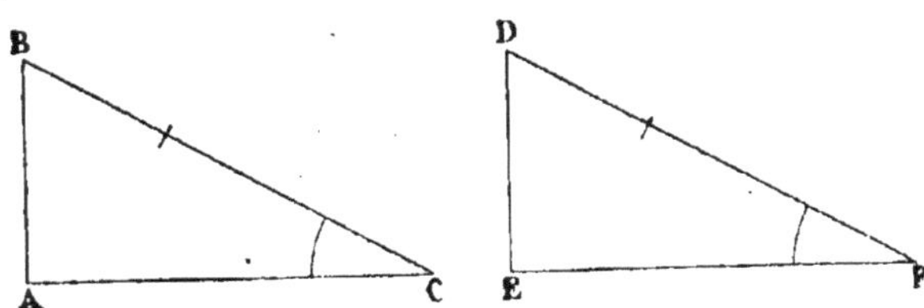

Transportons le triangle DEF sur le triangle ABC de façon que $\widehat{F}$ coïncide avec son égal $\widehat{C}$, le côté FE prenant la direction de CA, et FD la direction de CB.

Comme BC $=$ DF le point D tombe au point B.

Les droites BA et DE sont alors toutes deux perpendiculaires à AC, et comme elles partent du même point B, elles sont confondues (70). Le point E coïncide avec A.

Les trois sommets coïncidant, les triangles sont égaux.

76. Théorème. — *Deux triangles rectangles qui ont l'hypoténuse égale et un côté de l'angle droit égal sont égaux.*

Soit les deux triangles ABC et DEF rectangles en A et E, tels que $$BC = DF \qquad AB = DE$$

Nous voulons démontrer que ces triangles sont égaux.

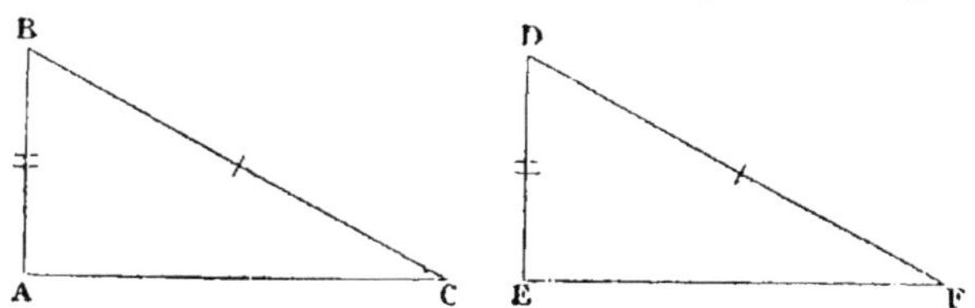

Transportons le triangle DEF sur le triangle ABC, de façon que l'angle droit E coïncide avec son égal A, le côté EF prenant la direction de AC, et le côté ED prenant la direction de AB.

Puisque DE $=$ AB, le point D tombe au point B. Mais alors BC et DF sont deux obliques issues du même point B, par hypothèse elles sont égales, donc elles s'écartent également du pied de la perpendiculaire, et par suite le point F tombe en C.

Les trois sommets coïncidant, les triangles sont égaux.

77. Théorème. — 1° *Tout point pris sur la perpendiculaire, menée par le milieu d'un segment de droite, est à égale distance des deux extrémités de ce segment.*

2° *Tout point pris hors de la perpendiculaire est à inégale distance des deux extrémités du segment.*

Soit un segment AB, prenons son milieu D, c'est-à-dire que $$AD = BD$$

Par le point D, menons la perpendiculaire à AB.

1° Prenons un point C sur cette perpendiculaire et joignons AC et BC.

Nous voulons démon-
trer que

$$AC = BC$$

En effet, ce sont deux obliques qui, par con-struction, s'écartent éga-lement du pied de la per-pendiculaire, donc (72) elles sont égales.

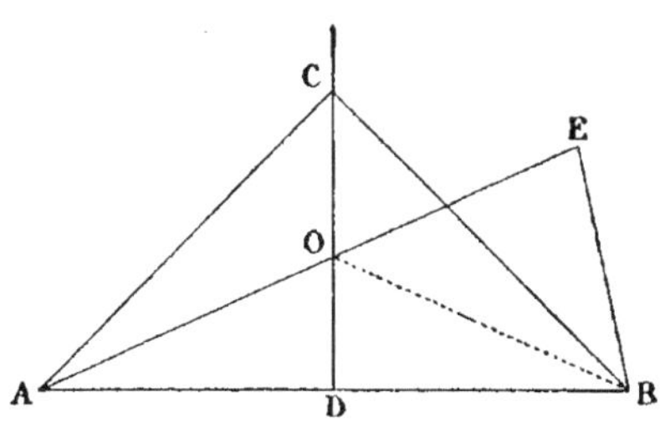

2° Prenons un point E en dehors de la perpendiculaire, et joignons AE et BE.

Nous voulons démontrer que

$$AE > BE$$

Joignons le point O au point B. Dans le triangle OBE (50)

$$BO + OE > BE$$

Or, d'après la première partie,

$$AO = OB$$

D'où, en remplaçant OB par son égal dans l'inégalité

$$AO + OE > BE$$

ou $$AE > BE$$

Conséquence. — Tous les points de la perpendiculaire menée par le milieu d'un segment jouissent donc de la pro-priété d'être à égale distance des deux extrémités du segment, et cela à l'exclusion de tout autre point du plan de la figure. Nous pouvons donc dire (61) :

*La perpendiculaire menée par le milieu d'un segment est, dans un plan, le **lieu géométrique** des points situés à égale distance des extrémités de ce segment.*

78. Théorème. — 1° *Tout point pris sur la bissectrice d'un angle est à égale distance des côtés de l'angle.*

2° *Tout point pris hors de la bissectrice est à inégale distance des côtés de l'angle.*

Soit l'angle AOB ; menons sa bissectrice OC, c'est-à-dire

que $$\widehat{O_1} = \widehat{O_2}$$

1° Prenons un point M sur cette bissectrice ; menons les perpendiculaires MP et MQ sur OA et sur OB ; MP et MQ sont les distances de M à OA et à OB (71).

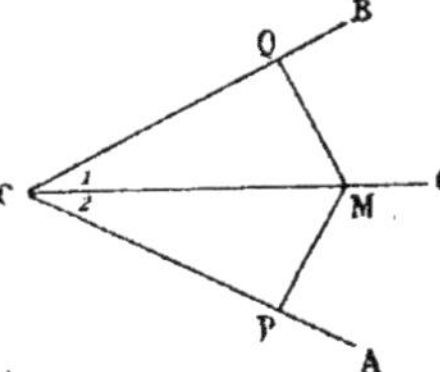

Nous voulons démontrer que
$$MP = MQ$$

Les deux triangles rectangles OMP et OMQ sont égaux, car (75) :

L'hypoténuse   OM   est commune

$$\widehat{O_1} = \widehat{O_2} \quad \text{par construction}$$

Donc $$MP = MQ$$

2° Prenons un point M hors de la bissectrice ; menons les perpendiculaires MP et MQ sur OA et sur OB.

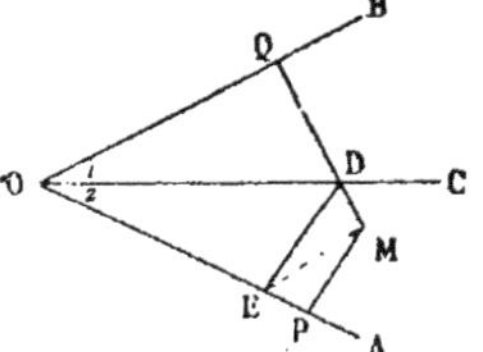

Nous voulons démontrer que
$$MP < MQ$$

Du point D menons DE perpendiculaire sur OA, et joignons EM.

Nous avons :

$$MP < ME \qquad\qquad (71)$$

$$ME < MD + DE \qquad\qquad (50)$$

Or, d'après la première partie,
$$DE = DQ$$

Par suite, l'inégalité précédente devient :
$$ME < MD + DQ$$

ou $$ME < MQ$$

Comparons la première et la dernière inégalité ; nous en concluons : $MP < MQ.$

Conséquence. — Tous les points de la bissectrice d'un angle jouissent donc de la propriété d'être à égale distance des deux côtés de l'angle, et cela à l'exclusion de tout autre point du plan de la figure. Nous pouvons donc dire (61) :

La bissectrice d'un angle est, dans le plan, *le* **lieu géométrique** *des points situés à égale distance des côtés de l'angle*.

§ III. — PARALLÈLES.

79. Parallèles. — Deux droites sont *parallèles* lorsqu'elles sont situées dans un même plan et ne se rencontrent pas si loin qu'on les prolonge (voir 81).

80. Polygone. — Un *polygone* est la figure formée par plusieurs droites qui se coupent deux à deux, ces droites étant limitées à leurs points d'intersection.

Un *triangle* est un polygone de   trois   côtés.
Un *quadrilatère*   »   quatre »
Un *pentagone*   »   cinq   »
Un *hexagone*   »   six   »

Un polygone est *convexe* si, une quelconque des droites qui le forme étant prolongée, tout le polygone est du même côté de cette droite.

Dans le cas contraire, le polygone est *concave*.

Lorsque le mot *polygone* est employé *seul*, il désigne toujours un *polygone convexe*.

L'angle *extérieur* d'un polygone est l'angle formé par un côté et le prolongement du côté adjacent.

Une *diagonale* d'un polygone est le segment qui joint deux sommets non consécutifs.

81. Théorème. — *Deux droites perpendiculaires à une troisième sont parallèles entre elles.*

Soit deux droites CD et EF perpendiculaires à une même droite AB.

Nous voulons démontrer que ces deux droites CD et EF sont parallèles.

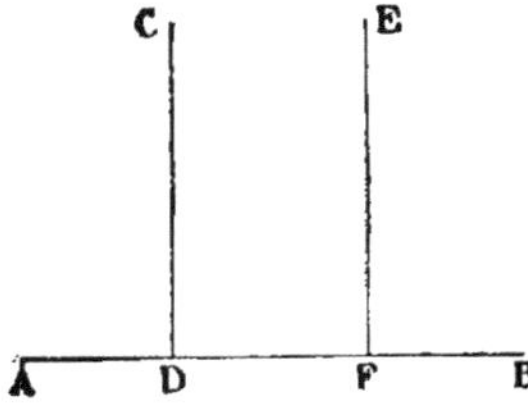

Supposons pour un instant qu'elles se rencontrent.

Par leur point de rencontre, nous pourrions mener deux perpendiculaires CD et EF à AB, ce qui est impossible (70). Donc, ces droites, ne se rencontrant pas, sont parallèles.

82. Théorème. — *Par un point pris hors d'une droite, on peut mener une parallèle à cette droite.*

Soit la droite AC et le point D pris hors de cette droite.

Pour mener par D une parallèle à AC, menons d'abord

par D la perpendiculaire BD à AC, puis par D la perpendiculaire DE à BD.

Les deux droites AC et DE, perpendiculaires sur BD, sont parallèles (81).

83. Postulatum d'Euclide. — Nous admettrons sans démonstration que :

Par un point pris hors d'une droite on ne peut mener qu'une seule parallèle à cette droite.

84. Théorème. — *Deux droites parallèles à une troisième sont parallèles entre elles.*

Soit la droite   AB   parallèle à   CF,
et la droite   DE   parallèle à   CF.
Nous voulons démontrer que AB et DE sont parallèles.

Si AB rencontrait DE, par leur point de rencontre nous aurions mené deux droites AB et DE qui, par hypothèse, sont parallèles à CF, ce qui est impossible (83).

Donc AB et DE sont parallèles.

85. Théorème. — *Lorsque deux droites sont parallèles, toute droite qui coupe l'une coupe l'autre.*

Soit CD une droite parallèle à AB. Par un point O menons une droite quelconque EF.

Nous voulons démontrer que EF coupe AB.

Si EF ne coupait pas AB, elle lui serait parallèle.

Par suite, par le point O, nous pourrions mener deux parallèles à AB, ce qui est impossible (83).

Donc EF coupe AB.

86. Théorème. — *Lorsque deux droites sont parallèles, toute perpendiculaire à l'une est perpendiculaire à l'autre.*

Soit les deux parallèles AB et CD. Par le point N, menons une perpendiculaire MN à CD.

Nous voulons démontrer que MN est perpendiculaire à AB.

Remarquons d'abord que MN coupe AB (85) en un point M.

Si MN n'était pas perpendiculaire à AB, par le point M nous pourrions mener OE perpendiculaire à MN. Mais alors OE et CD perpendiculaires à MN seraient parallèles.

Par suite, par le point M, nous pourrions mener deux parallèles AB et OE à CD, ce qui est impossible (83).

Donc MN est perpendiculaire à AB.

87. Théorème. — *Lorsque deux parallèles sont coupées par une sécante :*

1° *Les angles aigus formés sont égaux entre eux ;*
2° *Les angles obtus formés sont égaux entre eux ;*
3° *Un angle aigu quelconque et un angle obtus sont supplémentaires.*

Soit les deux parallèles AB et CD, coupées par la sécante MN.

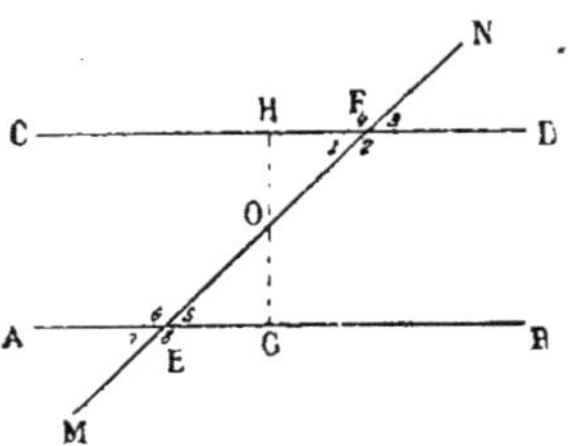

1° Nous voulons démontrer que les angles aigus F_1, F_3, E_5, E_7 sont égaux.

Par le milieu O de EF, menons GH perpendiculaire aux deux parallèles.

Les deux triangles OHF et OGE sont égaux (75) :

ils sont rectangles en G et H par construction ;
les hypoténuses OE et OF sont égales par construction ;
les angles en O sont égaux comme opposés par le sommet.

Par suite : $$F_1 = E_5 \tag{46}.$$

Mais

$$\left.\begin{array}{l} F_1 = F_3 \\ E_5 = E_7 \end{array}\right\} \text{comme opposés par le sommet.}$$

Donc $$F_1 = F_3 = E_5 = E_7.$$

2° Nous voulons démontrer que les angles obtus F_2, F_4, E_6, E_8 sont égaux.

Remarquons que tout angle obtus de la figure est le supplément de l'angle aigu adjacent, par exemple (66) :

$$F_1 + F_2 = 2 \text{ dr.}$$

Tous les angles obtus ayant des suppléments égaux sont égaux. Donc :

$$F_2 = F_4 = E_6 = E_8$$

3° Nous voulons démontrer que, par exemple,

$$F_2 + E_6 = 2 \text{ dr.}$$

$$F_2 + F_4 = 2 \text{ dr.} \qquad \text{or} \qquad F_4 = E_3$$

Donc $\qquad\qquad F_2 + E_3 = 2 \text{ dr.}$

88. Définitions. — Lorsque deux droites sont coupées par une sécante, nous appellerons :

1° *Angles alternes-internes*, deux angles *non adjacents*, qui sont de part et d'autre de la sécante et à l'intérieur des deux droites.

Tels sont :

$$\widehat{1} \text{ et } \widehat{5} \qquad\qquad \widehat{2} \text{ et } \widehat{6}$$

2° *Angles alternes-externes*, deux angles *non adjacents*, qui sont de part et d'autre de la sécante et à l'extérieur des deux droites.

Tels sont :

$$\widehat{3} \text{ et } \widehat{7} \qquad\qquad \widehat{4} \text{ et } \widehat{8}$$

3° *Angles correspondants*, deux angles *non adjacents*, qui sont situés du même côté de la sécante, l'un à l'intérieur, l'autre à l'extérieur des deux droites.

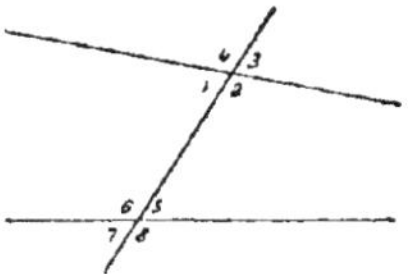

Tels sont :

$$\widehat{1} \text{ et } \widehat{7} \qquad \widehat{4} \text{ et } \widehat{6} \qquad \widehat{2} \text{ et } \widehat{8} \qquad \widehat{3} \text{ et } \widehat{5}$$

4° *Angles internes de même côté*, deux angles qui sont entre les deux droites et du même côté de la sécante. Tels sont :

$$\widehat{1} \text{ et } \widehat{6} \qquad\qquad \widehat{2} \text{ et } \widehat{5}$$

5° *Angles externes de même côté*, deux angles qui sont à l'extérieur des deux droites et du même côté de la sécante. Tels sont :

$$\widehat{3} \text{ et } \widehat{8} \qquad\qquad \widehat{4} \text{ et } \widehat{7}$$

89. Théorème. — *Lorsque deux droites parallèles sont coupées par une sécante, elles forment :*

1° *Des angles alternes-internes égaux;*

2° *Des angles alternes-externes égaux;*

3° *Des angles correspondants égaux;*
4° *Des angles internes de même côté supplémentaires;*
5° *Des angles externes de même côté supplémentaires.*

Soit les deux parallèles AB et CD, coupées par la sécante MN.

1° Angles alternes-internes :

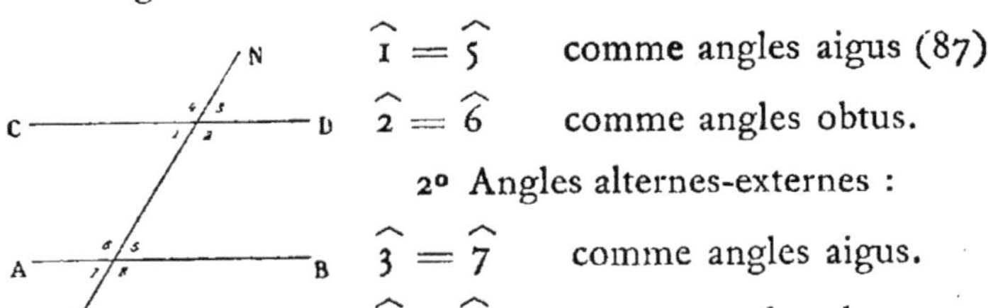

$\widehat{1} = \widehat{5}$ comme angles aigus (87).

$\widehat{2} = \widehat{6}$ comme angles obtus.

2° Angles alternes-externes :

$\widehat{3} = \widehat{7}$ comme angles aigus.

$\widehat{4} = \widehat{8}$ comme angles obtus.

3° Angles correspondants :

$\widehat{1} = \widehat{7}$ $\widehat{3} = \widehat{5}$ comme angles aigus.

$\widehat{2} = \widehat{8}$ $\widehat{4} = \widehat{6}$ comme angles obtus.

4° Angles internes de même côté :

$\widehat{1} + \widehat{6} = 2$ dr. $\Big\}$ car chaque somme est composée d'un angle
$\widehat{2} + \widehat{5} = 2$ dr. $\Big\}$ aigu et d'un angle obtus.

5° Angles externes de même côté :

$\widehat{3} + \widehat{8} = 2$ dr. $\Big\}$ car chaque somme est composée d'un
$\widehat{4} + \widehat{7} = 2$ dr. $\Big\}$ angle aigu et d'un angle obtus.

Remarque. — Lorsqu'on applique ce théorème, il ne suffit pas de dire que deux angles sont alternes-internes, il faut encore énoncer par rapport à quelles parallèles et à quelle sécante.

90. Réciproque. — *Si deux droites coupées par une sécante forment :*

1° *Des angles alternes-internes égaux;*
2° *Des angles alternes-externes égaux;*

3° Des angles correspondants égaux;

4°. Des angles intérieurs de même côté supplémentaires;

5° Des angles extérieurs de même côté supplémentaires,
Ces droites sont parallèles.

Soit deux droites AB et CD, coupées par la sécante MN, de façon que les *angles correspondants* NEB et NFD soient égaux.

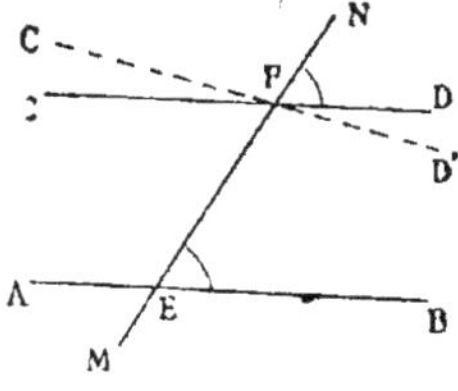

Nous voulons démontrer que AB et CD sont parallèles.

Si CD n'était pas parallèle à AB, par le point F nous saurions mener une droite C′D′ parallèle à AB. Mais alors :

$$NFD' = NEB \qquad \text{comme correspondants (89)}$$

$$NFD = NEB \qquad \text{par hypothèse.}$$

Il en résulterait $NFD' = NFD$

ce qui est impossible. Donc CD est parallèle à AB.

Remarque. — Nous ferions la même démonstration dans les autres cas.

91. Théorème. — *Deux angles qui ont leurs côtés parallèles sont égaux ou supplémentaires.*

1° Si les deux côtés sont de même sens, les angles sont égaux.

Soit les deux angles BAC et DOF dont les côtés sont parallèles et de même sens.

Nous voulons démontrer que

$$BAC = DOF$$

Prolongeons DO jusqu'à sa rencontre en I avec AC.

$$\left.\begin{array}{l} \text{BAC} = \text{DIC} \\ \text{DOF} = \text{DIC} \end{array}\right\} \text{ comme correspondants (89).}$$

Donc $\qquad$ BAC = DOF

2° Si les deux côtés sont de sens contraire, les angles sont égaux.

Soit les deux angles BAC et EOH dont les côtés sont parallèles et de sens contraire.

Nous voulons démontrer que

$$\text{BAC} = \text{EOH}$$

BAC = DOF $\qquad$ d'après la première partie;

EOH = DOF $\qquad$ comme opposés par le sommet (37).

Donc $\qquad$ BAC = EOH

3° Si les côtés sont deux de même sens et deux de sens contraire, les angles sont supplémentaires.

Soit les deux angles BAC et DOH dont les côtés AB et OD sont parallèles de même sens, et les côtés AC et OH sont parallèles et de sens contraire.

Nous voulons démontrer que

$$\text{BAC} + \text{DOH} = 2 \text{ dr.}$$

BAC = DOF $\qquad$ d'après la première partie.

Or $\qquad$ DOF + DOH = 2 dr. $\qquad\qquad$ (66)

Donc $\qquad$ BAC + DOH = 2 dr.

Nous démontrerons de même que

$$\text{BAC} + \text{EOF} = 2 \text{ dr.}$$

92. Théorème. — *Deux angles qui ont leurs côtés perpendiculaires sont égaux ou supplémentaires.*

1° Les angles sont égaux, s'ils sont tous deux aigus ou obtus.

Soit les deux angles BAC et DEF, qui ont leurs côtés perpendiculaires deux à deux et qui sont aigus.

Nous voulons démontrer que

$$DEF = BAC$$

Par le point, A menons AD′ et AF parallèles et de même sens que ED et EF, nous savons que (91)

$$DEF = D'AF'$$

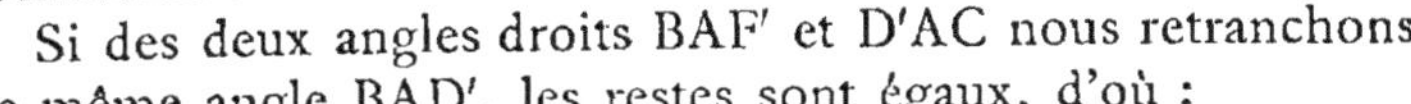

DE et AD′ étant parallèles, la droite AC, perpendiculaire par hypothèse à ED, est aussi perpendiculaire à AD′; de même AB est perpendiculaire à AF′.

Si des deux angles droits BAF′ et D′AC nous retranchons le même angle BAD′, les restes sont égaux, d'où :

$$D'AF' = BAC$$

Comparant les deux dernières égalités, nous en concluons :

$$DEF = BAC$$

2° Les angles sont supplémentaires si l'un est aigu et l'autre obtus.

Soit les deux angles BAC et FEG, qui ont leurs côtés perpendiculaires deux à deux ; l'un est aigu et l'autre obtus.

Nous voulons démontrer que

$$BAC + FEG = 2 \text{ dr.}$$

Nous savons que

$$DEF + FEG = 2 \text{ dr.} \qquad (66)$$

Or

$$DEF = BAC$$

Donc

$$BAC + FEG = 2 \text{ dr.}$$

93. Théorème. — *L'angle extérieur d'un triangle est égal à la somme des deux angles qui ne lui sont pas adjacents.*

Soit le triangle ABC. Prolongeons en CD le côté AC nous formons l'angle BCD extérieur au triangle (35).

Nous voulons démontrer que

$$BCD = BAC + ABC$$

Menons CE parallèle à AB.

ECD = BAC   comme correspondants (89) ;

BCE = ABC   comme alternes-internes.

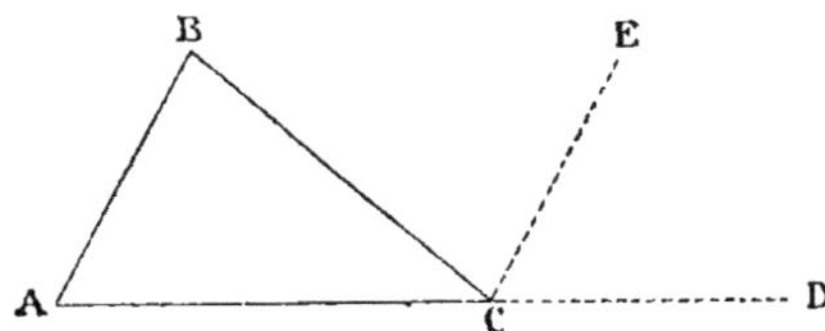

Donc   BCE + ECD = BAC + ABC

ou   BCD = BAC + ABC

94. Théorème. — *La somme des angles d'un triangle est égale à deux droits.*

Reprenons la même figure. Nous venons de démontrer que :

$$BCD = BAC + ABC$$

Ajoutons BCA aux deux membres de l'égalité :

$$BCD + BCA = BAC + ABC + BCA$$

Or   BCD + BCA = 2 dr.   (66)

Donc   BAC + ABC + BCA = 2 dr.

95. Corollaire. — *Un triangle ne peut avoir qu'un angle droit ou qu'un angle obtus.*

En effet, il est impossible qu'un triangle ait :

1° *Deux angles droits.* Car la somme de ces deux angles vaudrait à elle seule deux droits, ce que vaut la somme des trois angles du triangle.

2° *Un angle droit et un angle obtus.* Car la somme de ces deux angles vaudrait à elle seule *plus* que deux droits, c'est-à-dire plus que la somme de tous les angles du triangle.

3° *Deux angles obtus.* Car la somme de ces deux angles vaudrait à elle seule plus que deux droits, c'est-à-dire plus que la somme de tous les angles du triangle.

96. Conséquence. — Les deux angles d'un triangle rectangle, autres que l'angle droit, sont aigus.

97. Théorème. — *Les deux angles aigus d'un triangle rectangle sont complémentaires.*

Un triangle rectangle a par définition un angle droit; comme la somme de tous ses angles vaut deux droits, il reste un droit pour la somme de ses deux angles aigus (59).

98. Théorème — *La somme des angles d'un polygone convexe est égale à autant de fois deux droits qu'il y a de côtés moins deux.*

Soit un polygone convexe ABCDEF. Appelons S_i la somme des angles intérieurs, et n le nombre des côtés.

Nous voulons démontrer que :

$$S_i = (n - 2)\ 2\ \text{dr.}$$

Joignons le sommet A à tous les sommets du polygone ABCDEF, nous décomposons le polygone en triangles.

Il est évident que la somme des angles du polygone et la somme des angles des triangles partiels sont égales.

Chaque triangle emprunte un côté au polygone, sauf le premier ABC et le dernier AEF, qui en empruntent deux; par suite, le nombre des triangles est égal au nombre n des côtés du polygone moins 2, soit $n - 2$.

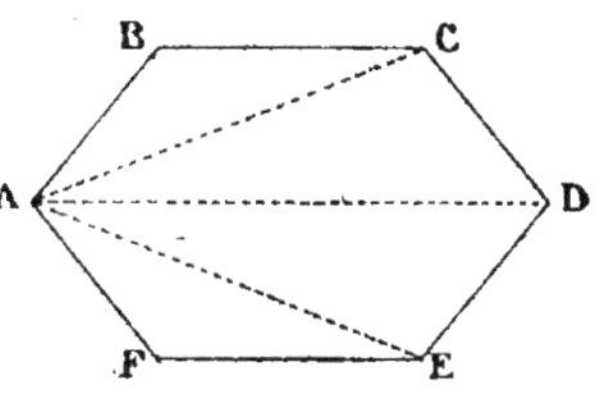

La somme des angles de chaque triangle vaut **2 dr.**, et comme il y a $n - 2$ triangles,

$$S_i = (n - 2)\ 2\ \text{dr.}$$

99. Théorème. — *La somme des angles extérieurs d'un polygone convexe est égale à quatre droits.*

Soit le polygone convexe ABCDEF. Prolongeons ses côtés *tous dans le même sens,* nous formons tous les angles exté-

rieurs du polygone. Soit S_e la somme des angles extérieurs ;
nous voulons démontrer que

$$S_e = 4 \text{ dr.}$$

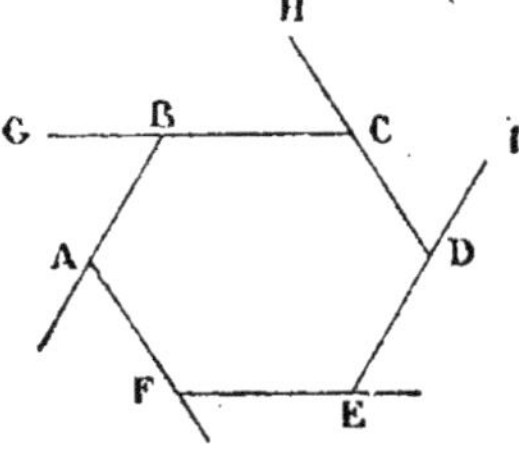

A chaque sommet il y a un angle
intérieur et un angle extérieur ; ces
angles sont supplémentaires (66).

Par suite, la somme de tous les
angles, tant intérieurs qu'extérieurs,
vaut autant de fois 2 dr. qu'il y a
de côtés, donc :

$$S_i + S_e = 2\,n \text{ dr.}$$

Or $\qquad S_i = (n-2)\,2 \text{ dr} = 2\,n \text{ dr.} - 4 \text{ dr.}$ $\qquad$ (98)

Soustrayons membre à membre la seconde égalité de la
première : $\qquad S_e = 4 \text{ dr.}$

§ IV. — PARALLÉLOGRAMMES

100. Parallélogramme. — Un *parallélogramme* est un
quadrilatère qui a ses côtés parallèles deux à deux.

101. Rectangle. — Un rectangle est un parallélogramme
qui a un angle droit.

102. Losange. — Un losange est un quadrilatère qui a ses
quatre côtés égaux.

103. Carré. — Un carré est un losange qui a un angle
droit.

104. Théorème. — *Dans tout parallélogramme :*

1° *Les côtés opposés sont égaux ;*
2° *Les angles opposés sont égaux ;*
3° *Les angles adjacents sont supplémentaires.*

Soit le parallélogramme ABCD, par définition (100),

AB et CD, BD et AC sont parallèles.

Nous voulons démontrer que :

1° AB = CD

BD = AC

Menons la diagonale BC.

Les deux triangles ABC et BCD sont égaux, car (43) :

BC est commun,

$$\widehat{ABC} = \widehat{BCD}$$
$$\widehat{BCA} = \widehat{CBD}$$

comme internes-alternes (89).

Donc (46) :

$$AB = CD \qquad BD = AC$$

2° $\widehat{A} = \widehat{D}$ et $\widehat{B} = \widehat{C}$

$\widehat{A} = \widehat{D}$ comme angles opposés au côté commun BC dans les deux triangles égaux ABC et BCD ;

$\widehat{B} = \widehat{C}$ comme formés de deux parties respectivement égales d'après la première partie du théorème.

3° $\widehat{A} + \widehat{B} = 2$ dr. $\widehat{B} + \widehat{D} = 2$ dr.

$\widehat{D} + \widehat{C} = 2$ dr. $\widehat{A} + \widehat{C} = 2$ dr.

Car ces angles occupent tous la position d'internes de même côté, par rapport à deux parallèles (89).

105. Première réciproque. — *Un quadrilatère dont les côtés opposés sont égaux est un parallélogramme.*

Soit le quadrilatère ABCD, tel que

$$AB = CD, \qquad et \qquad BC = AD$$

Nous voulons démontrer que ce quadrilatère est un parallélogramme. Menons la diagonale BD.

Les deux triangles ABD et BCD sont égaux, car (45) :

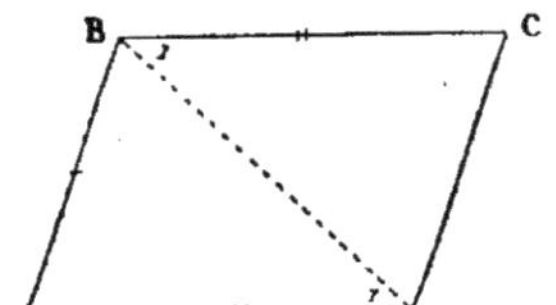

BD est commun ;

$$AB = CD \atop BC = AD \Big\}\ \text{par hypothèse.}$$

Donc (46) : $\quad \widehat{B}_1 = \widehat{D}_1$

Or ces angles occupent la position d'alternes-internes par rapport aux droites AD et BC, coupées par la sécante BD ; comme ces angles sont égaux, AD et BC sont parallèles (90). Nous démontrerions de même que AB et CD sont parallèles.

Donc ABCD est un parallélogramme (100).

106. Deuxième réciproque. — *Un quadrilatère dont les angles opposés sont égaux est un parallélogramme.*

Soit le quadrilatère ABCD, tel que

$$A = C, \qquad B = D$$

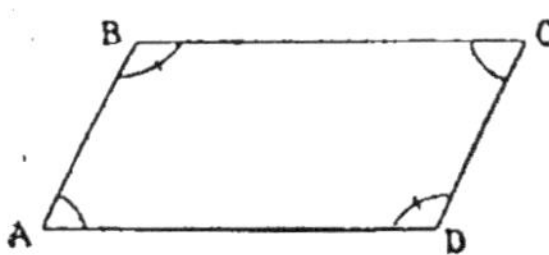

Nous voulons démontrer que ce quadrilatère est un parallélogramme.

Dans un quadrilatère convexe, la somme des angles intérieurs vaut 4 dr. (98)

$$A + B + C + D = 4\ \text{dr.}$$

Remplaçons C et D par leurs égaux :

$$2\,A + 2\,B = 4\ \text{dr.}$$

ou $\qquad\qquad A + B = 2\ \text{dr.}$

Ces angles A et B occupent la position d'internes de même côté par rapport aux deux droites AD et BC, coupées par la sécante AB, ces angles étant supplémentaires, les droites BC et AD sont parallèles (90).

Nous démontrerions de même que AB et CD sont parallèles. Donc ABCD est un parallélogramme (100).

107. Théorème. — *Un quadrilatère qui a deux côtés égaux et parallèles est un parallélogramme.*

Soit le quadrilatère ABCD, tel que AD et BC sont égaux et parallèles.

Nous voulons démontrer que ce quadrilatère est un parallélogramme.

Menons la diagonale BD.

Les deux triangles ABD et BCD sont égaux, car (44) :

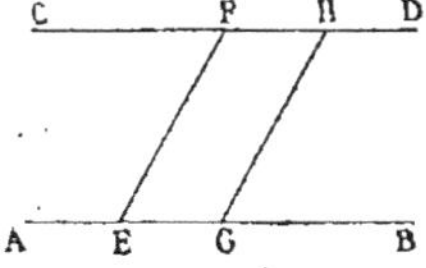

$$BD \quad \text{est commun};$$

$$BC = AD \quad \text{par hypothèse};$$

$$\widehat{B}_1 = \widehat{D}_1 \quad \text{comme alternes-internes.}$$

Donc (46) : $\qquad \widehat{B}_2 = \widehat{D}_2$

Or, ces angles occupent la position d'alternes-internes par rapport aux deux droites AB et CD, coupées par la sécante BD, et comme ils sont égaux, AB et CD sont parallèles.

ABCD, ayant ses côtés parallèles deux à deux, est un parallélogramme.

108. Théorème. — *Les segments de parallèles compris entre parallèles sont égaux.*

Soit les deux droites parallèles AB et CD. Traçons deux segments EF et GH parallèles entre eux et limités aux premières parallèles.

Nous voulons démontrer que

$$EF = GH$$

Or, par construction, la figure EFHG est un parallélogramme, donc les côtés opposés EF et GH sont égaux (104).

109. Corollaire. — *Deux parallèles sont partout équidistantes.*

Soit les deux parallèles AB et CD. De deux points quelconques E et G de AB, menons des perpendiculaires sur CD ; nous obtenons les distances des points E et G à CD (71).

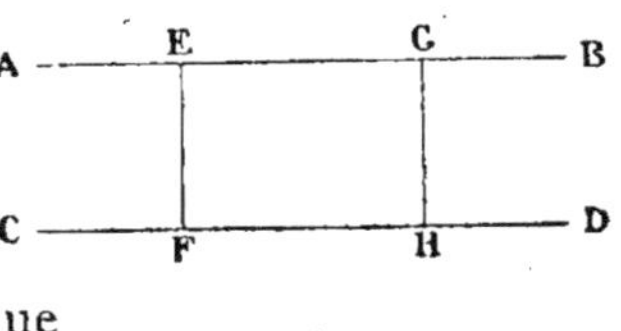

Nous voulons démontrer que

$$EF = GH$$

EF et GH, perpendiculaires sur la même droite CD, sont parallèles (81). Donc EFHG est, par construction, un parallélogramme ; ses côtés opposés EF et GH sont égaux.

110. Théorème. — *Les diagonales d'un parallélogramme se coupent par leur milieu.*

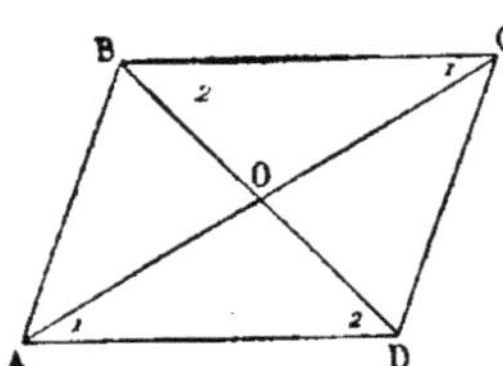

Soit le parallélogramme ABCD. Menons ses deux diagonales.

Nous voulons démontrer que

$$AO = CO, \qquad BO = DO$$

Les deux triangles AOD et BOC sont égaux, car (43) :

$AD = BC$ comme côtés opposés d'un parallélogramme ;

$$\left. \begin{array}{l} \widehat{A}_1 = \widehat{C}_1 \\[4pt] \widehat{D}_2 = \widehat{B}_2 \end{array} \right\} \text{ comme angles alternes-internes.}$$

Écrivons qu'aux angles égaux sont opposés des côtés égaux :

$$AO = CO \qquad BO = DO$$

111. Réciproque. — *Un quadrilatère dont les diagonales se coupent par leur milieu est un parallélogramme.*

Soit le quadrilatère ABCD tel que ses diagonales se coupent par leur milieu, c'est-à-dire que

$$OA = OC, \qquad OB = OD$$

Nous voulons démontrer que ce quadrilatère est un parallélogramme.

Les deux triangles AOD et BOC sont égaux, car (44) :

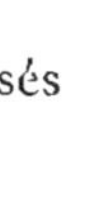

$$OA = OC \\ OB = OD$$ par hypothèse ;

$$O_1 = O_2$$ comme opposés par le sommet.

Donc (46) : $B_3 = D_3$

Or, ces angles occupent la position d'alternes-internes par rapport aux deux droites AD et BC coupées par la sécante BD, et, comme ils sont égaux, les droites AD et BC sont parallèles (90).

Nous démontrerions de même que AB et CD sont parallèles.

Donc le quadrilatère ABCD est un parallélogramme.

112. Théorème. — *Un rectangle a ses quatre angles droits.*

Soit le rectangle ABCD dans lequel, par définition,

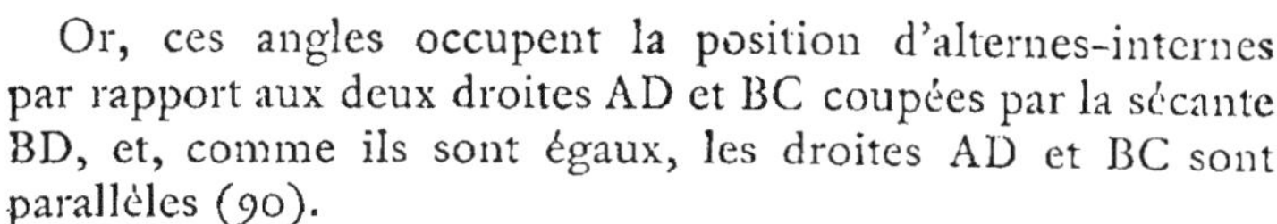

$$A = 1 \text{ dr.}$$

Nous voulons démontrer que tous les angles sont droits :

$A = C$ comme angles opposés d'un parallélogramme (104), d'où $\qquad C = 1$ dr.

$$A + B = 2 \text{ dr.} \\ A + D = 2 \text{ dr.}$$ comme angles adjacents d'un parallélogramme (104).

Et puisque, par hypothèse, $A = 1$ dr. nous en concluons :

$$B = 1 \text{ dr.} \qquad D = 1 \text{ dr.}$$

113. Théorème. — *Les diagonales d'un rectangle sont égales.*

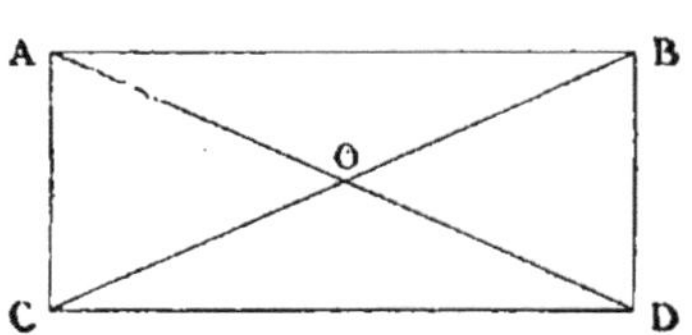

Soit le rectangle ABCD. Nous voulons démontrer que :

$$AD = BC$$

Les deux triangles ACD et BCD sont égaux, car (43).

$AC = BD$ comme côtés opposés d'un parallélogramme;

    CD est commun;

$\widehat{ACD} = \widehat{BDC}$ comme angles droits (112).

Donc (46) : $AD = BC$

114. Théorème. — *Un losange est un parallélogramme.*

Par définition (102), tous les côtés d'un losange sont égaux.

En particulier, nous pouvons dire que les côtés *opposés* sont égaux; donc (105) un losange est un parallélogramme.

115. Théorème. — *Les diagonales d'un losange sont perpendiculaires entre elles et bissectrices des angles du losange.*

Soit le losange ABCD. Nous voulons démontrer que :

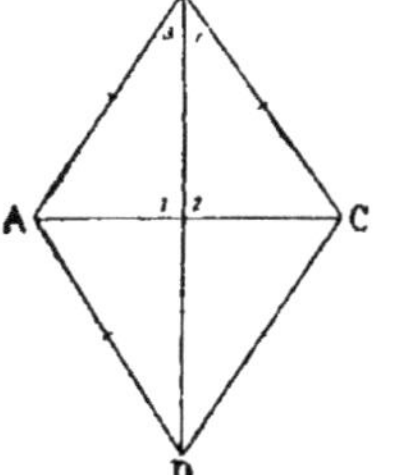

1° BD est perpendiculaire sur AC;

2° BD est la bissectrice de $\widehat{ABC}$.

Le losange ABCD est un parallélogramme; par suite, le point O est le milieu de AC (110), ou encore OB est la médiane du triangle ABC; mais, par hypothèse, ce triangle est isocèle.

Donc (38) :

1° $O_1 = O_2$ BD est perpendiculaire sur AC.

2° $B_3 = B_4$ BD est bissectrice de $\widehat{ABC}$.

116. Théorème. — *Un carré est à la fois un parallélogramme, un rectangle et un losange.*

Par définition, un carré est un losange qui a un angle droit (103).

Étant un losange, il est un parallélogramme.

Étant un parallélogramme qui a un angle droit, c'est un rectangle.

Par suite, ses diagonales se coupent en leurs milieux, sont égales entre elles, sont perpendiculaires entre elles, et sont bissectrices des angles du carré.

LIVRE II

---

§. I — CORDES, ARCS ET ANGLES AU CENTRE

117. Circonférence de cercle. — La *circonférence de cercle* est une courbe plane dont tous les points sont situés à égale distance d'un point intérieur appelé *centre*.

118. Cercle. — Le *cercle* est la portion du plan comprise à l'intérieur de la circonf'rence.

119. Rayon. — Un *rayon* est un segment de droite mené du centre à la circonférence.

D'après la définition de la circonférence :

Tous les rayons d'une même circonférence sont égaux.

120. Corde. — Une *corde* est un segment de droite qui joint deux points de la circonférence.

121. Diamètre. — Un *diamètre* est une corde passant par le centre de la circonférence.

D'après les définitions de la circonférence, du rayon et du diamètre :

1° *La longueur d'un diamètre est égale à deux rayons.*

2° *Tous les diamètres d'une même circonférence sont égaux.*

122. Arc. — Un *arc* est une portion limitée de la circonférence.

Un arc est *sous-tendu* par la corde joignant ses extrémités.

123. Angle au centre. — Un *angle au centre* a son sommet au centre de la circonférence.

124. Sécante. — Une *sécante* est une droite illimitée qui coupe la circonférence.

125. Tangente. — Une *tangente* est une droite illimitée qui rencontre la circonférence en un *seul* point appelé *point de contact* (141).

126. Théorème. — *Une sécante ne coupe la circonférence qu'en deux points.*

En effet, nous ne pouvons mener du centre à une sécante que deux obliques égales (74) ; donc sur la sécante il n'y a que deux points qui soient à une distance égale au rayon.

127. Théorème. — *Tout diamètre divise la circonférence et le cercle en deux parties égales.*

Soit la circonférence O et le diamètre AB.
Nous voulons démontrer que

$$Arc\ ADB = Arc\ AEB$$

et que $$Surf.\ ADB = Surf.\ AEB$$

Replions la figure ADB sur la figure AEB, autour de AB.

Chaque point de l'arc ADB vient coïncider avec un point de l'arc AEB, puisque tous ces points sont à égale distance du centre O. Donc :

$$Arc\ ADB = Arc\ AEB$$

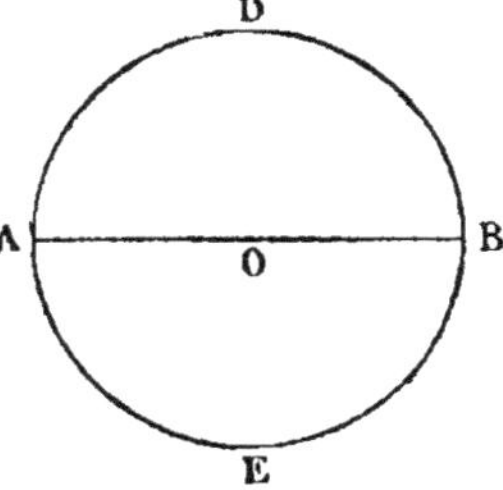

Les périmètres des surfaces ADB et AEB coïncidant, il en est de même de ces surfaces, donc,

$$Surf.\ ADB = Surf.\ AEB$$

128. Théorème. — *Le diamètre est la plus grande des cordes.*

Soit la circonférence O et la corde AE. Menons par le point A le diamètre AB.

Nous voulons prouver que

$$AB > AE$$

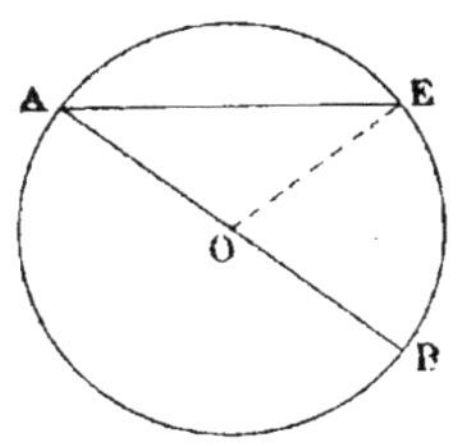

Menons le rayon OE, dans le triangle AOE (50) :

$$AO + OE > AE$$

or $$OE = OB$$

d'où $$AO + OB > AE$$

ou $$AB > AE$$

Remarque. — Tous les diamètres étant égaux, un diamètre *quelconque* est plus grand que AE.

129. Remarque. — A une même corde correspondent deux arcs ; nous appellerons *arc sous-tendu* le plus petit des deux arcs.

130. Théorème. — *Dans une circonférence ou dans des circonférences égales :*

1° *A des arcs égaux correspondent des cordes égales ;*

2° *A des arcs égaux correspondent des angles au centre égaux.*

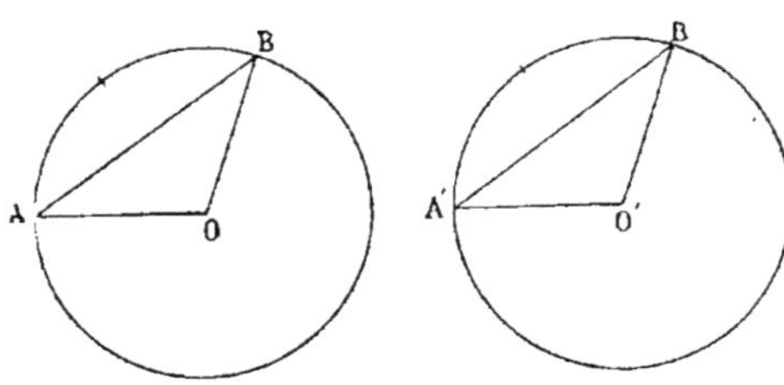

Soit les deux circonférences égales O et O'. Prenons deux arcs égaux : $$\overarc{AB} = \overarc{A'B'}$$

Nous voulons prouver que

$$AB = A'B', \qquad \widehat{O} = \widehat{O'}$$

Transportons la circonférence O' sur son égale O, de façon que le rayon A'O' coïncide avec AO.

Les arcs AB et A'B' étant égaux, le point B' tombe **en B**. Mais alors A'B' coïncide avec AB, donc :

$$AB = A'B'$$

et O'B' coïncide avec OB, donc :

$$\widehat{O} = \widehat{O'}$$

131. Remarque. — Le signe $\frown$ signifie *arc*, on doit toujours l'énoncer avant les lettres qu'il surmonte.

132. Première réciproque. — *Dans une circonférence ou dans des circonférences égales :*

1° *A des angles au centre égaux correspondent des cordes égales ;*

2° *A des angles au centre égaux correspondent des arcs égaux.*

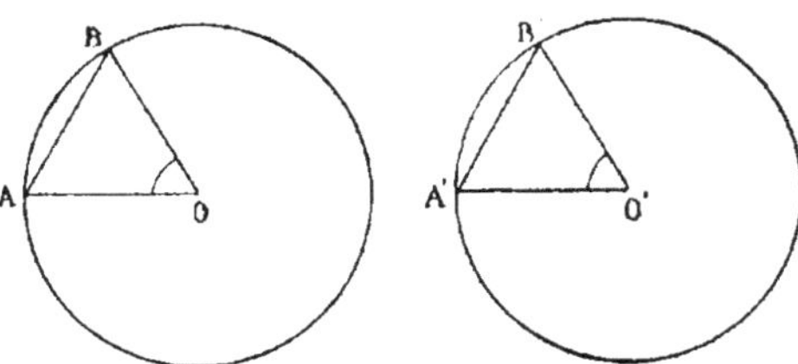

Soit les deux circonférences égales O et O'. Prenons deux angles au centre égaux :

$$\widehat{O} = \widehat{O'}$$

Nous voulons prouver que

$$AB = A'B' \qquad \widehat{AB} = \widehat{A'B'}$$

Transportons la circonférence O' sur son égale O, de façon que le rayon A'O' coïncide avec OA.

Les angles O et O′ étant égaux, le côté O′B′ prend la direction de OB, et le point B′ tombe en B, à cause de l'égalité des rayons. Par suite :

$$\left.\begin{array}{l} AB = A'B' \\ \overset{\frown}{AB} = \overset{\frown}{A'B'} \end{array}\right\} \text{comme coïncidant dans toutes leurs parties.}$$

133. Deuxième réciproque. — *Dans une circonférence ou dans des circonférences égales :*

1° *A des cordes égales correspondent des angles au centre égaux ;*

2° *A des cordes égales correspondent des arcs égaux.*

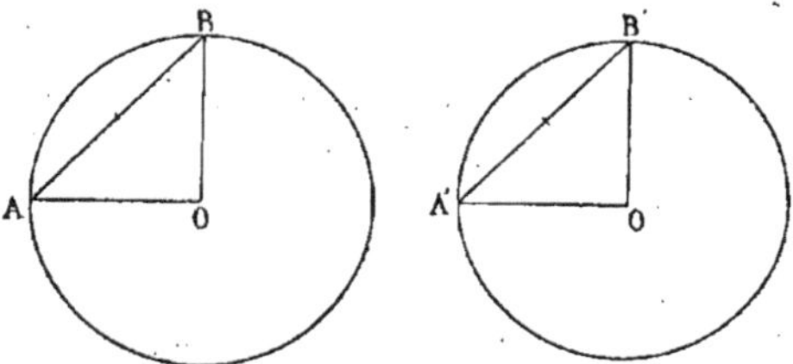

Soit les deux circonférences égales O et O′. Prenons deux cordes égales :

$$AB = A'B'$$

Nous voulons démontrer que

$$\widehat{O} = \widehat{O}' \qquad \overset{\frown}{AB} = \overset{\frown}{A'B'}$$

Les deux triangles AOB et A′O′B′ sont égaux, car (45) :

AB = A′B′   par hypothèse ;

$$\left.\begin{array}{l} OA = O'A' \\ OB = O'B' \end{array}\right\} \text{comme rayons de circonférences égales.}$$

Donc (46) : $\widehat{O} = \widehat{O}'$

Mais les angles au centre O et O′ étant égaux, nous savons que (132) :

$$\overset{\frown}{AB} = \overset{\frown}{A'B'}$$

134. Théorème. — *Dans une circonférence ou dans des circonférences égales, quand deux arcs sont inégaux, au plus grand arc correspond la plus grande corde et réciproquement.*

Soit la circonférence C, prenons deux arcs inégaux :

$$\overarc{AB} > \overarc{DF}$$

Nous voulons démontrer que

$$AB > DF$$

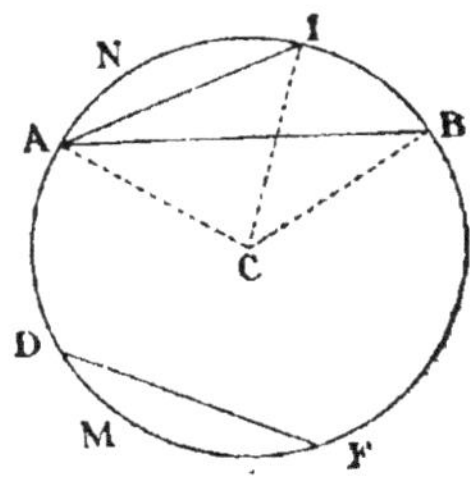

Prenons à partir du point A, un arc AI égal à DF ; le point I, à cause de l'hypothèse, vient sur l'arc AB entre A et B. Joignons A, I, B au centre C.

Dans les deux triangles ACB et ACI, nous avons :

$$AC \qquad \text{commun ;}$$

$$CI = CB \qquad \text{comme rayons d'une même circonférence ;}$$

$$\overarc{ACB} > \overarc{ACI} \qquad \text{par construction.}$$

Donc (54) $AB > AI$

or $AI = DF$ (130)

donc $AB > DF$

135. Réciproquement, si nous avons :

$$AB > DF$$

Nous voulons démontrer que

$$\overarc{AB} > \overarc{DF}$$

En effet,

si nous avions $\overarc{AB} < \overarc{DF}$, nous en conclurions $AB < DF$, ce qui est contraire à l'hypothèse.

Si nous avions $\overarc{AB} = \overarc{DF}$, nous en conclurions $AB = DF$ (130), ce qui est contraire à l'hypothèse

AB, ne pouvant être inférieur ou égal à DF, lui est supérieur.

136. Théorème. — *La perpendiculaire menée du centre d'une circonférence sur une corde divise cette corde, l'angle au centre et l'arc sous-tendu en deux parties égales.*

Soit la circonférence C et la corde AB, menons de C la perpendiculaire sur AB.

Nous voulons démontrer que

$$AD = BD \qquad \overset{\frown}{ACE} = \overset{\frown}{BCE} \qquad \overset{\frown}{AE} = \overset{\frown}{EB}$$

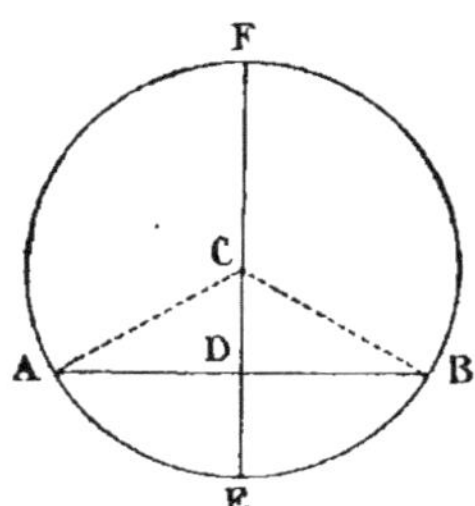

Plions la figure le long de EF : le côté DB prend la direction de DA, puisque, par hypothèse, les angles en D sont droits, mais la demi-circonférence EBF coïncide avec EAF ; par suite, le point B tombe en A. Donc :

$$\left. \begin{array}{l} AD = BD \\ \overset{\frown}{ACE} = \overset{\frown}{BCE} \\ \overset{\frown}{AE} = \overset{\frown}{EB} \end{array} \right\} \begin{array}{l} \text{puisque tous leurs} \\ \text{éléments coïncident.} \end{array}$$

137. Théorème. — *Dans une circonférence ou dans des circonférences égales, des cordes égales s'écartent également du centre.*

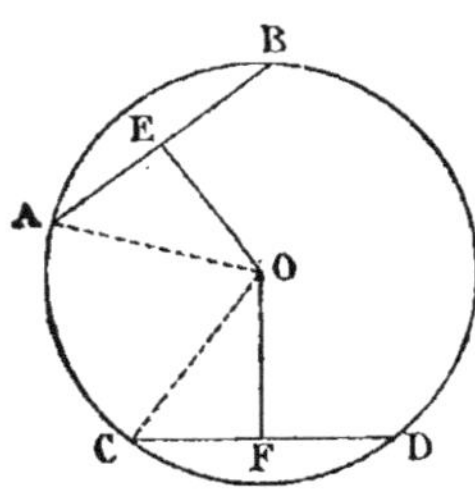

Soit la circonférence O et deux cordes égales AB = CD.

Menons les distances du centre O à ces cordes, c'est-à-dire (71) les perpendiculaires OE et OF.

Nous voulons démontrer que

$$OE = OF$$

Les deux triangles rectangles AOE et COF sont égaux, car (76) :

OA = OC   comme rayons d'une même circonférence :

AE = CF   comme moitié de cordes égales (136).

Donc   OE = OF

138. Réciproque. — *Dans une circonférence ou dans des circonférences égales, des cordes qui s'écartent également du centre sont égales.*

Soit la circonférence O et les deux cordes AB et CD telles que leurs distances au centre soient égales :

$$OE = OF$$

Nous voulons démontrer que

$$AB = CD$$

Les deux triangles rectangles AOE et COF sont égaux, car (76) :

OA = OC   comme rayons d'une même circonférence ;

OE = OF   par hypothèse.

Donc $\qquad\qquad$ AE = CF

or AE et CF sont les moitiés de AB et CD (136). Donc :

$$AB = CD$$

139. Théorème. — *Dans une circonférence ou dans des circonférences égales, quand deux cordes sont inégales,* **la plus grande** *s'écarte* **le moins** *du centre.*

Soit la circonférence O et deux cordes telles que :

$$AB > MN$$

Menons de O les perpendiculaires sur ces cordes, **nous voulons démontrer que**

$$OD < IO$$

Nous savons que $\qquad \overset{\frown}{AB} > \overset{\frown}{MN}$ $\qquad\qquad$ (135)

si, à partir de A, nous prenons :

$$\overset{\frown}{AC} = \overset{\frown}{MN}$$

le point C est entre A et B, et de plus :

$$MN = AC \qquad\qquad (130)$$

Menons la perpendiculaire OE sur AC.

Nous savons que

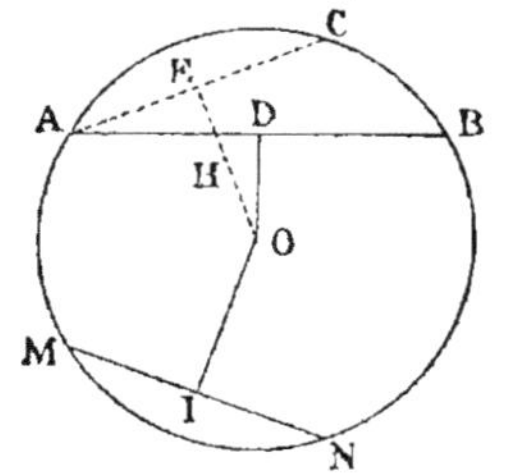

$$OD < OH \quad (71)$$

or évidemment $OH < OE$

d'où   · $OD < OE$

Les cordes MN et AC étant égales s'écartent également du centre, d'où :

$$OE = OI \quad (137)$$

donc, l'inégalité précédente devient :

$$OD < OI$$

140. Réciproque. — *Dans une circonférence ou dans des circonférences égales, quand deux cordes s'écartent inégalement du centre, celle qui s'en écarte* **le moins** *est* **la plus grande.**

Soit la circonférence O et les cordes AB et MN telles que :

$$OD < OI$$

Nous voulons démontrer que

$$AB > MN$$

Si nous avions $AB < MN$,   nous aurions : $OD > OI$ (139), ce qui est contraire à l'hypothèse.

Si nous avions $AB = MN$,   nous aurions : $OD = OI$ (137), ce qui est contraire à l'hypothèse.

AB, ne pouvant être inférieur ou égal à MN, lui est supérieur.

141. Théorème. — *La perpendiculaire à l'extrémité d'un rayon est tangente à la circonférence.*

Soit la circonférence O, le rayon OC, et la droite AB perpendiculaire en C au rayon OC.

Nous voulons démontrer que la droite AB n'a pas d'autre point commun avec cette circonférence.

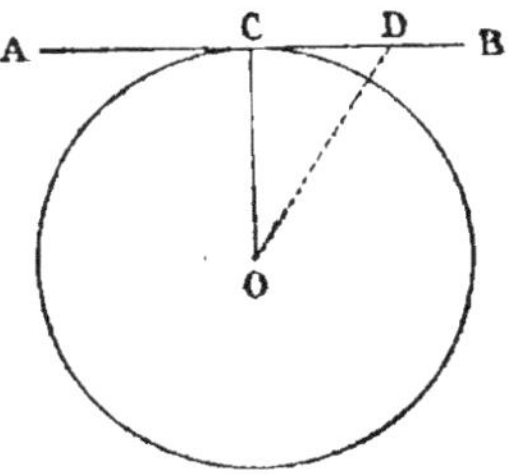

Joignons le centre O à un point D quelconque pris sur AB, OD étant une oblique et OC la perpendiculaire issue du même point (71) :

$$OD > OC$$

Cette inégalité montre que le point D est en dehors de la circonférence O (117).

Ce raisonnement s'appliquant à tout point de AB autre que le point C, ce point est le seul commun à la circonférence et à la droite AB qui, par suite, est tangente (125).

142. Réciproque. — *Toute tangente à une circonférence est perpendiculaire à l'extrémité du rayon passant par le point de contact.*

Soit la circonférence O et la droite AB ne touchant cette circonférence qu'au point C.

Nous voulons démontrer que la droite AB est perpendiculaire à OC.

Joignons le centre O à un point quelconque D de AB. Le point D étant extérieur à la circonférence, nous avons :

$$OD > OC$$

Ce raisonnement s'appliquant à tout point de AB autre que C, la droite OC est le plus court chemin de O à AB, et, par suite (71), est la perpendiculaire menée de O sur AB.

143. Conséquence. — *Par un point pris sur une circonférence passe une seule tangente.*

144. Théorème. — *Les arcs compris entre deux sécantes parallèles sont égaux.*

Soit la circonférence O et les deux sécantes parallèles AB et CD.

Nous voulons démontrer que

$$\overset{\frown}{AC} = \overset{\frown}{BD}$$

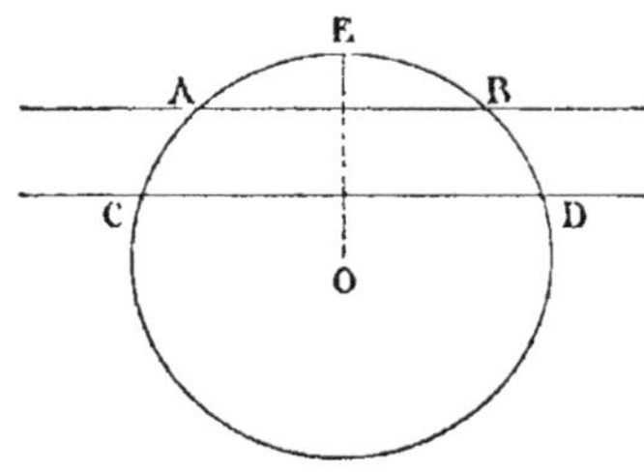

Du centre O menons la perpendiculaire OE sur AB ; elle est aussi perpendiculaire sur CD (86). Cette perpendiculaire divise en deux parties égales chacun des arcs sous-tendus par AB et CD (136).

donc :
$$\overset{\frown}{EC} = \overset{\frown}{ED}$$

et :
$$\overset{\frown}{EA} = \overset{\frown}{EB}$$

Soustrayons membre à membre ces deux égalités :

$$\overset{\frown}{EC} - \overset{\frown}{EA} = \overset{\frown}{ED} - \overset{\frown}{EB}$$

ou
$$\overset{\frown}{AC} = \overset{\frown}{BD}$$

145. Théorème. — *Par trois points, non situés en ligne droite, passe une circonférence et une seule.*

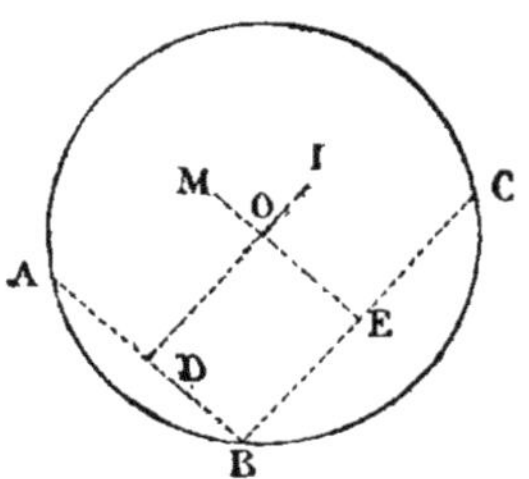

Soit les trois points A, B, C, non situés en ligne droite.

Joignons AB et BC.

Par le milieu D de AB, menons DI perpendiculaire à AB, et par le milieu E de BC, menons EM perpendiculaire à BC.

Ces deux droites se coupent en un point.

En effet, si elles ne se coupaient pas, elles seraient parallèles ; toute droite perpendiculaire à l'une serait perpendiculaire à l'autre ; par suite, BC serait perpendiculaire à DI, et elle se confondrait avec AB qui est la perpendiculaire menée de B à DI ; les trois points A, B, C seraient en ligne droite, ce qui est contraire à l'hypothèse.

Soit O le point de rencontre de DI et de EM.

Le point O étant sur DI perpendiculaire au milieu de AB, nous avons :

$$OA = OB \qquad (77)$$

Le point O étant sur ME perpendiculaire au milieu de BC, nous avons :

$$OB = OC$$

d'où
$$OA = OB = OC$$

Le point O est le seul à jouir de cette propriété (77).

Donc, si du point O comme centre, avec OA comme rayon, nous décrivons une circonférence, elle passe par les trois points A, B, C.

§ II. — INTERSECTIONS ET POSITIONS RELATIVES DE DEUX CIRCONFÉRENCES

146. Points symétriques. — Deux points sont *symétriques* par rapport à un axe, lorsque cet axe est perpendiculaire au milieu de la droite joignant les deux points.

147. Circonférences tangentes. — Deux circonférences sont *tangentes* lorsqu'elles n'ont qu'un point commun.

148. Théorème. — *Deux circonférences ne peuvent se couper en plus de deux points.*

Car, si elles avaient trois points communs, elles seraient confondues (145).

149. Théorème. — *Deux circonférences qui se coupent*

en un point ont un second point commun, symétrique du premier par rapport à la ligne des centres.

Soit les deux circonférences O et C qui se coupent en un point A.

Du point A menons la perpendiculaire AD sur la ligne des centres OC, et prenons :

$$BD = AD$$

Nous voulons démontrer que le point B est commun aux deux circonférences.

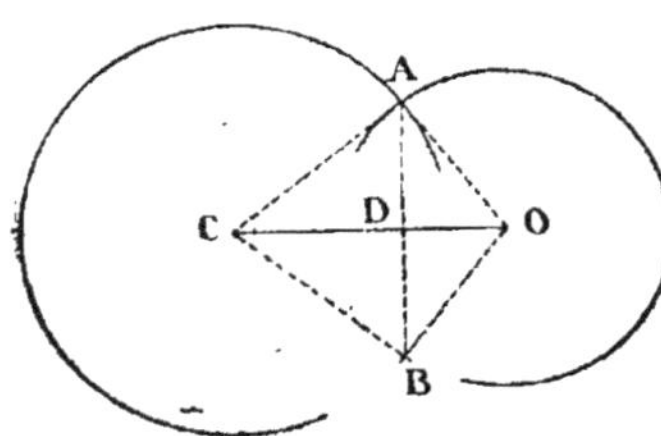

Joignons CA, CB, OA et OB.

BC = CA comme obliques s'écartant, par construction, également du pied de la perpendiculaire (72); AC étant un rayon de la circonférence C, CB est aussi un rayon, et la circonférence décrite de C comme centre passe par B.

Nous démontrerions de même que la circonférence O passe par B.

150. Conséquence. — *Lorsque deux circonférences sont sécantes, la ligne des centres est perpendiculaire sur le milieu de la corde commune.*

151. Théorème. — *Lorsque deux circonférences sont tangentes, leur point de contact est sur la ligne des centres.*

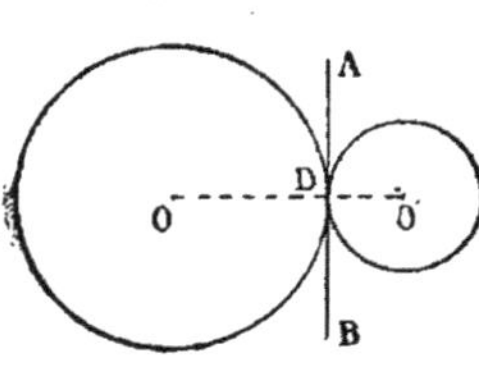

En effet, si les deux circonférences tangentes O et O′ avaient un point de contact en dehors de la ligne des centres, nous démontrerions qu'elles en ont un second (149); donc, elle ne seraient plus tangentes (147).

152. Conséquence. — *La perpendiculaire à la ligne*

des centres, menée par le point de contact de deux circonfé-rences, est une tangente commune aux deux circonférences.

En effet, AB, perpendiculaire à OD et à O'D, est tangente aux deux circonférences O et O' (141).

153. Théorème. — *Positions relatives de deux circon-férences.*

1° *Si deux circonférences sont* **extérieures,** *la distance des centres est* **plus grande que la somme** *des rayons.*

En effet, nous avons évidemment :

$$CO > CA + OB$$

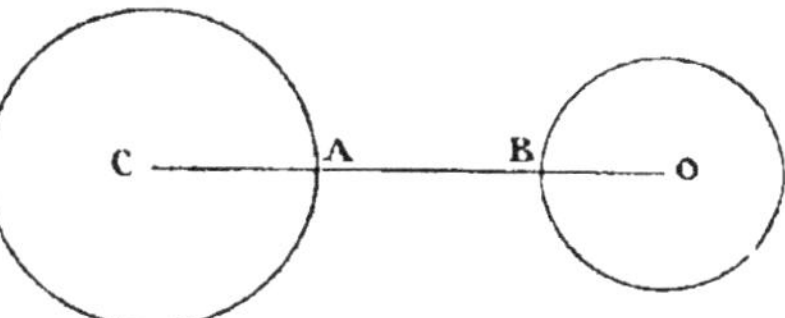

2° *Si deux circonférences sont* **tangentes extérieurement,** *la distance des centres est* **égale à la somme** *des rayons.*

Le point de contact A étant sur la ligne des centres (151), nous avons :

$$CO = CA + OA$$

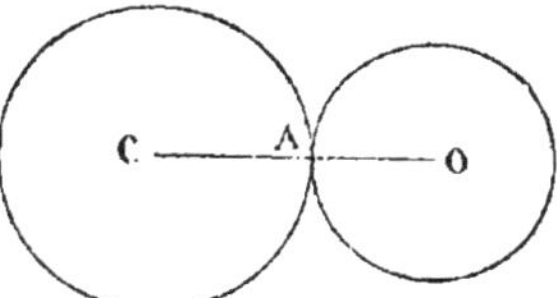

3° *Si deux circonférences sont* **sécantes,** *la distance des centres est à la fois* **plus petite que la somme** *des rayons et* **plus grande que leur différence.**

Soit A un point de rencontre des circonférences O et C, dans le triangle OAC nous avons (50) :

$$CO < CA + OA$$
$$CO > CA - OA$$

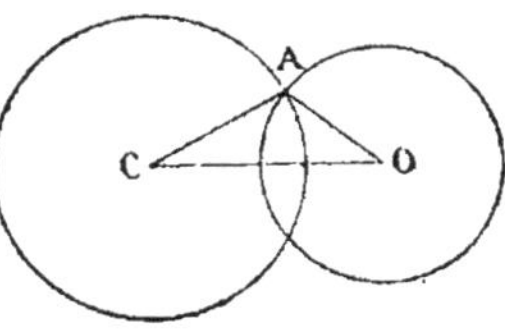

4° *Si deux circonférences sont* **tangentes intérieurement,** *la distance des centres est* **égale à la différence** *des rayons.*

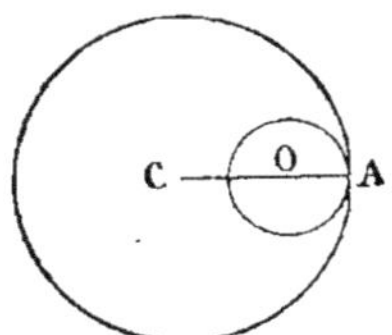

Le point de contact A étant sur la ligne des centres (151), nous avons :

$$CO = CA - OA$$

5° *Si deux circonférences sont* **intérieures,** *la distance des centres est* **plus petite que la différence** *des rayons.*

En effet, nous avons évidemment :

$$CO < CA - OB$$

154. Réciproques.

1° *Si la distance des centres est* **plus grande que la somme** *des rayons, les circonférences sont* **extérieures.**

2° *Si la distance des centres est* **égale à la somme** *des rayons, les circonférences sont* **tangentes extérieurement.**

3° *Si la distance des centres est, à la fois,* **plus petite que la somme** *des rayons et* **plus grande que leur différence,** *les circonférences sont* **sécantes.**

4° *Si la distance des centres est* **égale à la différence** *des rayons, les circonférences sont* **tangentes intérieurement.**

5° *Si la distance des centres est* **plus petite que la diffé-** **rence** *des rayons, les circonférences sont* **intérieures.**

Démontrons, par exemple, que, si la distance des centres est égale à la somme des rayons, les circonférences sont tangentes extérieurement.

Si nous supposons que ces circonférences sont extérieures, sécantes, tangentes intérieurement, intérieures, le théorème direct (153) nous montre que dans aucun de ces cas, la distance des centres n'est égale à la somme des rayons, ce qui est contraire à l'hypothèse.

Donc, les circonférences sont tangentes extérieurement.
Nous démontrerions de même les autres cas.

§ III. — MESURE DES ANGLES

155. Mesure. — *Mesurer* une grandeur, c'est chercher combien de fois elle contient une autre grandeur de même espèce prise pour unité, ou combien de fois elle contient une fraction de cette seconde grandeur.

La grandeur *unité* est, pour chaque espèce d'objet, fixée par une convention spéciale.

Exemple : Pour mesurer les longueurs, on est convenu de prendre pour unité la longueur du *mètre*.

156. Rapport. — Le *rapport* de deux grandeurs est le *nombre* qui mesure une de ces grandeurs, l'autre étant prise pour unité.

Le rapport de deux grandeurs devient la mesure de la première, si la seconde est égale à la grandeur unité dont on est convenu.

Exemple : Si la longueur d'une table est 7 fois la longueur d'une règle, nous dirons :

Le rapport, en longueur, de la table à la règle est 7.

Si nous constatons, d'autre part, que la règle a 1 mètre de long, nous dirons :

La mesure de la longueur de la table est 7 mètres.

Le rapport d'une grandeur AB à une grandeur CD s'écrit :

$$\frac{AB}{CD}$$

et se lit : AB sur CD.

157. Angle inscrit. — Un *angle inscrit* est formé par deux demi-sécantes issues d'un même point de la circonférence.

L'angle est *inscrit dans l'arc* passant par son sommet et limité à ses côtés.

Cet arc s'appelle aussi le *segment capable* de l'angle (voir 169).

158. Théorème. — *Dans une circonférence, ou dans des circonférences égales, le rapport de deux angles au centre est égal au rapport des arcs compris entre leurs côtés.*

Soit les deux circonférences égales O et C. Prenons des angles au centre AOB et DCE.

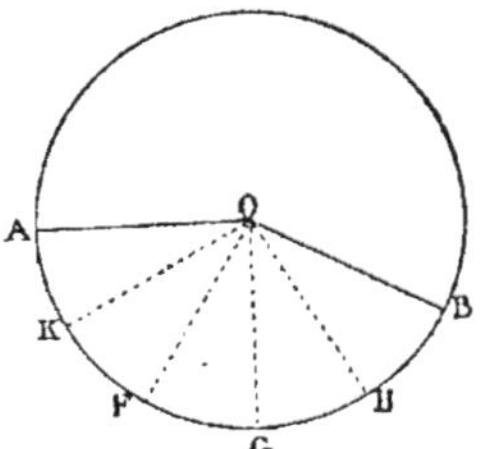 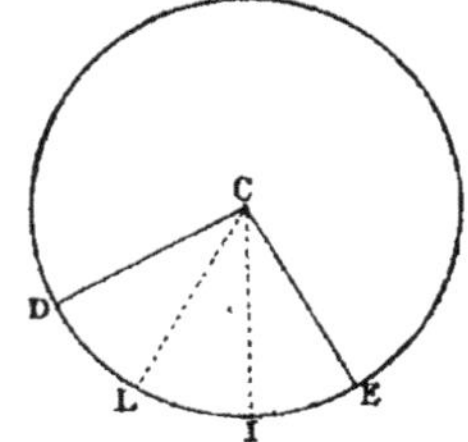

Nous voulons démontrer que

$$\frac{AOB}{DCE} = \frac{AB}{DE}$$

Supposons qu'une commune mesure soit comprise 5 fois dans l'arc AB et 3 fois dans l'arc DE. Par définition (156) :

$$\frac{AB}{DE} = \frac{5}{3}$$

Joignons les points de division au centre : nous obtenons des angles partiels qui sont tous égaux, comme interceptant, par construction, des arcs égaux dans **des circonférences égales** (130). Donc :

$$\frac{AOB}{DCE} = \frac{5}{3}$$

Par suite :

$$\frac{AOB}{DCE} = \frac{AB}{DE}$$

159. Théorème. — *L'angle au centre a même mesure que l'arc compris entre ses côtés, à la condition de prendre pour unité d'arc, l'arc correspondant à l'unité d'angle*

Reprenons l'égalité démontrée dans le théorème précédent :

$$\frac{AOB}{DCE} = \frac{AB}{DE}$$

Convenons de prendre DCE pour unité d'angle. Par définition (155) :

$$\frac{AOB}{DCE} = \textit{mes. } AOB$$

Si, de plus, nous prenons DE, *correspondant* à DCE, comme unité d'arc, nous avons aussi (155)

$$\frac{AB}{DE} = \textit{mes. } AB$$

donc
$$\textit{mes. } AOB = \textit{mes. } AB$$

160. Conséquence. — Au lieu de mesurer un angle au centre, nous pouvons mesurer l'arc compris entre ses côtés. Nous trouvons le même nombre, si nous avons bien eu soin de prendre, pour unité d'arc, l'arc correspondant à l'unité d'angle.

161. Unités usuelles pour les angles.

Nous emploierons trois unités d'angles différentes qui sont :

1° **L'angle droit.** *Les angles s'expriment en fractions d'angle droit.*

2° **L'angle de 1 degré,** *qui est la* 90me *partie de l'angle droit.*

Le degré (°) se divise en 60 minutes ('), la minute en 60 secondes (").

3° **L'angle de 1 grade,** *qui est la* 100me *partie de l'angle droit.*

Le grade (^{g}) se divise en 100 minutes ('), la minute en 100 secondes (").

Si les minutes et secondes ne sont pas accompagnées de degrés ou de grades, pour ne pas les confondre, on appelle ·

les minutes provenant des degrés *minutes sexagésimales* ;
les minutes provenant des grades *minutes centésimales.*

162. Unités usuelles pour les arcs.

Nous devons prendre pour unité d'arc, l'arc correspondant
à l'unité d'angle pour pouvoir appliquer le théorème (159).

1° *Lorsque les* **angles** *sont exprimés en* **angle droit,** *les* **arcs**
doivent être comptés en **quart de circonférence.**

En effet, puisque nous pouvons former autour d'un point
4 angles droits (69), et qu'à des angles au centre égaux correspondent des arcs égaux (132) :
A l'angle au centre droit correspond le quart de la circonférence.

2° *Lorsque les* **angles** *sont exprimés en* **degrés,** *les* **arcs**
doivent être comptés en **degrés,** *l'arc d'un degré étant la*
360ᵉ partie de la circonférence.

En effet, un angle d'un degré est la 90ᵉ partie d'un angle
droit. Donc l'arc correspondant est la 90ᵉ partie du **quart**
d'une circonférence, c'est-à-dire la 360ᵉ partie.

3° *Lorsque les* **angles** *sont exprimés en* **grades,** *les* **arcs**
doivent être comptés en **grades,** *l'arc d'un grade étant la*
400ᵉ partie de la circonférence.

En effet, un angle d'un grade est la 100ᵉ partie d'un angle
droit. Donc, l'arc correspondant est la 100ᵉ partie du quart
d'une circonférence, c'est-à-dire la 400ᵉ partie.

163. Théorème. — *L'angle inscrit a même mesure que* *la moitié de l'arc compris entre ses côtés.*

1° *Un des côtés de l'angle passe par le centre du cercle.*

Soit l'angle inscrit BAC, dont un côté AC passe par le
centre O. Nous voulons démontrer que

$$\text{mes. BAC} = \text{mes.}\ \frac{\text{BC}}{2}$$

Menons le rayon OB. L'angle BOC est extérieur au triangle AOB; donc (93)

$$BAC + ABO = BOC$$

Le triangle AOB est isocèle, puisque OA = OB comme rayons d'une même circonférence, donc (38)

$$ABO = BAC$$

Par suite, l'égalité précédente devient :

$$2\ BAC = BOC$$

ou
$$BAC = \frac{BOC}{2}$$

Or, nous savons que (159)

$$mes.\ BOC = mes.\ BC$$

donc
$$mes.\ BAC = mes.\ \frac{BC}{2}$$

2° *Le centre est à l'intérieur de l'angle.*

Soit l'angle BAC, nous voulons démontrer que

$$mes.\ BAC = mes.\ \frac{BC}{2}$$

Menons le diamètre AD. D'après le premier cas,

$$mes.\ BAD = mes.\ \frac{BD}{2}$$

$$mes.\ DAC = mes.\ \frac{DC}{2}$$

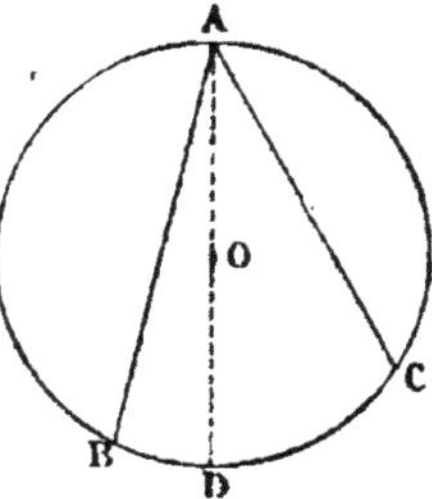

Ajoutons membre à membre ces deux égalités :

$$mes.\ BAC = mes.\ \frac{BC}{2}$$

3° *Le centre est à l'extérieur de l'angle.*

Soit l'angle BAC, nous voulons démontrer que

$$\text{mes. BAC} = \text{mes.}\ \frac{BC}{2}$$

Menons le diamètre AD. D'après le premier cas,

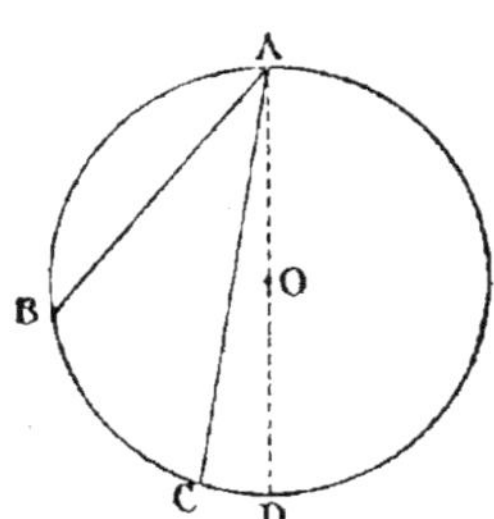

$$\text{mes. BAD} = \text{mes.}\ \frac{BD}{2}$$

$$\text{mes. CAD} = \text{mes.}\ \frac{CD}{2}$$

Retranchons membre à membre ces deux égalités :

$$\text{mes. BAC} = \text{mes.}\ \frac{BC}{2}$$

164. Corollaire. — *Tous les angles inscrits dans le même arc sont égaux.*

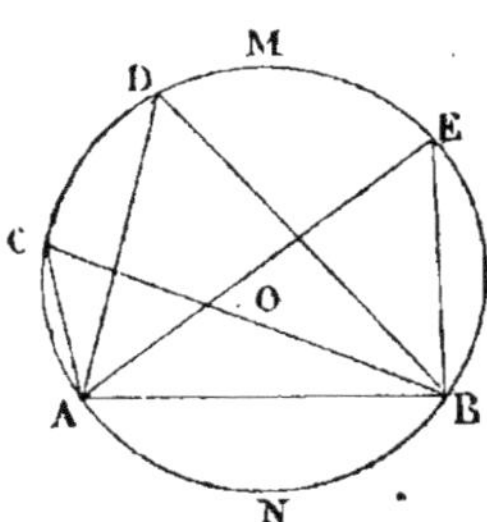

Soit des angles C, D, E, inscrits dans le même segment de cercle AMB.

Nous voulons démontrer que

$$\widehat{C} = \widehat{D} = \widehat{E}$$

Ces angles sont égaux comme ayant tous pour mesure $\dfrac{ANB}{2}$.

165. Corollaire. — *L'angle inscrit dans une demi-circonférence est droit.*

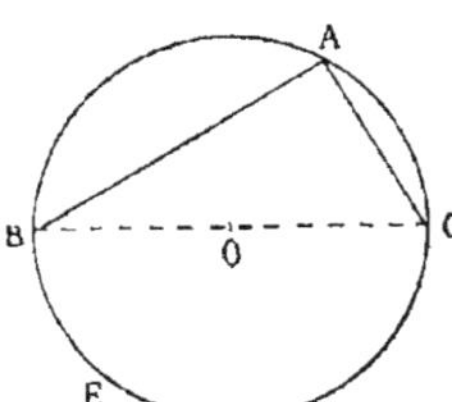

Soit la circonférence O et le diamètre BC. Joignons un point A de la circonférence à B et C : nous obtenons un angle inscrit dans une demi-circonférence.

Nous voulons démontrer que

$$\text{BAC} = 1\ \text{dr.}$$

La mesure de BAC est la moitié de la demi-circonférence BEC, c'est-à-dire le quart de la circonférence. Or nous savons que l'angle qui a pour mesure le quart de la circonférence est l'angle droit (162).

166. Théorème. — *L'angle, formé par une tangente ci une sécante issue du point de contact, a même mesure que la moitié de l'arc compris entre ses côtés.*

Soit la tangente AB et la sécante AC. Nous voulons démontrer que

$$\text{mes. BAC} = \text{mes. } \frac{AC}{2}$$

Menons par A le diamètre AD; l'angle BAD est droit (142), sa mesure est un quart de circonférence (162). Donc :

$$\text{mes. BAD} = \text{mes. } \frac{ACD}{2}$$

L'angle CAD étant un angle inscrit (163),

$$\text{mes. CAD} = \text{mes. } \frac{CD}{2}$$

Retranchons membre à membre la seconde égalité de la première :

$$\text{mes. BAC} = \text{mes. } \frac{AC}{2}$$

167. Théorème. — *Un angle, formé par deux demi-sécantes issues d'un point intérieur à une circonférence, a même mesure que la demi-somme des arcs compris entre ses côtés et le prolongement de ses côtés.*

Soit l'angle BAC ayant son sommet à l'intérieur de la circonférence O. Prolongeons ses deux côtés.

Nous voulons prouver que

$$\text{mes. BAC} = \text{mes. } \frac{BC + DE}{2}$$

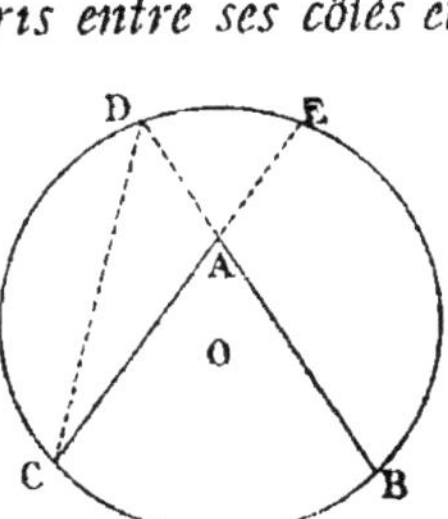

Joignons CD. L'angle BAC est extérieur au triangle ACD, par suite (93) :

$$CDA + ACD = BAC$$

Mais ACD et CDA sont des angles inscrits, donc (163) :

$$mes.\ CDA = mes.\ \frac{BC}{2}$$

$$mes.\ ACD = mes.\ \frac{DE}{2}$$

Ajoutons ces deux égalités membre à membre, en tenant compte de la précédente :

$$mes.\ BAC = mes.\ \frac{BC + DE}{2}$$

168. Théorème. — *Un angle, formé par deux demi-sécantes issues d'un point extérieur à une circonférence, a même mesure que la demi-différence des arcs compris entre ses côtés.*

Soit l'angle BAC, dont le sommet est extérieur à la circonférence. Nous voulons démontrer que

$$mes.\ BAC = mes.\ \frac{BC - DE}{2}$$

Joignons BE. L'angle BEC est extérieur au triangle BAE, par suite (93) :

$$BAC + ABE = BEC$$

ou $$BAC = BEC - ABE$$

Mais les angles BEC et ABE sont des angles inscrits, donc (163) :

$$mes.\ BEC = mes.\ \frac{BC}{2}$$

$$mes.\ ABE = mes.\ \frac{DE}{2}$$

Retranchons la seconde égalité de la première, en tenant compte de la précédente :

$$\text{mes. } BAC = \text{mes. } \frac{BC - DE}{2}$$

169. Théorème. — *Le lieu géométrique du sommet d'un angle constant, qui se déplace de façon que ses côtés passent toujours par deux points fixes, est un arc de circonférence. (L'angle restant du même côté du segment passant par les points fixes.)*

Soit deux points fixes A et B et un angle donné O.

Construisons un angle ACB égal à O, et menons l'arc de cercle passant par les trois points A, B, C.

Nous voulons démontrer que cet arc est le *segment capable* de l'angle O, c'est-à-dire que :

1° *Tout angle ayant son sommet sur cet arc et dont les côtés passent par A et B est égal à l'angle O ;*

2° *Tout angle ayant son sommet hors de cet arc et dont les côtés passent par A et B est différent de O.*

1° Soit un point quelconque D de l'arc ACB. Joignons DA et DB.

$\widehat{ADB} = \widehat{ACB}$ comme inscrits dans le même segment (164) ;

$\widehat{ACB} = \widehat{O}$ par construction ;

donc $\widehat{ADB} = \widehat{O}$

2° Soit d'abord un point M pris à l'intérieur du segment :

$$\text{mes. } AMB = \text{mes. } \frac{ARB + EF}{2}$$

or

$$\text{mes. } O = \text{mes. } ACB = \text{mes. } \frac{ARB}{2}$$

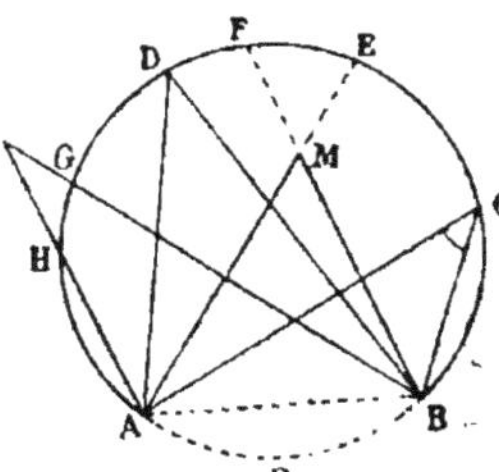

Comparant ces deux égalités, nous en concluons :

$$\widehat{AMB} > \widehat{O}$$

Prenons ensuite un point P hors du segment :

$$mes.\ APB = mes.\ \frac{ARB - HG}{2}$$

$$mes.\ O = mes.\ \frac{ARB}{2}$$

donc

$$\widehat{APB} < \widehat{O}$$

170. Corollaire. — *Le lieu géométrique du sommet d'un angle droit, qui se déplace de façon que ses côtés passent toujours par deux points fixes, est la circonférence décrite sur la droite joignant les points fixes prise pour diamètre.*

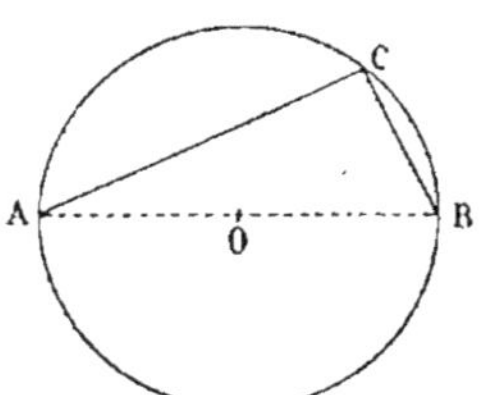

Soit les deux points fixes A et B : construisons un angle droit ACB. La circonférence passant par les points A, B, C est le lieu géométrique des angles droits dont les côtés passent par A et B (169).

Or, ACB étant droit est inscrit dans une demi-circonférence (165), donc AB est un diamètre.

§ IV. — CONSTRUCTIONS GRAPHIQUES

171. Définition. — Résoudre un problème géométriquement, c'est en trouver la solution en effectuant sur les données des constructions, uniquement à l'aide de la règle et du compas.

172. Problème. — *Diviser un segment en deux parties égales.*

Soit le segment AB. Des points A et B, comme centres, avec un rayon suffisamment grand, décrivons deux arcs de cercles qui se coupent en C et D. Joignons CD : cette droite coupe AB en son milieu E.

En effet, les points C et D sont, par construction, à égale distance des points A et B; donc ils appartiennent à la perpendiculaire menée par le milieu de AB (77). Or, comme par deux points il ne passe qu'une droite, CD est cette perpendiculaire; par suite, E est le milieu de AB.

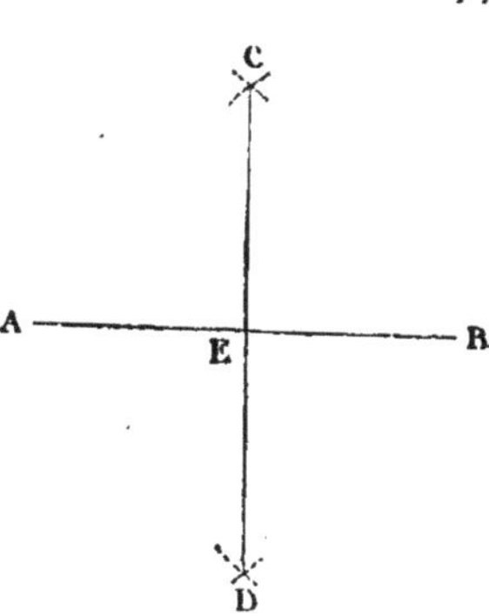

Remarque. — Ce problème s'énonce aussi :

Mener la perpendiculaire par le milieu d'un segment donné.

173. Problème. — *Par un point pris sur une droite, mener une perpendiculaire à cette droite.*

Soit la droite BC et le point A pris sur cette droite.

Du point A, comme centre, avec un rayon quelconque, décrivons une circonférence qui coupe BC en D et E. De ces points, comme centres, avec un rayon supérieur au précédent, décrivons deux arcs qui se coupent en F.

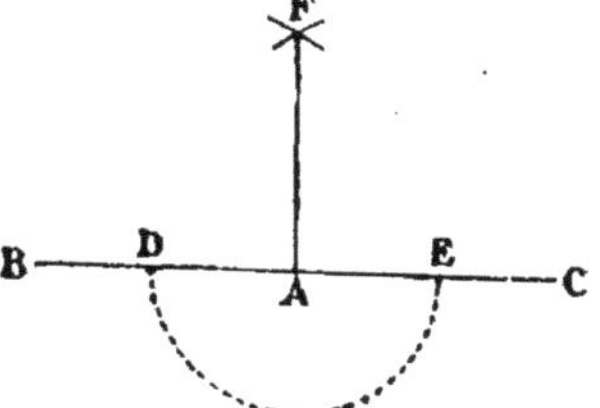

AF est la perpendiculaire demandée.

En effet : les points A et F sont, par construction, équidistants de D et de E, donc ils appartiennent à la perpendiculaire menée par le milieu A de DE (77). Donc AF est perpendiculaire sur BC.

174. Problème. — *Par un point pris hors d'une droite, mener une perpendiculaire à cette droite.*

Soit le point A pris hors de la droite BC.

Du point A comme centre, avec un rayon suffisamment grand, traçons un arc de cercle qui coupe BC aux points D et E. De ces points comme centres, avec un rayon suffisamment grand, décrivons des arcs de cercle qui se coupent en F. Joignons AF : nous avons la perpendiculaire demandée.

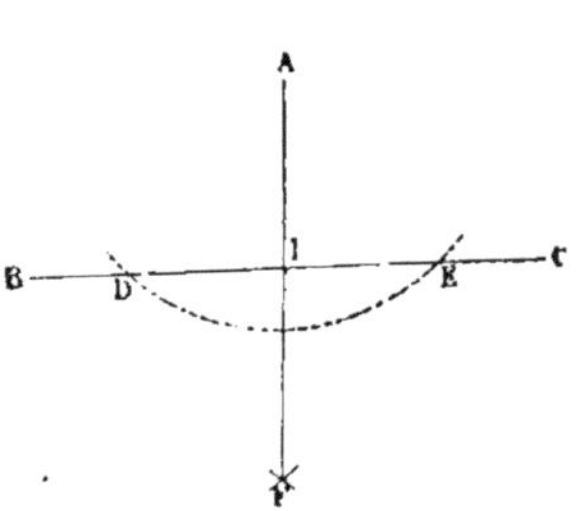

En effet, les points A et F sont, par construction, équidistants de D et E ; donc ils appartiennent à la perpendiculaire menée par le milieu I à DE (77). Or, comme par deux points il ne passe qu'une droite, AF est cette perpendiculaire. Donc AF est perpendiculaire sur BC.

175. Problème. — *Construire un angle égal à un angle donné.*

Soit E l'angle donné ; nous voulons sur la demi-droite CB construire un angle égal à E.

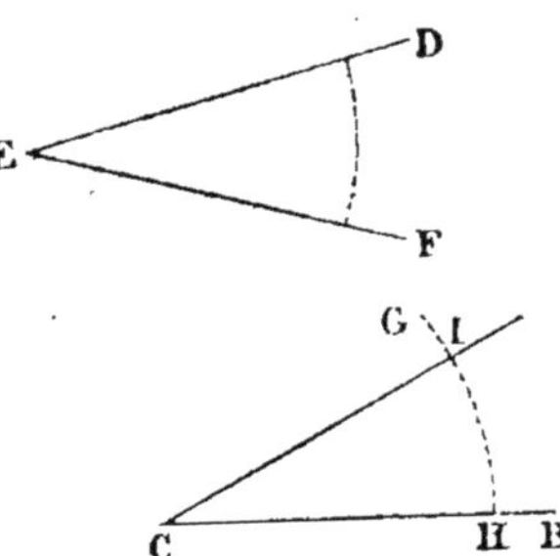

Des points E et C comme centres, avec le même rayon, décrivons des arcs de cercle. Prenons, avec le compas, la distance DF, et avec ce rayon, décrivons du point H, comme centre, un arc qui coupe l'arc HG au point I. Joignons CI : ICB est l'angle demandé.

En effet, les arcs DF et IH sont, par construction, des arcs égaux de circonférences égales, donc (130) :

$$ICB = DEF$$

176. Problème. — *Par un point pris hors d'une droite mener une parallèle à cette droite.*

Soit la droite BC et le point D pris hors de cette droite.

D'un point quelconque O de BC, comme centre, décrivons avec OD, comme rayon, une circonférence qui coupe BC aux points A et E. Avec le compas, prenons la distance

DE, et, du point A, comme centre, avec cette distance

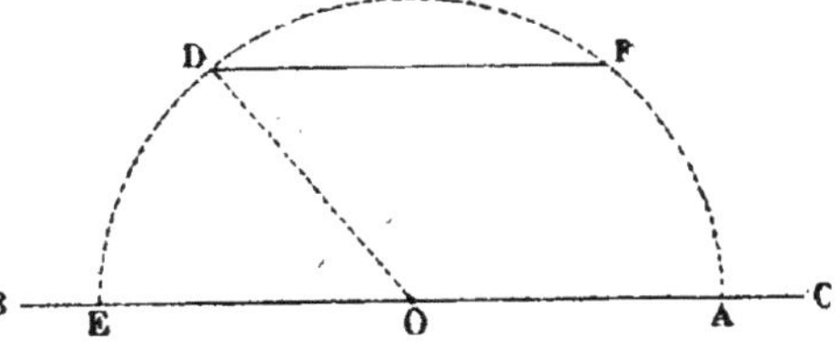

pour rayon, tra-
çons un arc qui
coupe la première
circonférence en F.
Joignons DF : nous
avons la parallèle
demandée.

En effet, les arcs ED et AF sont égaux par construction ;
donc BC et DF, qui interceptent des arcs égaux sur cette
même circonférence, sont parallèles.

177. Problème. — *Diviser un angle ou un arc en deux
parties égales.*

Soit l'angle BAC. Du sommet A, comme centre, avec un
rayon quelconque décrivons un arc qui coupe les côtés de
l'angle en B et C. De ces points, avec un
rayon suffisamment grand, décrivons deux
arcs qui se coupent en D. Joignons AD :
c'est la bissectrice demandée.

En effet, AD, par construction, est perpendiculaire sur BC (174). Or, la perpendiculaire menée du centre A sur la corde
divise l'angle au centre et l'arc en deux
parties égales (136). Donc AD est la bissectrice de l'angle BAC ;

I est le milieu de l'arc BIC.

Remarque. — Si l'arc BIC était donné, ainsi que son
centre A, nous répéterions pour cet arc la construction et le
raisonnement précédent.

178. Problème. — *Connaissant deux angles d'un
triangle, construire le troisième.*

Soit A et B les deux angles
donnés, puisqu'ils doivent
appartenir au même triangle
ils doivent être tels, que

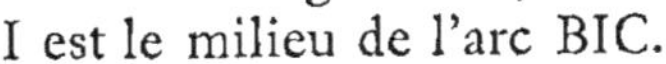

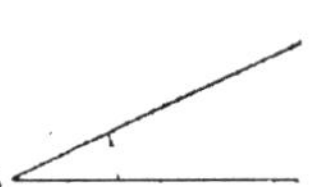

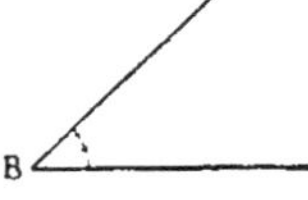

$$A + B < 2 \text{ dr.}$$

En un point O d'une droite EF, construisons sur la demi-droite OE

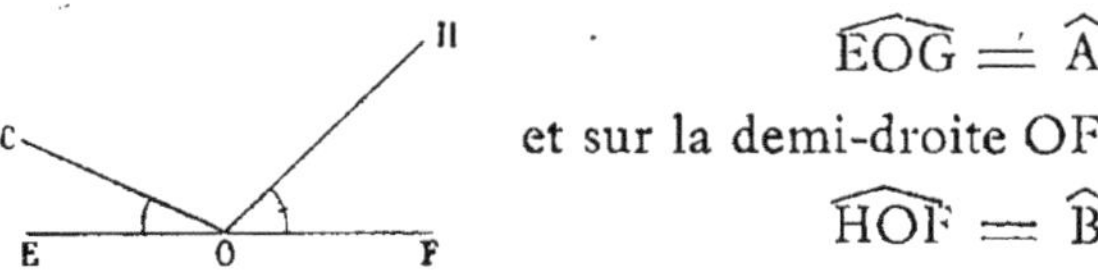

$$\widehat{EOG} = \widehat{A}$$

et sur la demi-droite OF

$$\widehat{HOF} = \widehat{B}$$

GOH est l'angle demandé.

En effet, l'angle GOH est le supplément de $\widehat{A} + \widehat{B}$ (68); or l'angle inconnu est aussi le supplément de $\widehat{A} + \widehat{B}$ (94); donc GOH est l'angle cherché.

179. Problème. — *Construire un triangle, connaissant deux côtés et l'angle compris.*

Soit b et c les côtés, A l'angle donnés. Prenons un seg-

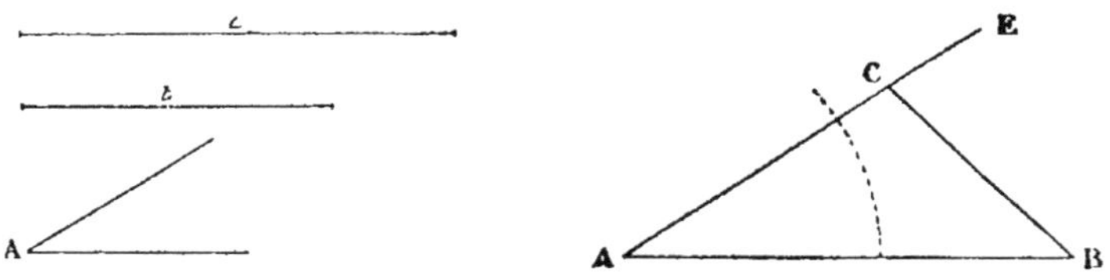

ment $AB = c$; au point A construisons un angle égal à $\widehat{A}$, sur son côté AE prenons $AC = b$.

ABC est le triangle demandé.

180. Problème. — *Construire un triangle, connaissant un côté et deux angles.*

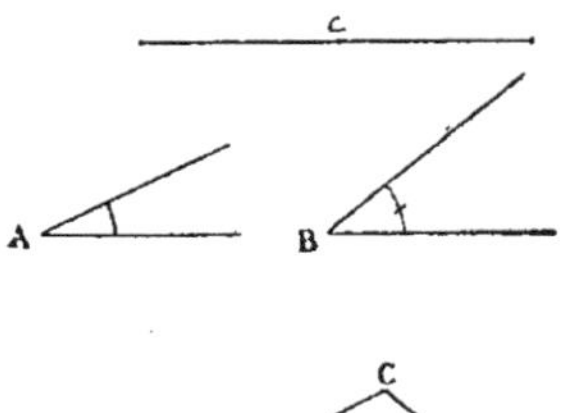

Connaissant deux angles d'un triangle, nous savons toujours construire le troisième. Nous sommes donc toujours ramenés à construire un triangle, les angles donnés étant *adjacents* au côté donné.

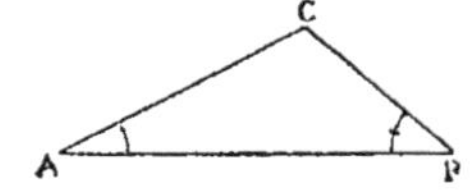

Soit c le côté, $\widehat{A}$ et $\widehat{B}$ les angles donnés adjacents à c.

Prenons un segment AB égal à c ; construisons en A et B des angles respectivement égaux à $\widehat{A}$ et $\widehat{B}$.

Les côtés se coupent en C. ABC est le triangle demandé.

Remarque. — A et B sont deux angles d'un triangle (94), donc les données doivent satisfaire à

$$A + B < 2 \text{ dr.}$$

181. Problème. — *Construire un triangle, connaissant les trois côtés.*

Soit a, b, c les trois longueurs données.

Prenons un segment BC égal à a. Des points B et C, comme centres, avec des rayons égaux à c et b, décrivons des circonférences.

Si ces deux circonférences se coupent en un point A, le triangle ABC est le triangle cherché.

Pour que le problème soit possible, il faut que les deux circonférences se coupent, ce qui exige (153)

$$a < b + c \qquad a > b - c$$

182. Problème. — *Construire un triangle, connaissant deux côtés et l'angle opposé à l'un d'eux.*

Soit a et c les côtés donnés, A opposé au côté a l'angle donné.

Traçons un angle BAC égal à A ; sur un de ses côtés prenons AB égal à c, et du point B comme centre, avec a comme rayon, décrivons une circonférence.

Si cette circonférence coupe le second côté de l'angle en joignant le point de rencontre avec B, nous obtenons le triangle cherché.

1º Si : $\quad\quad a > c$

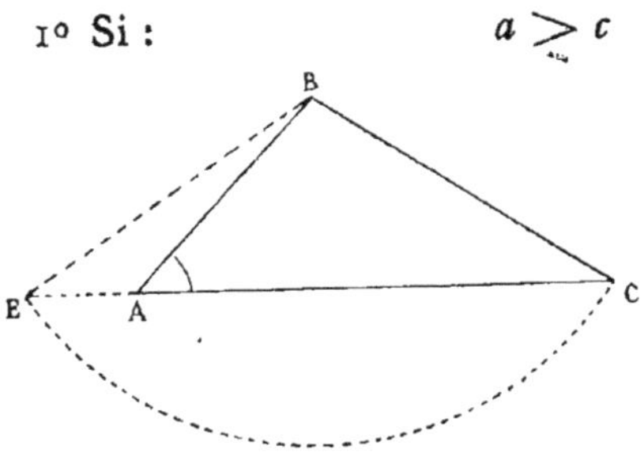

la circonférence auxiliaire coupe le second côté de l'angle A en C et son prolongement en E.

Le triangle ABC satisfait seul à l'énoncé. Donc le problème a *une* solution.

2º Si : $\quad\quad a = c$

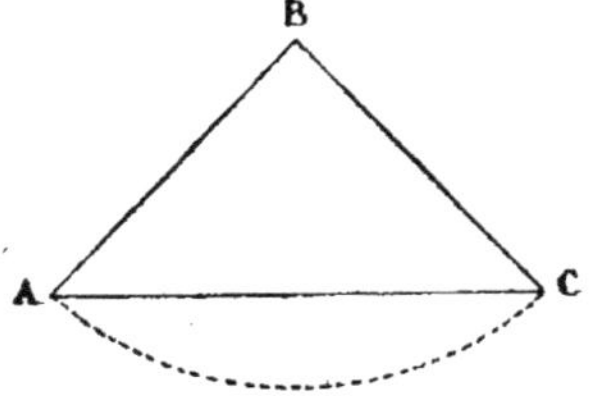

la circonférence auxiliaire coupe le second côté de l'angle A en A et C.

Le triangle ABC, qui est *isocèle*, satisfait à l'énoncé. Donc le problème a *une* solution.

3º Menons la perpendiculaire BI sur AC.

Si : $\quad\quad a < c \quad$ et $\quad a > BI$

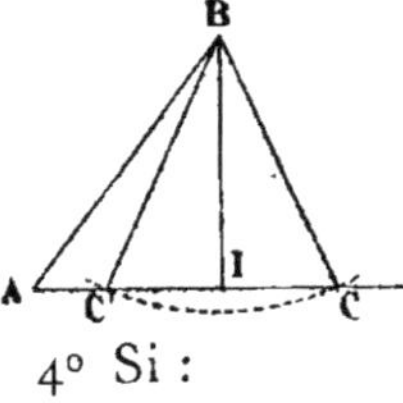

la circonférence auxiliaire coupe le second côté de l'angle en C et C'. Les triangles ABC et ABC' satisfont à l'énoncé. Donc le problème a *deux* solutions.

4º Si : $\quad\quad a = BI$

la circonférence auxiliaire est tangente en I à AC.

Le triangle AIB, rectangle en I (142), satisfait à l'énoncé. Donc le problème a *une* solution.

5º Si : $\quad\quad a < BI$

la circonférence auxiliaire ne coupe pas le second côté de l'angle A. Le problème n'a *pas* de solution.

183. Problème. — *Circonscrire une circonférence à un triangle.*

Soit le triangle ABC. Par les milieux D et E de BC et

de AB, menons les perpendiculaires à ces droites (172). De leur point de rencontre O, comme centre, avec OA pour rayon, décrivons une circonférence. Cette circonférence est circonscrite au triangle ABC, c'est-à-dire passe par les trois sommets A, B, C.

En effet, le point O étant sur OE perpendiculaire sur le milieu de AB, nous avons (77) :

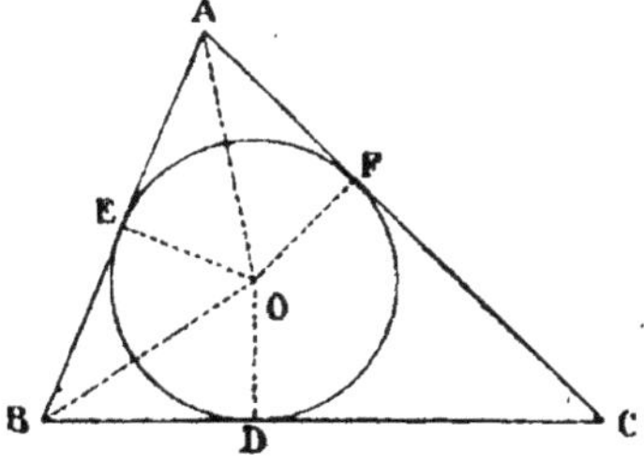

$$OA = OB$$

de même $$OB = OC$$

donc $$OA = OB = OC$$

la circonférence décrite de O comme centre avec OA comme rayon passera aussi par B et C.

Remarque. — Ce problème s'énonce aussi :

Faire passer une circonférence par trois points non situés en ligne droite.

184. Problème. — *Inscrire une circonférence dans un triangle.*

Soit le triangle ABC : menons les bissectrices des angles A et B.

Par leur point de rencontre O menons la perpendiculaire OE sur AB. Du point O comme centre, avec OE comme rayon, décrivons une circonférence.

Cette circonférence sera inscrite dans le triangle, c'est-à-dire sera tangente aux trois côtés.

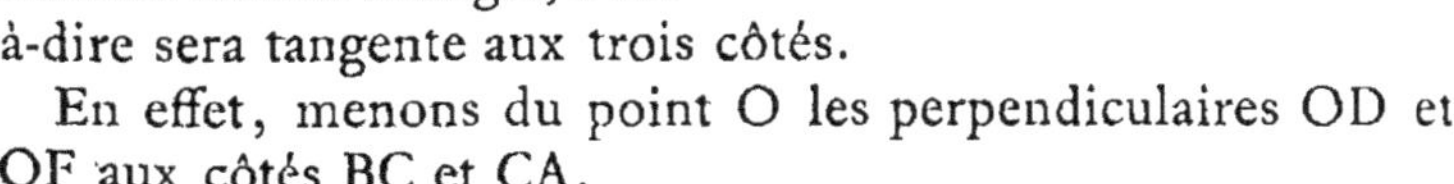

En effet, menons du point O les perpendiculaires OD et OF aux côtés BC et CA.

Le point O étant sur la bissectrice de l'angle A (78) :

$$OE = OF$$

de même $$OE = OD$$

donc $$OE = OD = OF$$

Si du point O comme centre, avec OE comme rayon, nous décrivons une circonférence, l'égalité précédente montre qu'elle passera par les trois points D, E, F. De plus, les côtés AB, BC, CA sont perpendiculaires aux rayons OE, OD, OF ; donc ils sont tangents à cette circonférence (141).

185. Problème. — *Par un point mener une tangente à une circonférence.*

1° *Le point donné est sur la circonférence.*

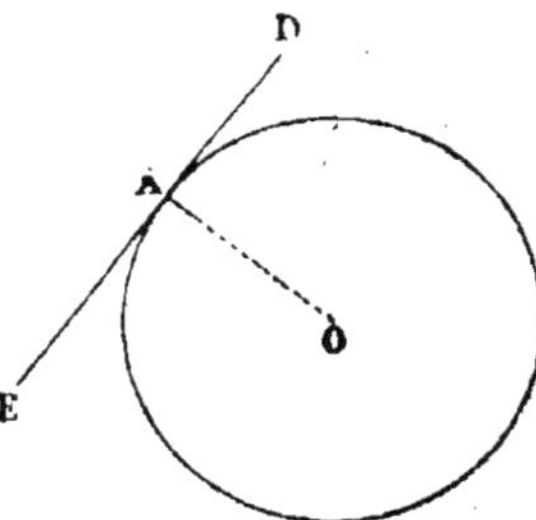

Soit la circonférence O et le point A pris sur cette circonférence.

Par le point A menons la perpendiculaire ED au rayon OA. Cette perpendiculaire est la tangente demandée (141).

2° *Le point donné est hors de la circonférence.*

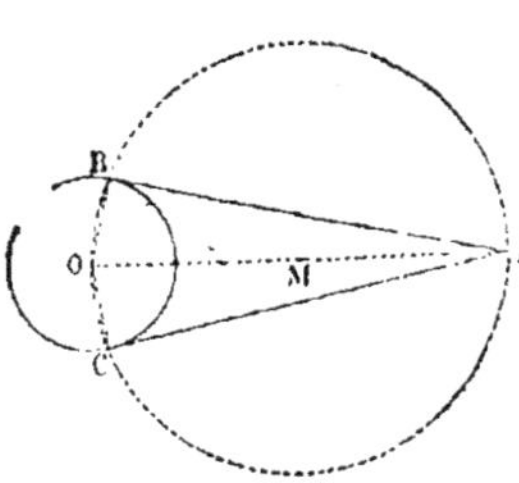

Soit la circonférence O et le point A pris hors de cette circonférence.

Joignons OA, sur cette droite prise comme diamètre, traçons une circonférence auxiliaire M. La circonférence auxiliaire M coupe la circonférence donnée O aux points B et C. Joignons AB et AC : ces deux droites sont les tangentes demandées.

En effet, si nous joignons OB, l'angle OBA inscrit dans la demi-circonférence M est droit (165) ; par suite, AB perpen

diculaire sur le rayon OB, est tangente à la circonférence O
(141).

Nous démontrerions de même que AC est tangente.

186. Problème. — *Mener à une circonférence une tangente parallèle à une direction donnée.*

Soit la circonférence O et la droite AB. Du point O
menons la perpendiculaire sur
AB. Par les points M et P où cette
perpendiculaire coupe la circonférence O, menons CD et EF perpendiculaires à MP. Ces droites
sont les tangentes demandées.

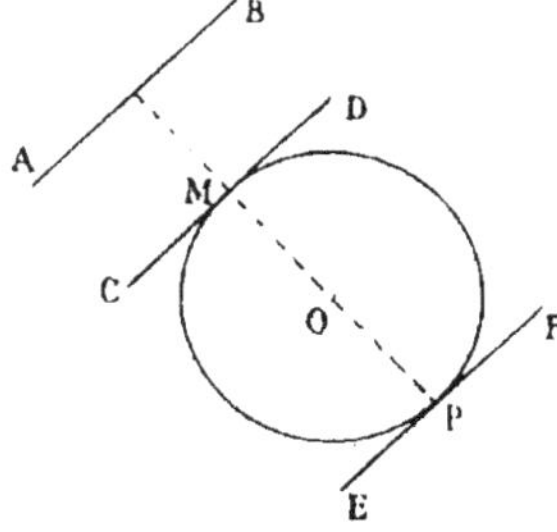

En effet, CD, perpendiculaire à
MO, est tangente à la circonférence
O (141). D'autre part, CD et AB
sont perpendiculaires à OM ; donc
ces droites sont parallèles (81). Par suite, CD satisfait aux
conditions proposées.

Nous démontrerions pareillement qu'il en est de même
pour EF.

187. Problème. — *Mener une tangente commune à deux circonférences.*

1° *Tangente extérieure.*

Soit O et C les circonférences données. Du centre O de la
plus grande circonfé-
rence, décrivons avec la
différence des rayons

$$OA = OB - CD$$

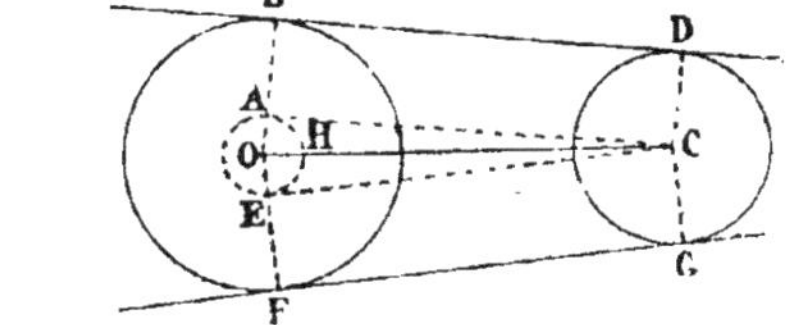

une circonférence auxi-
liaire.

*Si du point C nous pouvons mener une tangente CA à la cir-
conférence auxiliaire* : joignons OA, prolongeons ce rayon jusqu'à sa rencontre B avec la grande circonférence, par C

menons CD parallèle à OB, enfin joignons BD. Cette droite est tangente aux deux circonférences.

En effet, la figure ABCD est un rectangle, car

$$AB = OB - OA \qquad \text{d'après la figure ;}$$

$$OA = OB - CD \qquad \text{par construction ;}$$

remplaçons OA dans la première égalité par sa valeur, nous trouvons :

$$AB = CD$$

de plus, par construction, ces droites sont parallèles, donc (107) ABCD est un parallélogramme.

Mais AC étant tangente à la circonférence auxiliaire, l'angle BAC est droit (142). Donc, le parallélogramme ABCD est un rectangle (101) ; par suite, tous ses angles sont droits, et alors BD perpendiculaire aux deux rayons OB et CD est tangente aux deux circonférences O et C.

La construction sera possible si le point C est extérieur à la circonférence auxiliaire, ou s'il est sur cette circonférence.

a) Le point C est extérieur à la circonférence auxiliaire,

alors $$OC > OA$$

ou d'après la construction

$$OC > OB - CD$$

c'est-à-dire que la distance des centres des deux circonférences données est plus grande que la différence de leurs rayons.

Les circonférences données peuvent être (153) sécantes, tangentes extérieurement ou extérieures. Dans ces cas, le problème a deux solutions.

b) Le point C est sur la circonférence auxiliaire.

Alors $$OC = OA$$

ou d'après la construction

$$OC = OB - CD$$

c'est-à-dire que la distance des centres des deux circonférences données est égale à la différence des rayons.

Les circonférences données sont alors tangentes intérieurement (153).

Il n'y a qu'une tangente commune, c'est la perpendiculaire à la ligne des centres menés par le point de contact (151).

2° *Tangente intérieure.*

Soit O et C les circonférences données ; du centre O décrivons avec la somme des rayons

$$OA = OB + CD$$

une circonférence auxiliaire.

Si du point C nous pouvons mener une tan-gente CA à la circonfé-rence auxiliaire : joignons OA, menons CD parallèle à OA et joignons BD. Cette droite est tangente aux deux circonférences.

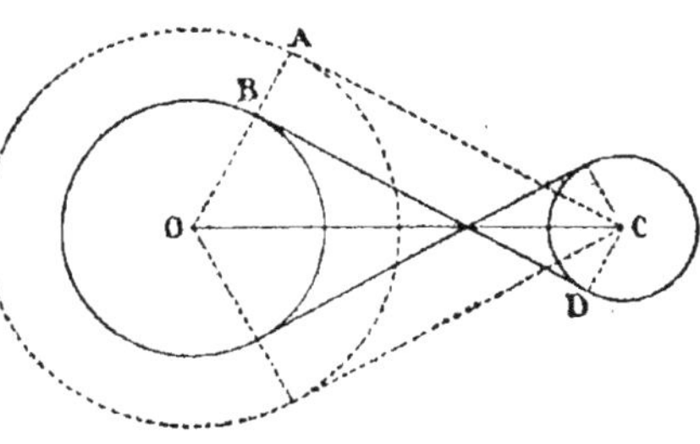

En effet, la figure ABCD est un rectangle, car :

$$AB = OA - OB \quad \text{d'après la figure ;}$$

$$OA = OB + CD \quad \text{par construction.}$$

Remplaçons OA dans la première égalité par sa valeur,
nous trouvons :

$$AB = CD$$

De plus, par construction, ces droites sont parallèles ; donc
(107) ABCD est un parallélogramme.

Mais, AC étant tangent à la circonférence auxiliaire,
l'angle A est droit (142). Donc le parallélogramme ABCD
est un rectangle (101) ; par suite, tous ses angles sont droits,
et alors BD perpendiculaire aux deux rayons OB, et CD est
tangente aux deux circonférences O et C.

La construction sera possible si le point C est **extérieur à** la circonférence auxiliaire, ou s'il est sur cette circonférence.

a) Le point C est extérieur à la circonférence auxiliaire.

Alors.
$$OC > OA$$

ou d'après la construction

$$OC > OB + CD$$

c'est-à-dire que la distance des centres des deux circonfé-rences données est plus grande que la somme des rayons, les circonférences données sont extérieures (153). Dans ce cas, qui est celui de la figure, le problème a deux solutions.

b) Le point C est sur la circonférence auxiliaire.

Alors
$$OC = OA$$

ou d'après la construction

$$OC = OB + CD$$

c'est-à-dire que la distance des centres des deux circonfé-rences données est égale à la somme des rayons. Les circon-férences données sont alors tangentes extérieurement (153). Il n'y a plus qu'une tangente commune : c'est la perpendi-culaire à la ligne des centres menée par le point de contact (151).

188. Problème. — *Décrire sur une droite donnée le segment capable d'un angle donné.*

Soit O_1 l'angle et AB le segment donnés.

Par le point O menons une droite quelconque. Puis sur AB construisons

$$\widehat{A} = \widehat{O_2} \quad \text{et} \quad \widehat{B} = \widehat{O_3}$$

et circonscrivons une circonférence au triangle ABC.

Le segment ACB est le segment capable de O_1.

En effet :

$$\widehat{O_1} + \widehat{O_2} + \widehat{O_3} = 2 \text{ dr.} \quad \text{par construction.}$$

Or
$$\widehat{A} + \widehat{B} + \widehat{C} = 2 \text{ dr.}$$

A cause de ces deux égalités et à cause de la construction, nous avons :

$$\widehat{C} = \widehat{O}_1$$

donc ACB est le segment capable de $\widehat{O}_1$ (169).

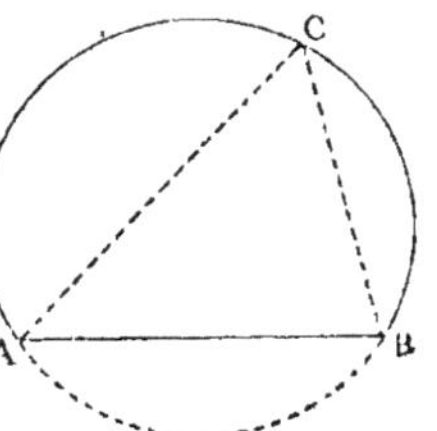

LIVRE III

---

§ I. — SURFACES[1]

189. Surface. — La *surface* ou *aire* d'une figure est le rapport de son étendue à celle d'une autre figure prise pour unité.

189. Figures équivalentes. — Deux figures planes sont *équivalentes* lorsqu'elles ont des *surfaces égales*.

Remarquons que deux figures égales sont forcément équivalentes ; mais que deux figures équivalentes ne sont pas forcément égales.

190. Base et hauteur d'un rectangle. — Nous pouvons donner, à notre choix, le nom de *base* à l'un des côtés du rectangle ; le second côté prend le nom de *hauteur*.

191. Base et hauteur d'un parallélogramme. — Nous pouvons donner, à notre choix, le nom de *base* à l'un des côtés du parallélogramme ; la perpendiculaire comprise entre la base et sa parallèle prend le nom de *hauteur*.

192. Base et hauteur d'un triangle. — Nous pouvons donner, à notre choix, le nom de *base* à l'un des côtés du triangle ; la perpendiculaire à ce côté, menée du sommet opposé, prend le nom de *hauteur*.

193. Hauteur d'un triangle rectangle. — Par abréviation, nous appelons simplement *hauteur*, dans un triangle rectangle, la *hauteur relative* à l'hypoténuse.

1. Avant l'étude du livre III, il faut réviser les propriétés élémentaires des rapports et proportions.

194. Trapèze. — Un *trapèze* est un quadrilatère dont deux côtés sont parallèles et inégaux.

Il est *isocèle*, si les deux côtés non parallèles sont égaux.

Il est *rectangle*, si un des côtés non parallèle est perpendiculaire aux côtés parallèles.

Les *bases* sont les côtés parallèles.

La *hauteur* d'un trapèze est la perpendiculaire commune aux deux côtés parallèles.

195. Théorème. — *Les surfaces de deux rectangles, qui ont un côté égal, sont proportionnelles à leurs côtés inégaux.*

Soit deux rectangles ABCD et EFGH tels, que

$$AB = EF$$

Nous voulons démontrer que

$$\frac{ABCD}{EFGH} = \frac{AD}{EH}$$

Supposons qu'une commune mesure soit comprise quatre fois dans AD et trois fois dans EH. Nous avons (156):

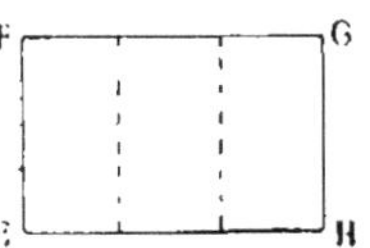

$$\frac{AD}{EH} = \frac{4}{3}$$

Par les points de division menons des parallèles à AB et à EF : nous formons sept rectangles partiels qui sont égaux, car ils sont superposables, par suite :

$$\frac{ABCD}{EFGH} = \frac{4}{3}$$

donc :
$$\frac{ABCD}{EFGH} = \frac{AD}{EH}$$

196. Remarque. — Le théorème précédent peut s'énoncer aussi des deux façons suivantes :

1° *Les surfaces de deux rectangles, qui ont même base, sont proportionnelles à leurs hauteurs ;*

2° *Les surfaces de deux rectangles, qui ont même hauteur, sont proportionnelles à leurs bases.*

197. Théorème. — *Le rapport des surfaces de deux rectangles est égal au rapport des produits des bases par les hauteurs.*

Soit le rectangle R de dimensions B et H,
    et le rectangle R′ de dimensions b et h.
Nous voulons démontrer que

$$\frac{R}{R'} = \frac{B \times H}{b \times h}$$

Construisons un rectangle auxiliaire R″ empruntant le côté B à R et le côté h à R′.

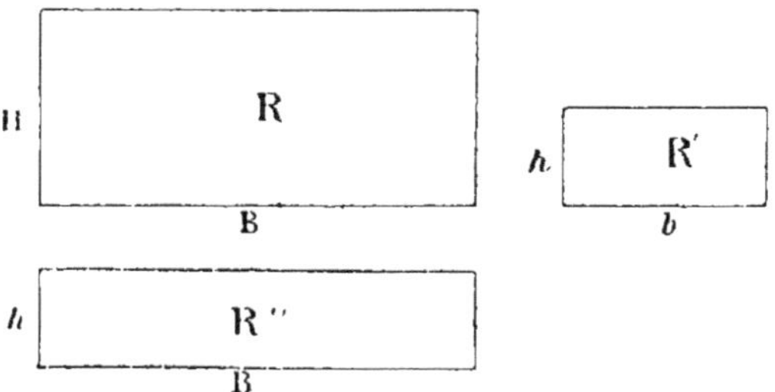

R et R″ ayant un côté égal B, nous avons (195) :

$$\frac{R}{R''} = \frac{H}{h}$$

R″ et R′ ayant un côté égal h, nous avons (196) :

$$\frac{R''}{R'} = \frac{B}{b}$$

Multipliant membre à membre ces deux égalités :

$$\frac{R \times R''}{R'' \times R'} = \frac{B \times H}{b \times h}$$

ou
$$\frac{R}{R'} = \frac{B \times H}{b \times b}$$

198. Théorème. — *La surface d'un rectangle est égale au produit de sa base par sa hauteur, à la condition de prendre pour unité de surface le carré construit sur l'unité de longueur.*

Reprenons l'égalité

$$\frac{R}{R'} = \frac{B \times H}{b \times b}$$

nous pouvons l'écrire :

$$\frac{R}{R'} = \frac{B}{b} \times \frac{H}{b}$$

Supposons que R' soit le carré construit sur l'unité de longueur, alors $b = b$.

$\dfrac{R}{R'}$ est la mesure de la surface R, si nous convenons de prendre R' pour unité de surface, puisque c'est le rapport d'une grandeur à la grandeur unité (155).

$\dfrac{B}{b}$ et $\dfrac{H}{b}$ sont de même les mesures de B et de H (155).

donc : $\qquad$ *surf.* R $= $ *mes.* B $\times$ *mes.* H

199. Remarque. — D'après la démonstration, nous voyons que l'énoncé correct du théorème précédent serait :

Le nombre qui mesure la surface d'un rectangle est égal au produit des deux nombres qui mesurent la base et la hauteur.

Il est convenu, par abréviation, de supprimer l'expression *nombre qui mesure* dans tous les théorèmes sur les mesures.

Par suite nous écrirons :

$$R = B \times H$$

200. Corollaire. — *La surface d'un carré est égale au carré de son côté.*

En effet, le carré n'est qu'un rectangle dont la base est égale à la hauteur. Appelons c cette longueur, S la surface du carré et appliquons la formule de la surface du rectangle :

$$S = c \times c = c^2$$

201. Théorème. — *La surface d'un parallélogramme est égale au produit de sa base par sa hauteur.*

Soit le parallélogramme ABCD, menons sa hauteur AE. Nous voulons démontrer que

$$ABCD = AB \times AE$$

Prolongeons le côté CD et menons-lui la perpendiculaire BF.

Les deux triangles CAE et DBF, rectangles en E et F, sont égaux car (76) :

AC = BD comme côtés opposés d'un parallélogramme (104);

AE = BF comme distance de deux droites parallèles (109).

Si de la figure totale ABFC nous retranchons le triangle DBF, il reste le parallélogramme ABCD. Si, au contraire, nous retranchons de la figure totale le triangle ACE, il reste le rectangle ABEF.

Donc le parallélogramme ABCD est équivalent au rectangle ABFE.

Or $\qquad ABEF = AB \times AE \qquad\qquad$ (198)

donc $\qquad ABCD = AB \times AE$

202. Corollaire. — *Deux parallélogrammes ayant des bases et des hauteurs égales sont équivalents.*

En effet, les deux surfaces sont égales aux produits de la base par la hauteur, produits qui, par hypothèse, sont égaux.

203. Théorème. — *La surface d'un triangle est égale à la moitié du produit de sa base par sa hauteur.*

‚oit le triangle ABC menons sa hauteur AD.
Nous voulons démontrer que :

$$ABC = \frac{BC \times AD}{2}$$

Par A menons AE paral-
lèle à BC et par C la parallèle
à AB, nous formons ainsi un
parallélogramme ABCE.

Les deux triangles ABC et
ACE sont égaux, car (45) :

AC   est commun ;

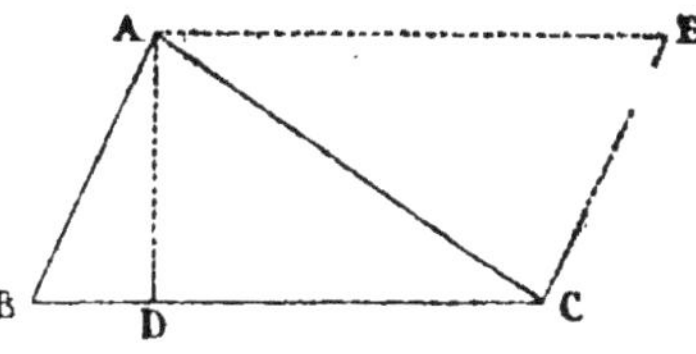

AB = CE) comme côtés opposés d'un parallélogramme.
BC = AE)   (104).

Donc le triangle ABC est la moitié du parallélogrammme
ABCE.

Or   ABCE = BC $\times$ AD   (201]

donc $ABC = \dfrac{BC \times AD}{2}$

204. Corollaire. — *La surface d'un triangle rectangle
est égale à la moitié du produit des deux côtés de l'angle droit.*

Remarquons que des deux côtés de l'angle droit d'un
triangle rectangle, l'un peut être pris pour base, et l'autre
pour hauteur (192); appliquant alors le théorème précédent
nous trouvons l'énoncé du corollaire.

205. Corollaire. — *Deux triangles qui ont des bases et
des hauteurs égales sont équivalents.*

En effet, les deux surfaces sont égales aux demi-produits
de la base par la hauteur, produits qui, par hypothèse, sont
égaux.

206. Corollaire — *Tous les triangles qui ont une même
base et leurs sommets sur une parallèle à la base sont équivalents.*

En effet, leurs hauteurs sont égales (109), donc ils sont équivalents (205).

207. Théorème. — 1° *Les surfaces de deux triangles qui ont des bases égales sont proportionnelles à leurs hauteurs.*

2° *Les surfaces de deux triangles qui ont des hauteurs égales sont proportionnelles à leurs bases.*

1° Soit deux triangles T et T′ ayant même base b et des hauteurs h et h'.

Nous voulons démontrer que

$$\frac{T}{T'} = \frac{h}{h'}$$

Nous savons que (203) :

$$T = \frac{bh}{2} \qquad\qquad T' = \frac{bh'}{2}$$

d'où :

$$\frac{T}{T'} = \frac{\dfrac{bh}{2}}{\dfrac{bh'}{2}} = \frac{2}{2}\,\frac{bh}{bh'} = \frac{h}{h'}$$

2° Soit deux triangles T et T′ ayant même hauteur h et des bases b et b'.

Nous voulons démontrer que

$$\frac{T}{T'} = \frac{b}{b'}$$

Nous savons que (203) :

$$T = \frac{bh}{2} \qquad\qquad T' = \frac{b'h}{2}$$

d'où :

$$\frac{T}{T'} = \frac{\dfrac{bh}{2}}{\dfrac{b'h}{2}} = \frac{2}{2}\,\frac{bh}{b'h} = \frac{b}{b'}$$

208. Théorème. — *Les surfaces de deux triangles qui ont un angle égal sont proportionnelles aux produits des côtés comprenant l'angle égal.*

Soit les deux triangles ABC et ADE qui ont un angle égal A.

Nous voulons démontrer que

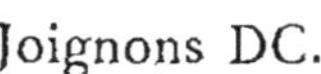

$$\frac{ABC}{ADE} = \frac{AB \times AC}{AD \times AE}$$

Joignons DC.

Les deux triangles ABC et ADC ont même hauteur, si nous prenons C pour sommet et pour bases AB et AD. Par suite (207) :

$$\frac{ABC}{ADC} = \frac{AB}{AD}$$

Les deux triangles ADC et ADE ont même hauteur, si nous prenons D pour sommet et pour bases AC et AE. Par suite (207) :

$$\frac{ADC}{ADE} = \frac{AC}{AE}$$

Multiplions membre à membre ces deux égalités :

$$\frac{ABC \times ADC}{ADC \times ADE} = \frac{AB \times AC}{AD \times AE}$$

ou

$$\frac{ABC}{ADE} = \frac{AB \times AC}{AD \times AE}$$

209. Théorème. — *La surface d'un trapèze est égale à la moitié du produit de la somme des bases par la hauteur.*

Soit le trapèze ABCD : menons sa hauteur CH.
Nous voulons démontrer que

$$ABCD = \frac{AB + CD}{2} \times CH$$

Par le milieu O de BD menons la parallèle au côté AC.

Les deux triangles OBE et ODF sont égaux, car (43)

$$OB = OD \qquad \text{par construction ;}$$

$$\widehat{O}_1 = \widehat{O}_2 \qquad \text{comme opposés par le sommet ;}$$

$$\widehat{ODF} = \widehat{OBE} \qquad \text{comme alternes internes.}$$

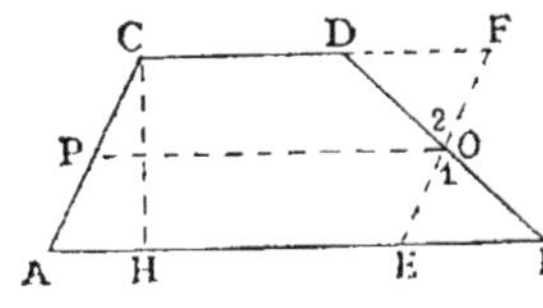

Si de la figure ACFOB, nous retranchons le triangle ODF, nous obtenons le trapèze ; si, au contraire, nous retranchons le triangle OEB, nous avons le parallélogramme ACFE ; donc ces deux figures sont équivalentes.

Or la surface du parallélogramme est :

$$AE \times CH$$

donc   (a) $$ABCD = AE \times CH$$

or $$AE = AB - EB$$

$$AE = CF = CD + DF$$

Ajoutons ces deux égalités, en remarquant que DF = EB comme côtés opposés à des angles égaux dans des triangles égaux :

$$2AE = AB + CD$$

$$AE = \frac{AB + CD}{2}$$

d'où en portant dans l'égalité (a) :

$$ABCD = \frac{AB + CD}{2} \times CH$$

210. Corollaire. — *La surface d'un trapèze est égale à la parallèle à la base, menée par le milieu d'un côté, multipliée par la hauteur.*

Menons OP parallèle à AB.

OP = AE   comme parallèles comprises entre parallèles.
d'où, en portant dans l'égalité (a) :

$$ABCD = OP \times CH$$

211. Problème. — *Mesurer la surface d'un polygone quelconque.*

Première méthode. — Décomposons le polygone en triangles en menant les diagonales. Évaluons la surface de chaque triangle partiel. La somme de ces surfaces est la surface du polygone donné.

Deuxième méthode. — Menons une diagonale AC, et de chacun des sommets menons la perpendiculaire sur cette diagonale. Nous décomposons ainsi le polygone donné en triangles rectangles et en trapèzes rectangles, dont nous évaluons séparément les surfaces.

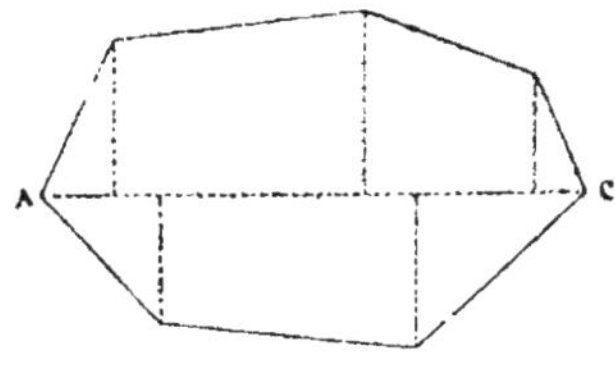

212. Problème. — *Construire un triangle équivalent à un polygone donné.*

Soit l'hexagone ABCDEF, joignons D et F extrémités de deux côtés issus d'un même sommet E; par ce sommet menons la parallèle à DF jusqu'à sa rencontre G avec le prolongement de AF. Joignons DG.

L'hexagone ABCDEF est équivalent au pentagone ABCDG.

En effet, ces deux polygones se composent d'une partie commune ABCDF et des deux triangles DEF et DGF.

Or ces triangles sont équivalents, car ils ont même base DF et même hauteur, puisque les sommets E et G sont sur une même parallèle à la base (206).

Donc les deux polygones sont équivalents.

Répétant la même construction sur le pentagone ABCDG, nous obtenons un quadrilatère équivalent, puis un triangle équivalent.

Remarque. — Quelque soit le nombre de côtés du polygone

donné, en appliquant un nombre suffisant de fois la méthode précédente, nous nous ramènerons toujours à avoir un triangle équivalent.

2r3. Théorème. — *Le carré construit sur l'hypoténuse d'un triangle rectangle est équivalent à la somme des carrés construits sur les deux autres côtés.*

Soit le triangle ABC, rectangle en A. Sur ses trois côtés construisons des carrés.

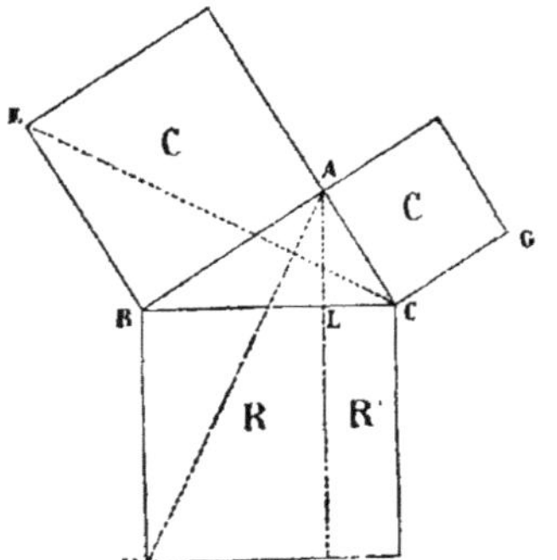

Nous voulons démontrer que

$$\overline{BC}^2 = \overline{AB}^2 + \overline{AC}^2$$

Du sommet A de l'angle droit menons la perpendiculaire AI sur l'hypoténuse.

Le rectangle R est équivalent au carré C.

En effet, joignons EC et AH. Les deux triangles ABH et BCE sont égaux car :

$$\left. \begin{array}{l} AB = BE \\ BH = BC \end{array} \right\} \text{ comme côtés carrés,}$$

$$\left. \widehat{ABH} = \widehat{EBC} \right\} \begin{array}{l} \text{comme se composant chacun d'un angle} \\ \text{droit et de la partie commune } \widehat{ABC}. \end{array}$$

Or le triangle ABH est équivalent à la moitié du rectangle R, car ils ont même base BH et même hauteur : la distance des deux parallèles AI et BH.

De plus, le triangle EBC est équivalent à la moitié du carré C, car ils ont même base BE et même hauteur : la distance des deux parallèles BE et CA.

Donc $R = C$

De même $R' = C'$

Ajoutons membre à membre ces deux égalités :

$$R + R' = C + C'$$

R + R' est le carré construit sur BC, sa mesure est $\overline{BC}^2$,

C   est le carré construit sur AB, sa mesure est $\overline{AB}^2$,

C'   est le carré construit sur AC, sa mesure est $\overline{AC}^2$.

Par suite, l'égalité précédente donne :

$$\overline{BC}^2 = \overline{AB}^2 + \overline{AC}^2$$

§ II. — SEGMENTS PROPORTIONNELS

214. Théorème. — *Il existe un point divisant intérieu-rement un segment donné en deux segments ayant un rapport donné, et il n'en existe qu'un seul.*

Soit un segment AB, nous voulons démontrer qu'il existe un point M tel que, $\dfrac{m}{p}$ étant un nombre donné, nous ayons :

$$\frac{MA}{MB} = \frac{m}{p}$$

Remplaçons chaque dénominateur par la somme du numérateur et du dénominateur,

$$\frac{MA}{MA + MB} = \frac{m}{m + p}$$

ou

$$\frac{MA}{AB} = \frac{m}{m + p}$$

d'où

$$MA = \frac{m}{m + p} \times AB$$

Cette égalité nous donne pour MA une valeur, et une seule.

215. Théorème. — *Il existe un point divisant extérieure-ment un segment donné en deux segments ayant un rapport donné, et il n'en existe qu'un seul.*

Soit le segment AB, un point M pris sur le prolongement de ce segment, *par définition* :

Le point M divise *extérieurement* le segment AB en deux segments MA et MB.

$$\overset{A}{\vdash}\!\!\rule{6cm}{0.4pt}\!\!\overset{B}{|}\rule{2cm}{0.4pt}\overset{M}{|}$$

Nous voulons démontrer que $\dfrac{m}{p}$ étant un nombre donné, il existe un point M tel que :

$$\frac{AM}{MB} = \frac{m}{p}$$

Remarquons d'abord que pour tout point situé à **droite** de B,

$$MA > MB$$

d'où

$$\frac{MA}{MB} > 1$$

et que pour tout point situé à gauche de A,

$$MA < MB$$

d'où

$$\frac{MA}{MB} < 1$$

Donc, suivant **que** $\dfrac{m}{p}$ sera plus grand ou plus petit que 1 nous devrons prendre le point M à droite de B ou à gauche de A.

Supposons

$$\frac{m}{p} > 1$$

et prenons le point M à droite de B.

De

$$\frac{MA}{MB} = \frac{m}{p}$$

nous tirons

$$\frac{MA}{MA - MB} = \frac{m}{m - p}$$

ou

$$\frac{MA}{AP} = \frac{m}{m - p}$$

$$MA = \frac{m}{m - p} \times AB$$

Cette égalité nous donne pour MA une valeur et une seule.

216. Théorème. — *Toute parallèle à un côté d'un triangle divise les deux autres côtés en segments proportionnels.*

Soit le triangle ABC, menons DE parallèle à AC.
Nous voulons démontrer que

$$\frac{BD}{AD} = \frac{BE}{CE}$$

Supposons qu'une commune mesure soit comprise 4 fois dans BD et 3 fois dans AD :

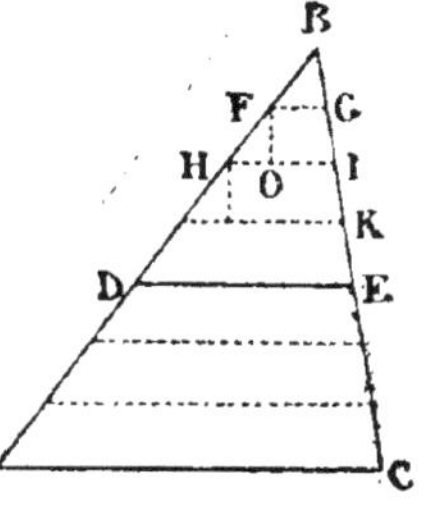

$$\frac{BD}{AD} = \frac{4}{3}$$

Par les points de division, menons des parallèles à AC. Ces parallèles déterminent sur BC des segments qui sont tous égaux. Démontrons, par exemple, que

$$BG = GI$$

Menons FO parallèle à BC. Les deux triangles BFG et FOH sont égaux, car (43)

$$BF = FH \qquad \text{par construction ;}$$

$$\left.\begin{array}{l} \widehat{HFO} = \widehat{FBG} \\[4pt] \widehat{FHO} = \widehat{BFG} \end{array}\right\} \quad \text{comme correspondants ;}$$

d'où

$$BG = FO$$

or   FO = GI   comme parallèles comprises entre parallèles,

donc $$BG = GI$$

Nous ferions la même démonstration pour les autres segments.

Par suite $$\frac{BE}{CE} = \frac{4}{3}$$

Donc $$\frac{BD}{AD} = \frac{BE}{CE}$$

Remarque. — D'après les propriétés des proportions, nous pouvons remplacer soit les numérateurs, soit les dénominateurs, par la somme du numérateur et du dénominateur.

Nous écrirons, par suite, le résultat du théorème précédent sous une des trois formes.

$$\frac{BD}{AD} = \frac{BE}{CE} \qquad \frac{BD}{AB} = \frac{BE}{BC} \qquad \frac{AB}{AD} = \frac{BC}{CE}$$

Ou aussi en changeant les moyens de place dans la deuxième proportion

$$\frac{BD}{BE} = \frac{AB}{BC}$$

217. Réciproque. — *Si deux côtés d'un triangle sont divisés dans le même rapport, la droite joignant les points de division est parallèle au troisième côté.*

Soit le triangle ABC et la droite DE telle que

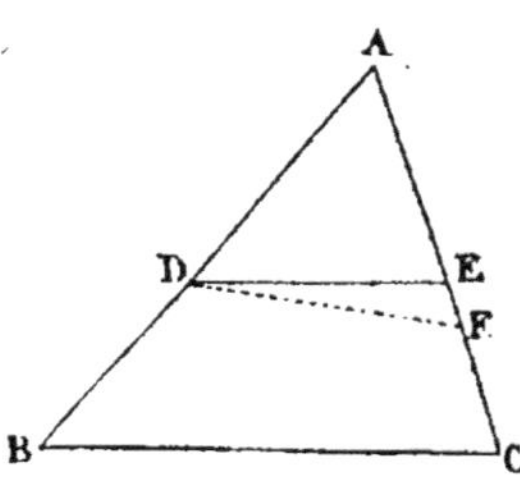

$$\frac{AD}{BD} = \frac{AE}{CE}$$

Nous voulons démontrer que DE est parallèle à BC.

S'il n'en était pas ainsi, du point D nous pourrions mener DF parallèle à BC et nous aurions (216) :

$$\frac{AD}{BD} = \frac{AF}{CF}$$

D'où, en comparant avec la proportion hypothèse :

$$\frac{AE}{CE} = \frac{AF}{CF}$$

Il en résulterait que les deux points E et F diviseraient le segment AC dans le même rapport, ce qui est impossible (214).

Donc, DF coïncide avec DE, c'est-à-dire que DE est parallèle à BC.

218. Théorème. — *Des droites parallèles déterminent sur deux droites concourantes des segments proportionnels.*

Soit les deux droites concourantes AB et AC coupées par les parallèles DE, FG, HI, BC.

Nous voulons démontrer que

$$\frac{AD}{AE} = \frac{DF}{EG} = \frac{FH}{GI} = \frac{BH}{CI}$$

D'après la dernière remarque du théorème précédent nous avons :

$$\frac{AD}{AE} = \frac{AF}{AG} = \frac{AH}{AI} = \frac{AB}{AC}$$

Remplaçons chaque numérateur et chaque dénominateur, à partir du second, par la différence entre ces termes et ceux du rapport précédent, nous obtenons :

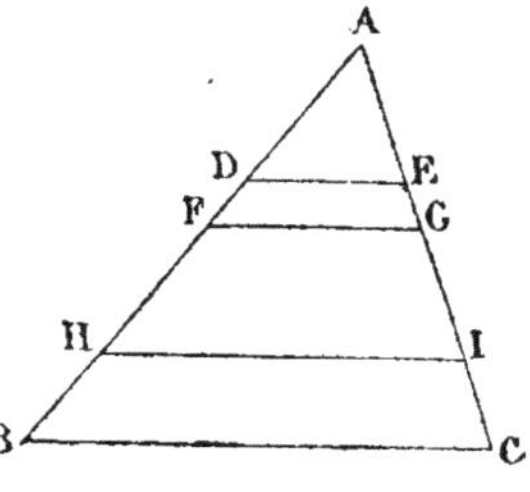

$$\frac{AD}{AE} = \frac{DF}{EG} = \frac{FH}{GI} = \frac{BH}{CI}$$

219. Théorème. — *La bissectrice de l'angle d'un triangle divise le côté opposé en segments proportionnels aux côtés adjacents.*

Soit le triangle ABC; menons la bissectrice de l'angle A

Nous voulons démontrer que

$$\frac{AB}{AC} = \frac{BD}{CD}$$

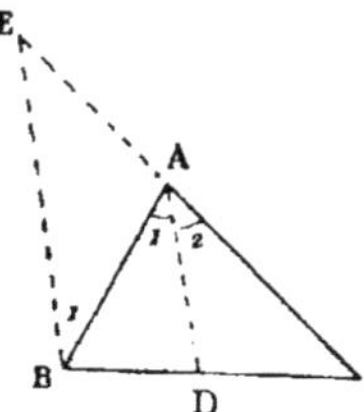

Prolongeons le côté AC et par F menons BE parallèle à AD.

Dans le triangle BEC, nous avons (216) :

$$\frac{AE}{AC} = \frac{BD}{CD}$$

Le triangle BEA est isocèle ; en effet,

$$\widehat{B}_1 = \widehat{A}_1 \qquad \text{comme angles alternes-internes}$$

$$\widehat{E} = \widehat{A}_2 \qquad \text{comme angles correspondants ;}$$

or $\quad \widehat{A}_1 = \widehat{A}_2 \qquad$ par construction.

Donc $$\widehat{B}_1 = \widehat{E}$$

et par suite $$AE = AB$$

La proportion précédente devient donc :

$$\frac{AB}{AC} = \frac{BD}{DC}$$

220. Théorème. — *La bissectrice de l'angle extérieur d'un triangle détermine sur le côté opposé des segments proportionnels aux côtés adjacents.*

Soit le triangle BAC, menons la bissectrice de l'angle extérieur BAF.

Nous voulons démontrer que

$$\frac{AB}{AC} = \frac{BD}{CD}$$

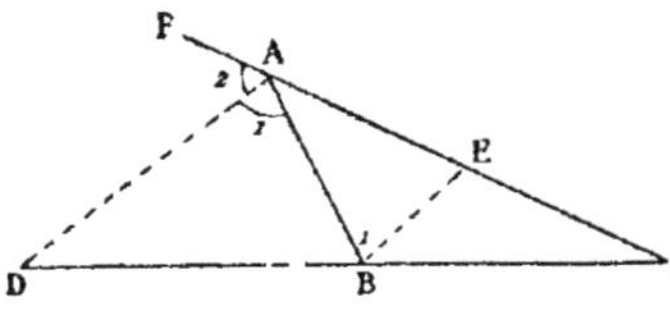

Par le point B menons BE parallèle à AD.

Dans le triangle ADC, nous avons (216) :

$$\frac{AE}{AC} = \frac{BD}{CD}$$

Le triangle ABE est isocèle ; en effet,

$$\widehat{B}_1 = \widehat{A}_1 \qquad \text{comme angles alternes-internes ;}$$

$$\widehat{E} = \widehat{A}_2 \qquad \text{comme angles correspondants ;}$$

or $\quad \widehat{A}_1 = \widehat{A}_2 \qquad$ par construction.

Donc $\qquad\qquad \widehat{B}_1 = \widehat{E}$

et par suite $\qquad\quad AE = AB$

La proportion précédente devient donc :

$$\frac{AB}{AC} = \frac{BD}{CD}$$

§ III. — TRIANGLES ET POLYGONES SEMBLABLES

221. Polygones semblables. — Deux polygones sont *semblables* lorsqu'ils ont *simultanément* :

1º Les angles égaux chacun à chacun ;
2º Les côtés homologues proportionnels.

222. Côtés homologues. — Les *côtés homologues* sont les côtés compris entre les angles égaux dans deux polygones semblables.

Dans les *triangles* semblables, *les côtés homologues sont opposés aux angles égaux.*

Car, étant compris entre deux angles égaux, ils sont forcément opposés aux troisièmes angles qui sont eux aussi égaux.

223. Théorème. — *Toute parallèle à un côté d'un triangle détermine un triangle semblable au triangle donné.*

Soit le triangle ABC ; menons DE parallèle à BC.

Nous voulons démontrer que les triangles ADE et ABC sont semblables (221).

D'abord, ils ont leurs angles égaux :

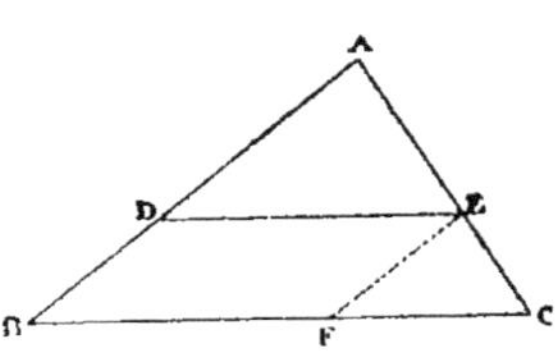

$\widehat{A}$ est commun ;

$\widehat{B} = \widehat{D}$ $\Big\}$ comme angles corres-

$\widehat{C} = \widehat{E}$ pondants.

De plus, leurs côtés sont proportionnels.

Dans le triangle ABC, DE étant parallèle à BC, nous avons (216) :

$$\frac{AD}{AB} = \frac{AE}{AC}$$

Menons EF parallèle à AB, nous avons :

$$\frac{AE}{AC} = \frac{BF}{BC}$$

or BF = DE comme parallèles comprises entre parallèles, donc l'égalité précédente peut s'écrire :

$$\frac{AE}{AC} = \frac{DE}{BC}$$

De la première et la troisième de ces proportions, qui ont un rapport commun, nous concluons :

$$\frac{AD}{AB} = \frac{AE}{AC} = \frac{DE}{BC}$$

Remarque. — Ce théorème démontre qu'il existe des figures satisfaisant à la définition des polygones semblables (221).

224. Théorème. — *Deux triangles sont semblables lorsqu'ils ont leurs angles égaux chacun à chacun.*

Soit les deux triangles ABC et DEF qui ont leurs angles égaux :

$$\widehat{A} = \widehat{E} \qquad \widehat{B} = \widehat{D} \qquad \widehat{C} = \widehat{F}$$

Nous voulons démontrer qu'ils sont semblables.

Prenons sur AB

$$AH = DE$$

et menons GH parallèle
à BC. Les deux triangles
ABC et AGH sont sem-
blables (223).

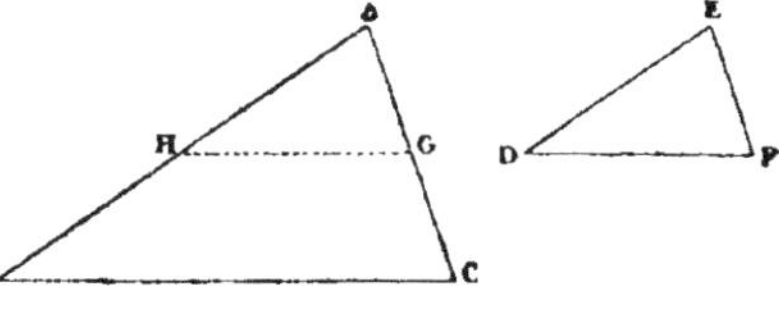

Or, les triangles AGH et DEF sont égaux, car (43)

$AH = DE$ — par construction ;

$\widehat{H} = \widehat{D}$ — car $\begin{cases} \widehat{H} = \widehat{B} & \text{comme correspondants ;} \\ \text{et } \widehat{B} = \widehat{D} & \text{par hypothèse ;} \end{cases}$

$\widehat{A}$ — est commun.

Donc le triangle DEF égal à AGH est semblable à ABC.

Remarque. — Deux triangles qui ont deux angles égaux
ont aussi leurs troisièmes angles égaux (94).

Donc, pour démontrer que deux triangles sont semblables,
il nous suffira de démontrer qu'ils ont *deux* angles égaux.

225. Conséquence. — Appliquant cette remarque aux
triangles rectangles, nous pouvons dire :

*Deux triangles rectangles qui ont un angle aigu égal sont
semblables.*

226. Théorème. — *Deux triangles sont semblables lorsqu'ils ont un angle égal compris entre deux côtés proportionnels.*

Soit les deux triangles ABC et DEF tels que :

$$\widehat{A} = \widehat{E} \qquad \frac{DE}{AB} = \frac{EF}{AC}$$

Nous voulons démontrer que ces triangles sont semblables.

A partir du point A prenons :

$$AH = DE \qquad \text{et} \qquad AG = EF$$

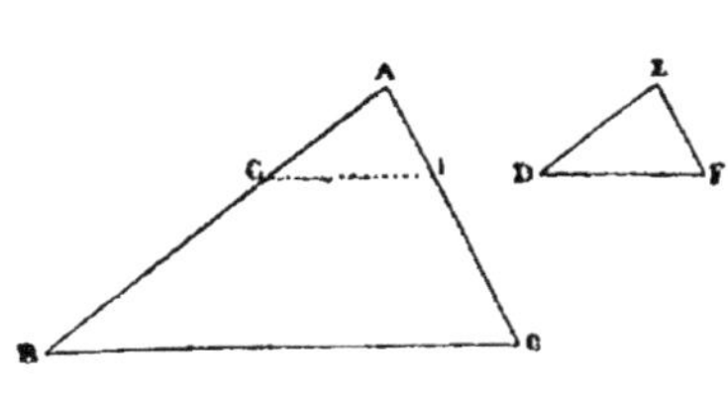

Joignons HG. D'après la construction, il résulte que le triangle DEF est égal au triangle AHG (44).

La proportion de l'hypothèse devient, à cause des égalités précédentes :

$$\frac{AH}{AB} = \frac{AG}{AC}$$

Les points G et H divisant les côtés AB et AC dans le même rapport, HG est parallèle à BC (217), et par suite le triangle AHG est semblable à ABC (223) ; il en est de même de son égal DEF.

227. Théorème. — *Deux triangles sont semblables lorsqu'ils ont leurs trois côtés proportionnels.*

Soit les deux triangles ABC et DEF tels que :

$$\frac{DE}{AB} = \frac{EF}{AC} = \frac{DF}{BC}$$

Nous voulons démontrer que ces deux triangles sont semblables.

Prenons à partir du point A :

$$AG = DE \qquad \text{et} \qquad AI = EF$$

Joignons IG. D'après la construction, les deux premiers rapports de l'hypothèse deviennent :

$$\frac{AG}{AB} = \frac{AI}{AC}$$

IG, divisant les côtés AB et AC dans le même rapport,

est parallèle à BC (217) et, par suite, le triangle AIG est semblable à ABC (223), donc :

$$\frac{AG}{AB} = \frac{AI}{AC} = \frac{IG}{BC}$$

Les deux premiers rapports sont, par construction, égaux aux deux premiers rapports de l'hypothèse, par suite les troisièmes rapports sont égaux entre eux :

$$\frac{DF}{BC} = \frac{IG}{BC}$$

d'où
$$DF = IG$$

De cette égalité et des deux égalités de la construction, nous concluons que le triangle DEF est égal au triangle AIG (45), et par suite, il est semblable au triangle ABC.

228. Théorème. — *Deux triangles qui ont tous leurs côtés parallèles ou perpendiculaires sont semblables.*

Soit deux triangles ABC et A′B′C′ qui ont tous leurs côtés soit parallèles, soit perpendiculaires entre eux.

Nous voulons démontrer que ces triangles sont semblables.

Les angles de ces triangles sont égaux ou supplémentaires (91-92), nous pouvons faire les hypothèses suivantes :

1° $A + A' = 2$ dr. $B + B' = 2$ dr. $C + C' = 2$ dr.

2° $A = A'$ $B + B' = 2$ dr. $C + C' = 2$ dr.

3° $A = A'$ $B = B'$ d'où $C = C'$

La première hypothèse n'est pas admissible, car elle donnerait 6 dr. pour la somme des angles de deux triangles, e nous savons que cette somme vaut 4 dr.

La seconde hypothèse n'est pas admissible, car elle donnerait aussi plus de 4 dr. pour la somme des angles de ces triangles.

Donc, la troisième hypothèse est seule admissible, et les triangles ayant leurs angles égaux sont semblables (224).

229. Théorème. — *Des droites concourantes interceptent sur deux droites parallèles des segments proportionnels.*

Soit les deux parallèles AC et EF coupées par des droites concourantes.

Nous voulons démontrer que

$$\frac{EG}{AI} = \frac{GH}{IK} = \frac{HF}{KC}$$

Les triangles BEG et BAI sont semblables (223), d'où :

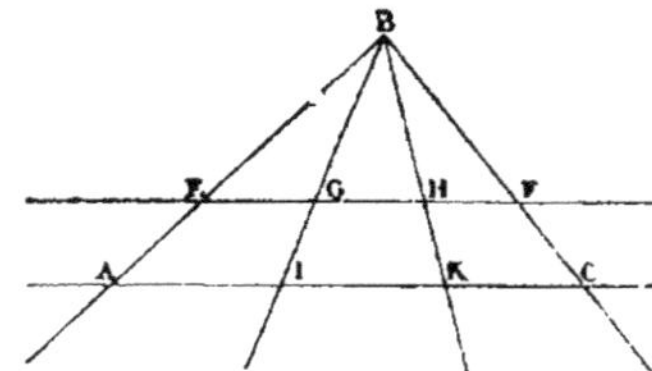

$$\frac{EG}{AI} = \frac{BG}{BI}$$

Les triangles BGH et BIK sont semblables, d'où :

$$\frac{BG}{BI} = \frac{GH}{IK}$$

Ces deux proportions ont un rapport commun, par suite, les rapports extrêmes sont égaux :

$$\frac{EG}{AI} = \frac{GH}{IK}$$

Nous démontrerions de même que $\dfrac{GH}{IK} = \dfrac{HF}{KC}$

Donc
$$\frac{EG}{AI} = \frac{GH}{IK} = \frac{HF}{KC}$$

230. Théorème. — *Deux polygones semblables sont décomposables en triangles semblables et semblablement placés.*

Soit deux polygones semblables ABCDE et A′B′C′D′E′.

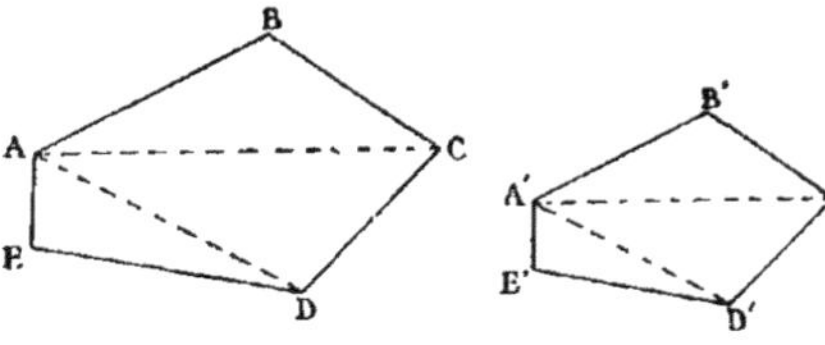

Joignons deux sommets *homologues* à tous les autres sommets.

Nous voulons démontrer que les triangles partiels sont deux à deux semblables, en les prenant dans le même ordre.

Les deux triangles ABC et A'B'C' sont semblables, car (226)
B = B' comme angles homologues de polygones semblables ;
$\dfrac{AB}{A'B'} = \dfrac{BC}{B'C'}$ comme côtés homologues de polygones semblables.

Si nous supprimons les deux triangles ABC et A'B'C', les polygones restants sont semblables. En effet :

Leurs angles sont égaux : les uns, comme E et D, sont des angles homologues des polygones semblables donnés ; les autres, comme ACD et A'C'D', sont la différence entre les angles des polygones semblables et les angles homologues des deux triangles semblables ABC et A'B'C'.

Leurs côtés sont proportionnels : par hypothèse, nous avons :

$$\frac{AB}{A'B'} = \frac{BC}{B'C'} = \frac{CD}{C'D'} = \frac{DE}{D'E'} = \frac{EA}{E'A'}$$

mais les triangles semblables ABC et A'B'C' donnent :

$$\frac{AB}{A'B'} = \frac{AC}{A'C'}$$

les premiers rapports de ces deux suites sont identiques, donc tous les rapports sont égaux et en particulier :

$$\frac{AC}{A'C'} = \frac{CD}{C'D'} = \frac{DE}{D'E'} = \frac{EA}{E'A'}$$

Nous pouvons raisonner sur les polygones ACDE et A'C'D'E' comme sur les polygones donnés, et, par suite, prouver que les triangles ACD et A'C'D' sont semblables et que les polygones restant sont encore semblables.

Nous répéterons le même raisonnement tant qu'il nous restera des polygones. Nous avons donc démontré le théorème, quel que soit le nombre de côtés des polygones.

231. Réciproque. — *Deux polygones formés de triangles semblables et semblablement placés sont semblables.*

Soit les triangles ABC, ACD, ADE, respectivement

semblables à   A′B′C′,   A′C′D′,   A′D′E′,   et disposés dans le même ordre.

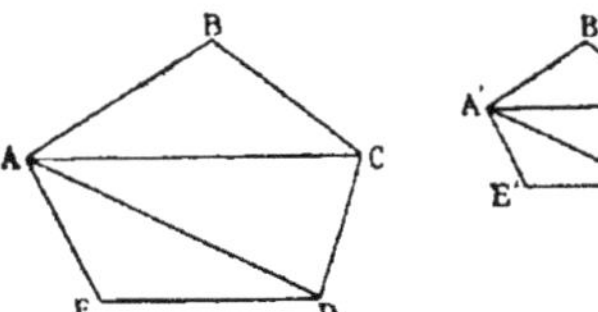

Nous voulons démontrer que les polygones ABCDE et A′B′C′D′E′ sont semblables (221).

Leurs angles sont égaux : les uns, comme B et B′, sont des angles homologues de triangles semblables ; les autres, comme C et C′, sont la somme de deux angles homologues de triangles semblables.

Leurs côtés sont proportionnels : les triangles semblables donnent :

$$\frac{AB}{A'B'} = \frac{BC}{B'C'} = \frac{AC}{A'C'}$$

$$\frac{AC}{A'C'} = \frac{CD}{C'D'} = \frac{AD}{A'D'}$$

$$\frac{AD}{A'D'} = \frac{DE}{D'E'} = \frac{EA}{E'A'}$$

Ces trois suites de rapports ont deux à deux des rapports égaux, ce sont ceux des diagonales, par suite, tous les rapports sont égaux et en particulier :

$$\frac{AB}{A'B'} = \frac{BC}{B'C'} = \frac{CD}{C'D'} = \frac{DE}{D'E'} = \frac{EA}{E'A'}$$

232. Théorème. — *Le rapport des surfaces de deux triangles semblables est égal au rapport des carrés de deux côtés homologues.*

Soit les deux triangles semblables ABC et DEF.
Nous voulons démontrer que

$$\frac{ABC}{DEF} = \frac{\overline{AB}^2}{\overline{DE}^2}$$

Les angles homologues A et E sont égaux : le rapport des

surfaces est égal au rapport des produits des côtés de ces angles (208) :

$$\frac{ABC}{DEF} = \frac{AB}{DE} \times \frac{AC}{EF}$$

mais les triangles étant semblables :

$$\frac{AC}{EF} = \frac{AB}{DE}$$

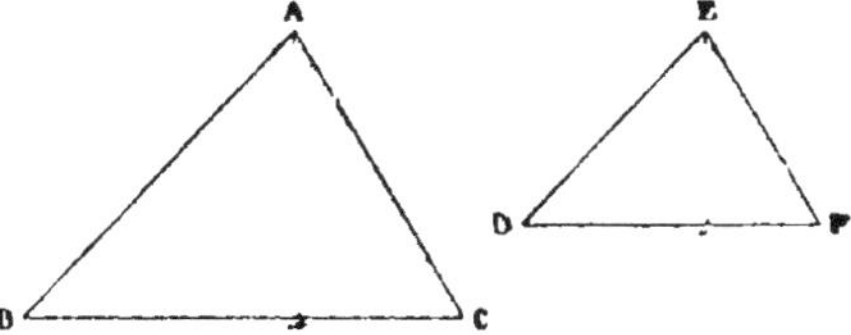

remplaçons $\frac{AC}{EF}$ par son égal dans le rapport des surfaces :

$$\frac{ABC}{DEF} = \frac{AB}{DE} \times \frac{AB}{DE} = \frac{\overline{AB}^2}{\overline{DE}^2}$$

233. Théorème. — *Quand deux polygones sont semblables :*

1° *Le rapport des périmètres est égal à celui de deux côtés homologues ;*

2° *Le rapport des surfaces est égal à celui des carrés de deux côtés homologues.*

Soit les deux polygones semblables ABCDE et A'B'C'D'E', nous avons :

$$\frac{AB}{A'B'} = \frac{BC}{B'C'} = \frac{CD}{C'D'} = \frac{DE}{D'E'} = \frac{EA}{E'A'}$$

1° Nous voulons démontrer que le rapport des périmètres est égal au rapport de deux côtés homologues.

Dans une suite de rapports égaux la somme des numérateurs et la somme des dénominateurs forment un rapport égal à l'un quelconque des rapports donnés. Appliquons ce théorème aux rapports de l'hypothèse :

$$\frac{AB + BC + CD + DE + EA}{A'B' + B'C' + C'D' + D'E' + E'A'} = \frac{AB}{A'B'}$$

les deux termes du premier rapport sont les périmètres des polygones donnés; donc, cette partie du théorème est démontrée.

2° Nous voulons démontrer que le rapport des surfaces est égal au rapport des carrés de deux côtés homologues.

Joignons les sommets homologues A et A′ à tous les autres sommets, nous formons des triangles semblables et semblablement placés (230). Par suite (232) :

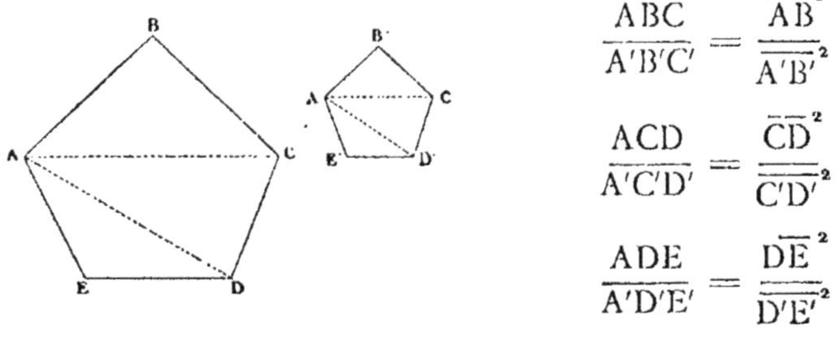

$$\frac{ABC}{A'B'C'} = \frac{\overline{AB}^2}{\overline{A'B'}^2}$$

$$\frac{ACD}{A'C'D'} = \frac{\overline{CD}^2}{\overline{C'D'}^2}$$

$$\frac{ADE}{A'D'E'} = \frac{\overline{DE}^2}{\overline{D'E'}^2}$$

Mais d'après les proportions de l'hypothèse :

$$\frac{\overline{AB}^2}{\overline{A'B'}^2} = \frac{\overline{CD}^2}{\overline{C'D'}^2} = \frac{\overline{DE}^2}{\overline{D'E'}^2}$$

donc :

$$\frac{ABC}{A'B'C'} = \frac{ACD}{A'C'D'} = \frac{ADE}{A'D'E'} = \frac{\overline{AB}^2}{\overline{A'B'}^2}$$

Faisons la somme des trois premiers numérateurs et des trois dénominateurs correspondants :

$$\frac{ABC + ACD + ADE}{A'B'C' + A'C'D' + A'D'E'} = \frac{\overline{AB}^2}{\overline{A'B'}^2}$$

Les deux termes du premier rapport sont les surfaces du polygone donné; donc, la deuxième partie du théorème est démontrée.

§ IV. — RELATIONS MÉTRIQUES[1]
DANS LE TRIANGLE

234. Droites antiparallèles. — Deux droites tracées entre les côtés d'un angle sont *antiparallèles* si la première fait avec l'un des côtés de l'angle donné un angle égal à celui que la seconde droite fait avec l'autre côté.

Exemple : les deux droites BC et DE sont antiparallèles par rapport aux côtés de l'angle A, si

$$\widehat{B}_1 = \widehat{D}_1$$

Remarquons que nous avons aussi :

$$\widehat{C}_2 = \widehat{E}_2$$

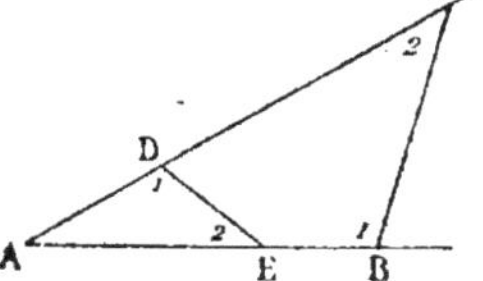

235. Projection. — La *projection* d'un segment sur une droite est la partie de cette droite comprise entre les perpendiculaires menées à cette droite par les extrémités du segment.

Exemple : CD est la projection du segment AB sur xy, si nous avons mené AC et BD perpendiculaires à xy.

Cas particulier. Si le segment est issu d'un point de l'axe, AD est la projection de AB, si nous avons mené BD perpendiculaire à xy.

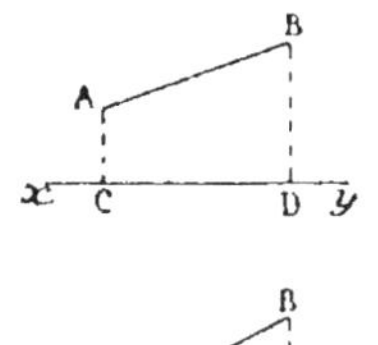

236. Lemme. — *Le produit des deux segments déterminés sur un côté d'un angle par deux antiparallèles est égal au produit des segments déterminés sur le second côté.*

Soit les deux antiparallèles ED et BC par rapport aux côtés de l'angle A.

[1]. Les relations métriques sont celles qui relient entre elles les nombres qui mesurent les côtés d'un triangle ou des lignes déterminées du triangle.

Nous voulons démontrer que

$$AE \times AB = AD \times AC$$

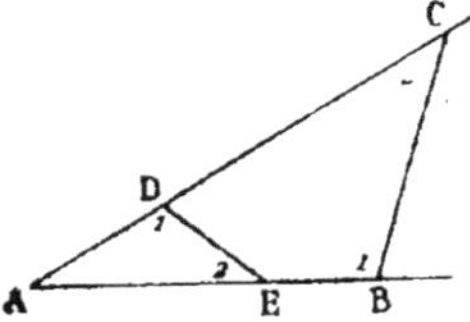

Les deux triangles ABC et AED ont leurs angles égaux (234); donc ils sont semblables (224). Écrivons qu'aux angles égaux sont opposés des côtés proportionnels :

$$\frac{AE}{AC} = \frac{AD}{AB}$$

Égalons le produit des moyens au produit des extrêmes :

$$AE \times AB = AD \times AC$$

237. Corollaire. — *Lorsque deux antiparallèles sont issues d'un même point, le carré du segment unique pris sur un côté de l'angle est égal au produit des deux segments formés sur le second côté de l'angle.*

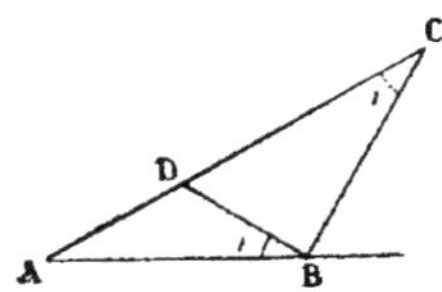

Supposons que dans la figure précédente le point E soit confondu avec le point B, le raisonnement subsiste, mais comme

$$AE = AB$$

nous obtenons :

$$\overrightarrow{AB}^2 = AC \times AD$$

238. Théorème. — *Dans un triangle rectangle :*

1° *Chaque côté de l'angle droit est moyenne proportionnelle entre l'hypoténuse entière et sa projection sur l'hypoténuse.*

2° *Le carré de l'hypoténuse est égal à la somme des carrés des deux autres côtés.*

3° *Le rapport des carrés des côtés de l'angle droit est égal au rapport de leurs projections sur l'hypoténuse.*

4° *La hauteur est moyenne proportionnelle entre les deux segments de l'hypoténuse.*

Soit le triangle ABC rectangle en **A**, menons de **A** la perpendiculaire AH sur BC.

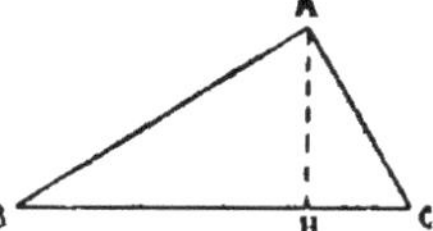

1° Nous voulons prouver que

$$\overline{AB}^2 = BC \times BH \qquad \overline{AC}^2 = BC \times CH$$

Les deux droites AC et AH perpendiculaires à AB et BC sont antiparallèles par rapport aux côtés de l'angle B, donc (237) :

$$\overline{AB}^2 = BC \times BH$$

Le même raisonnement appliqué aux deux droites AB et AH donne

$$\overline{AC}^2 = BC \times CH$$

2° Nous voulons prouver que

$$\overline{AB}^2 + \overline{AC}^2 = \overline{BC}^2$$

Ajoutons les deux égalités démontrées dans la première partie :

$$\overline{AB}^2 + \overline{AC}^2 = BC \times BH + BC \times CH = BC\,(BH + CH)$$
$$\overline{AB}^2 + \overline{AC}^2 = \overline{BC}^2$$

3° Nous voulons prouver que

$$\frac{\overline{AB}^2}{\overline{AC}^2} = \frac{BH}{CH}$$

Divisons membre à membre les deux égalités démontrées dans la première partie :

$$\frac{\overline{AB}^2}{\overline{AC}^2} = \frac{BC \times BH}{BC \times CH} = \frac{BH}{CH}$$

4° Nous voulons prouver que

$$\overline{AH}^2 = BH \times CH$$

Les deux triangles ABH et ACH sont semblables, car (225) ils sont rectangles en H, et l'angle ABC égale l'angle CAH comme ayant leurs côtés perpendiculaires. Écrivons qu'aux angles égaux sont opposés les côtés proportionnels :

$$\frac{BH}{AH} = \frac{AH}{CH}$$

Égalons le produit des moyens au produit des extrêmes :

$$\overline{AH}^2 = BH \times CH$$

239. Corollaire. — *Dans un triangle rectangle le carré d'un côté de l'angle droit est égal au carré de l'hypoténuse moins le carré de l'autre côté de l'angle droit.*

En effet, de l'égalité (238)

$$\overline{AB}^2 + \overline{AC}^2 = \overline{BC}^2$$

nous tirons :

$$\overline{AB}^2 = \overline{BC}^2 - \overline{AC}^2$$

240. Théorème. — *Dans un triangle le carré d'un côté opposé à un angle aigu est égal à la somme des carrés des deux autres côtés moins deux fois le produit d'un de ces côtés par la projection de l'autre sur lui.*

Soit le triangle ABC, dont l'angle C est aigu : menons du point A la perpendiculaire AD sur BC.

Nous voulons démontrer que

$$\overline{AB}^2 = \overline{AC}^2 + \overline{BC}^2 - 2BC \times CD$$

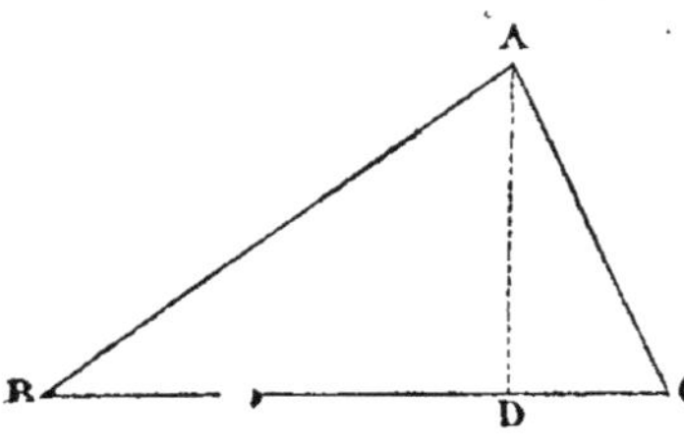

Dans le triangle rectangle ABD,

$$\overline{AB}^2 = \overline{AD}^2 + \overline{BD}^2$$

Mais dans le triangle rectangle ADC,

$$\overline{AD}^2 = \overline{AC}^2 - \overline{DC}^2$$

or $$BD = BC - DC$$

d'où [1] $$\overline{BD}^2 = \overline{BC}^2 + \overline{DC}^2 - 2\,BC \times DC$$

Remplaçons $\overline{AD}^2$ et $\overline{BD}^2$ par leur valeur dans la première égalité :

$$\overline{AB}^2 = \overline{AC}^2 - \overline{DC}^2 + \overline{BC}^2 + \overline{DC}^2 - 2BD \times DC$$

ou $$\overline{AB}^2 = \overline{AC}^2 + \overline{BC}^2 - 2BC \times DC$$

241. Théorème. — *Dans un triangle le carré d'un côté opposé à* **un angle obtus** *est égal à la somme des carrés des deux autres côtés* **plus** *deux fois le produit d'un de ces côtés par la projection de l'autre sur lui.*

Soit le triangle ABC, dont l'angle C est obtus : menons du point A la perpendiculaire sur le prolongement de BC.

Nous voulons démontrer que

$$\overline{AB}^2 = \overline{AC}^2 + \overline{BC}^2 + 2BC \times CD$$

Dans le triangle rectangle BAD,

$$\overline{AB}^2 = \overline{AD}^2 + \overline{BD}^2$$

Mais dans le triangle rectangle ADC,

$$\overline{AD}^2 = \overline{AC}^2 - \overline{DC}^2$$

or $$BD = BC + CD$$

d'où [2] $$\overline{BD}^2 = \overline{BC}^2 + \overline{CD}^2 + 2\,BC \times CD$$

Remplaçons $\overline{AD}^2$ et $\overline{BD}^2$ par leurs valeurs dans la première égalité :

$$\overline{AB}^2 = \overline{AC}^2 - \overline{CD}^2 + \overline{BC}^2 + \overline{CD}^2 + 2BC \times CD$$

ou $$\overline{AB}^2 = \overline{AC}^2 + \overline{BC}^2 + 2BC \times CD$$

Voir : Résumé d'algèbre :
1. N° 36 $(a - b)^2 = a^2 + b^2 - 2\,ab$
2. N° 35 $(a + b)^2 = a^2 + b^2 + 2\,ab$

§ V. — SEGMENTS PROPORTIONNELS
DANS LE CERCLE

242. Théorème. — *Dans une circonférence :*

1° *Une corde est moyenne proportionnelle entre le diamètre passant par une de ses extrémités et sa projection sur ce diamètre ;*

2° *La perpendiculaire menée d'un point de la circonférence sur un diamètre est moyenne proportionnelle entre les deux segments qu'elle détermine sur ce diamètre.*

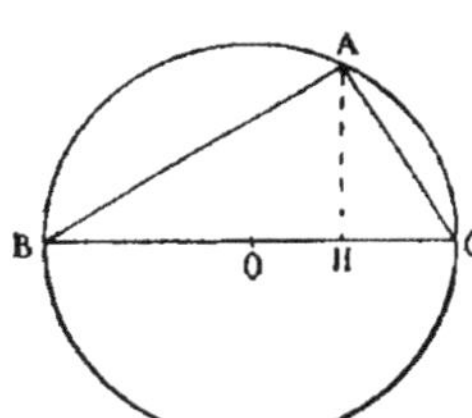

1° Soit une corde AB et le diamètre BC passant par une de ses extrémités : menons du point A la perpendiculaire AH sur le diamètre.
Nous voulons prouver que

$$\overline{AB}^2 = BC \times BH$$

Si nous joignons AC le triangle BAC est rectangle en A (165), et par suite (238)

$$\overline{AB}^2 = BC \times BH$$

2°) Nous voulons prouver que

$$\overline{AH}^2 = BH \times HC$$

Cette égalité est la relation connue (238) entre la hauteur et les deux segments de l'hypoténuse du triangle rectangle ABC.

243. Puissance d'un point par rapport à un cercle. — Si d'un point on mène une sécante, le *produit* des distances de ce point aux deux points d'intersection de la sécante et de la circonférence s'appelle la *puissance* du point par rapport au cercle.

244. Théorème. — *La puissance d'un point par rapport à un cercle est constante.*

1° Soit la circonférence C, le point O pris *à l'intérieur*; menons deux cordes quelconques.

Nous voulons démontrer que *le produit des deux segments déterminés par le point sur chaque corde est constant* :

$$OA \times OB = OE \times OD$$

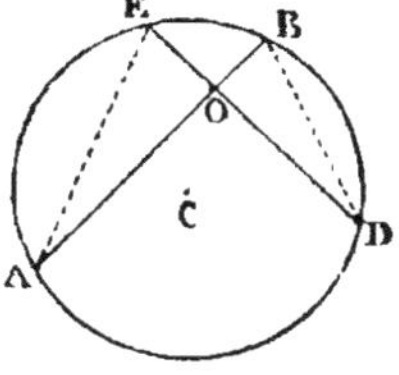

Joignons AE et BD. Ces droites sont antiparallèles par rapport aux côtés de l'angle O, car

$\widehat{A} = \widehat{D}$ comme ayant pour mesure la moitié de l'arc EB (163). Par suite (236) :

$$OA \times OB = OE \times OD$$

2° Soit la circonférence C, le point O pris *à l'extérieur*, menons deux sécantes quelconques.

Nous voulons démontrer que *le produit de chaque sécante entière par sa partie extérieure est constant* :

$$OA \times OB = OE \times OD$$

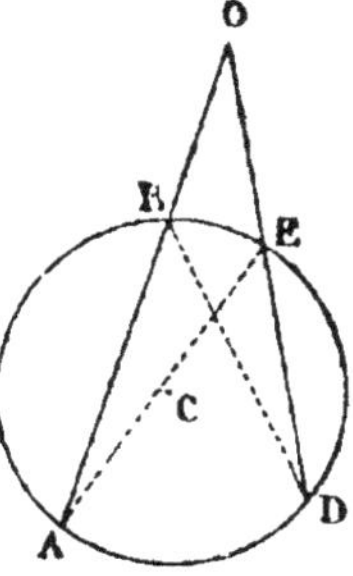

Joignons AE et BD. Ces droites sont antiparallèles par rapport aux côtés de l'angle O, car

$\widehat{A} = \widehat{D}$ comme ayant pour mesure la moitié de l'arc EB (163).

Par suite (236) :

$$OA \times OB = OE \times OD$$

245. Théorème. — *La puissance d'un point par rapport à un cercle est égale au carré de la tangente menée du point au cercle.*

Par le point A, menons la tangente AB et la sécante AC. Nous voulons démontrer que

$$\overline{AB}^2 = AC \times AD$$

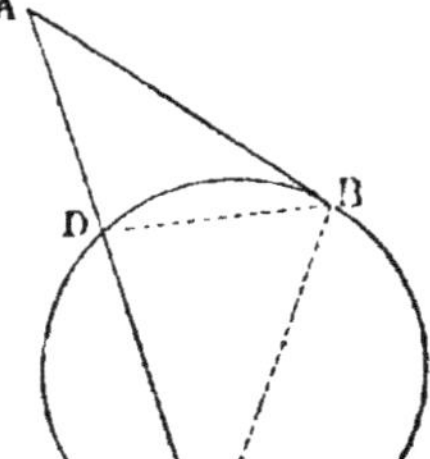

Ou, ce qui revient au même, *que la tangente est moyenne proportionnelle entre la sécante entière et sa partie extérieure.*

Joignons BD et BC. Ces droites sont antiparallèles par rapport aux côtés de l'angle A, car

$$\widehat{C} = \widehat{ABD} \text{ comme ayant pour mesure la moitié de l'arc BD (166).}$$

Par suite (237) :

$$\overline{AB}^2 = AC \times AD$$

§ VI. — PROBLÈMES SUR LES SEGMENTS PROPORTIONNELS

246. Problème. *Diviser un segment en parties proportionnelles à plusieurs longueurs données.*

Soit le segment OM à diviser en parties proportionnelles avec trois longueurs a, b, c.

Par le point O menons une droite quelconque et prenons des longueurs successives :

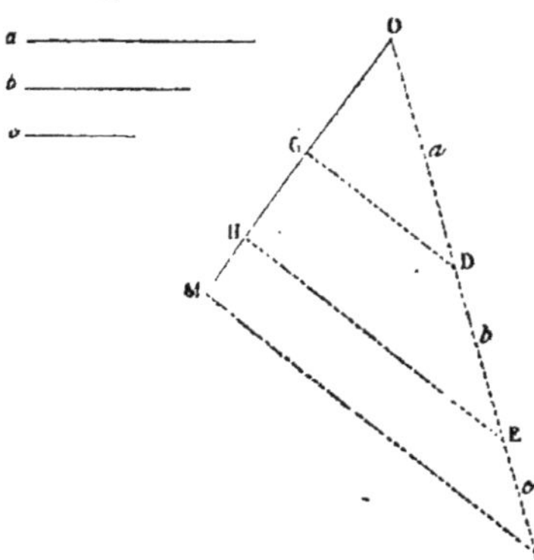

OD = a DE = b

EI = c

Joignons MI et, par les points D et E, menons les parallèles à IM. Ces parallèles déterminent des segments proportionnels sur les côtés de l'angle O, donc (218) :

$$\frac{OG}{OD} = \frac{GH}{DE} = \frac{HM}{EI}$$

ou
$$\frac{OG}{a} = \frac{GH}{b} = \frac{HM}{c}$$

247. Problème — *Diviser un segment en parties égales.*

Soit la droite AB à diviser en quatre parties égales.

Par le point A menons une droite quelconque et prenons quatre longueurs successives égales entre elles :

$$AD = DC = CE = EF$$

Joignons BF et par les points D, C, E menons des parallèles à BF. Ces parallèles déterminent des segments proportionnels sur les côtés de l'angle A (218), donc :

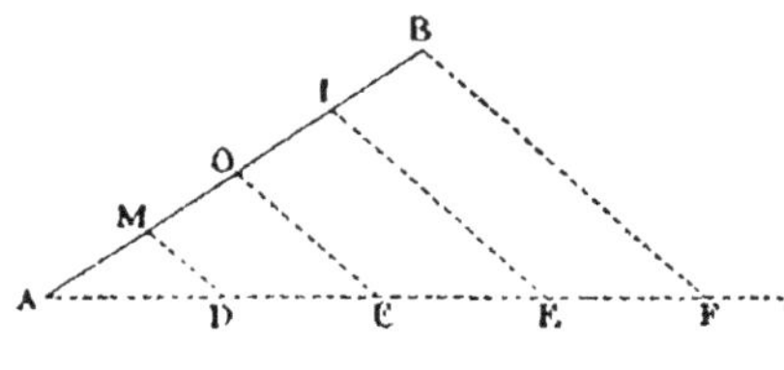

$$\frac{AM}{AD} = \frac{MO}{DC} = \frac{OI}{CE} = \frac{IB}{EF}$$

Par construction, les dénominateurs sont égaux, par suite, les numérateurs sont égaux :

$$AM = MO = OI = IB$$

248. Problème. — *Trouver la quatrième proportionnelle à trois longueurs données.*

Soit trois longueurs données a, b, c.

Nous voulons trouver une longueur x telle que :

$$\frac{a}{b} = \frac{c}{x}$$

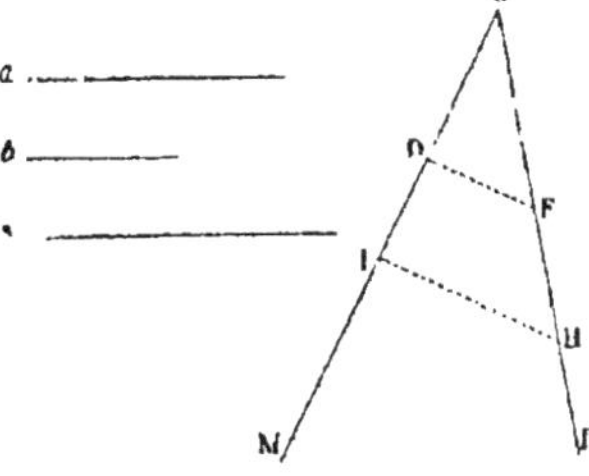

Traçons un angle quelconque O, sur l'un des côtés prenons :

$$OI = a \qquad OD = b$$

sur le second côté prenons :

$$OH = c$$

Joignons IH et par D menons DF parallèle à IH.

La parallèle DF détermine sur les côtés OI et OH des segments proportionnels (216), donc :

$$\frac{OI}{OD} = \frac{OH}{OF}$$

ou

$$\frac{a}{b} = \frac{c}{OF}$$

donc OF est la droite x cherchée.

249. Problème. — *Trouver la moyenne proportionnelle entre deux longueurs données.*

Soit a et b deux longueurs données.

Nous voulons trouver une longueur x telle que :

$$x^2 = a \times b$$

Prenons sur une même droite deux longueurs successives :

$$MQ = a \qquad NQ = b$$

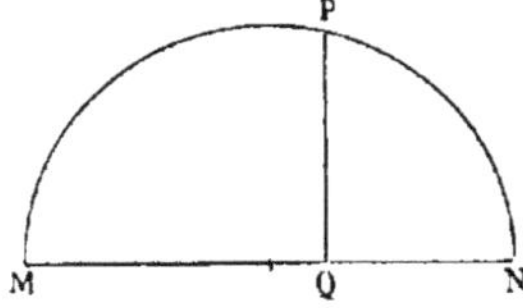

Sur MN comme diamètre, décrivons une demi-circonférence.

Au point Q menons PQ perpendiculaire à MN, nous avons (242) :

$$\overline{QP}^2 = MQ \times NQ$$

ou

$$\overline{QP}^2 = a \times b$$

donc, QP est la droite x cherchée.

250. Application. — *Construire un carré équivalent à un rectangle donné.*

Soit a et b les côtés du rectangle donné, x le côté du carré inconnu. Égalons les surfaces de ces deux figures (198) :

$$x^2 = a \times b$$

Donc, le côté du carré est la moyenne proportionnelle entre les côtés du rectangle.

251. Problème. — *Construire deux segments connaissant leur somme et leur moyenne proportionnelle.*

Soit s la somme des deux segments et m leur moyenne proportionnelle.

Nous voulons déterminer deux segments x et y, tels que :

$$x + y = s$$
$$xy = m^2$$

Sur une droite quelconque prenons :

$$AB = s$$

et sur AB comme diamètre décrivons une demi-circonférence.

Au point A menons AC perpendiculaire à AB et telle que :

$$AC = m$$

Menons CD parallèle à AB, et DH perpendiculaire à AB. Nous savons que (242) :

$$AH \times BH = \overline{HD}^2$$

Mais la figure ACDH est, par construction, un rectangle, donc :

$$HD = CA = m$$

Nous avons donc :

$$AH + HB = s$$
$$AH \times HB = m^2$$

donc, AH et HB sont les deux segments x et y cherchés.

Remarques. — 1° Le carré de la moyenne proportionnelle entre deux droites s'appelle quelquefois le *produit* de ces deux droites, de telle sorte que le problème précédent s'énonce aussi :

Construire deux segments connaissant leur somme et leur produit.

2° Le problème ne sera possible que si CD coupe la demi circonférence; c'est-à-dire si nous avons :

$$CA \leqq \frac{AB}{2} \qquad \text{ou} \qquad m \leqq \frac{s}{2}$$

252. Application. — *Construire un rectangle connaissant son périmètre et sa surface.*

Soit $2p$ le périmètre du rectangle : sa surface est donnée par le côté c du carré équivalent.

Soit x et y les côtés inconnus du rectangle : nous devons avoir :

$$2x + 2y = 2p$$

ou

$$x + y = p$$

et

$$xy = c^2$$

Nous sommes ramenés au problème précédent.

253. Problème. — *Construire deux segments connaissant leur différence et leur moyenne proportionnelle.*

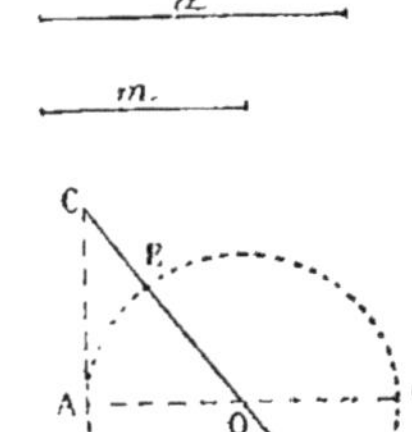

Soit d la différence des deux segments et m leur moyenne proportionnelle.

Nous voulons déterminer deux segments x et y, tels que :

$$x - y = d$$
$$xy = m^2$$

Sur une droite quelconque prenons :

$$AB = d$$

Sur AB comme diamètre décrivons une circonférence; au point A menons AC perpendiculaire à AB et telle que :

$$AC = m$$

Joignons C au centre de la circonférence

Nous savons que (245) :

$$CD \times CE = \overline{AC}^2$$

ou

$$CD \times CE = m^2$$

d'ailleurs

$$CD - CE = ED = AB = d$$

donc, CD et CE sont les deux segments x et y cherchés.

Remarque. — Ce problème s'énonce aussi : *Construire deux segments connaissant leur différence et leur produit.*

254. Application. — *Construire un rectangle connaissant la différence de deux côtés non parallèles et sa surface.*

Soit d la différence des côtés de rectangle, sa surface est donnée par le côté c du carré équivalent.

Soit x et y les côtés inconnus du rectangle, nous devons avoir :

$$x - y = d$$
$$xy = c^2$$

Nous sommes ramenés au problème précédent.

255. Problème. — *Construire un carré qui soit la somme ou la différence de deux carrés donnés.*

Soit m et n les côtés des carrés donnés.

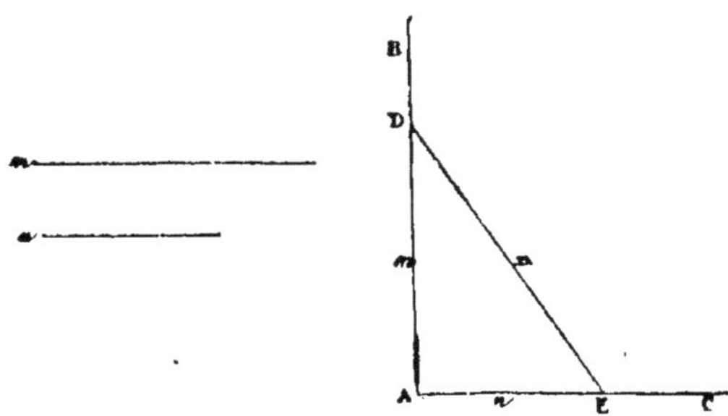

1° **Nous** voulons trouver un carré dont la surface soit la somme des surfaces des carrés donnés. Soit x le côté inconnu ; nous devons avoir :

$$x^2 = m^2 + n^2$$

donc (238), x est l'hypoténuse d'un triangle rectangle, dont les côtés sont m et n.

2° Nous voulons trouver un carré dont la surface soit la

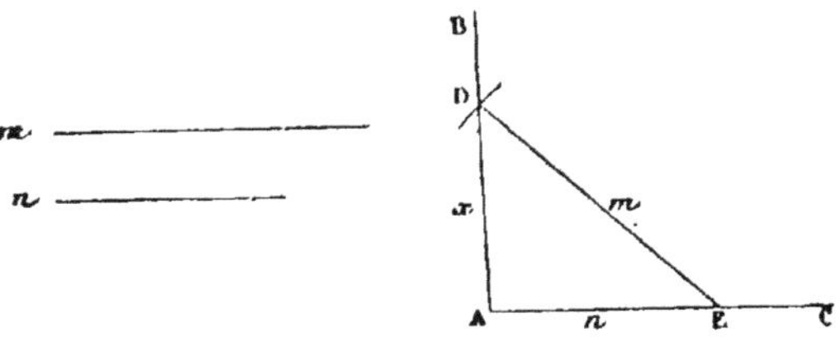

différence des surfaces des carrés donnés. Soit x le côté inconnu ; nous devons avoir :

$$x^2 = m^2 - n^2$$

donc (239), x est un côté de l'angle droit d'un triangle rectangle dont m est l'hypoténuse et n le second côté de l'angle droit.

§ VII. HOMOTHÉTIE

α. — Définition des figures homothétiques

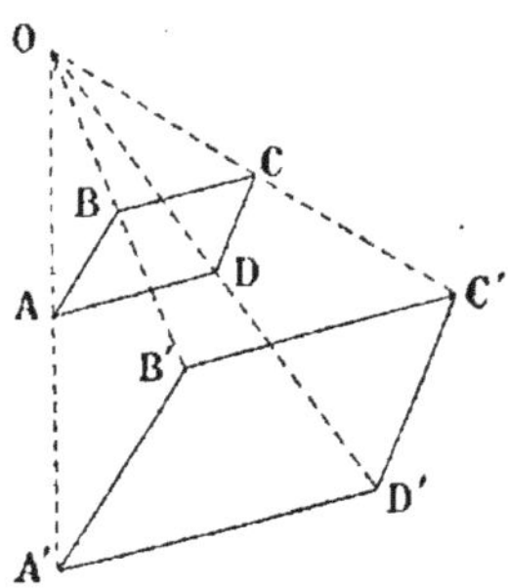

1° *Homothétie directe.* — Soit une figure plane donnée ABCD, O un point de son plan.

Du point O menons des demi-droites allant à chacun des sommets de la figure ABCD, prenons sur chacune de ces demi-droites des points A′, B′, C′, D′, tels que, k étant un nombre donné :

$$\frac{OA'}{OA} = \frac{OB'}{OB} = \frac{OC'}{OC} = \frac{OD'}{OD} = k$$

Joignons les points A′ B′ C′ D′ dans le même ordre que sont joints les points A B C D :

A'B'C'D' est *homothétique directe* de ABCD,

O est le *centre d'homothétie*,

k est le *rapport d'homothétie*.

2° *Homothétie inverse.* — Faisons une construction ana-logue, mais en portant OA', OB' et OC' sur les *prolongements* des demi-droites OA, OB, OC telles que :

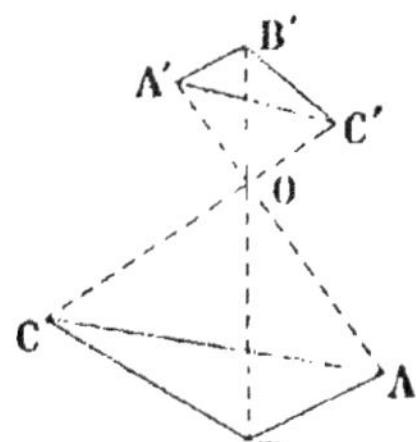

$$\frac{OA'}{OA} = \frac{OB'}{OB} = \frac{OC'}{OC} = k$$

A'B'C' est *homothétique inverse* de ABC.

O est le *centre d'homothétie*,

k est le *rapport d'homothétie*.

β. — **Théorème.** *Deux figures homothétiques sont sem-blables.*

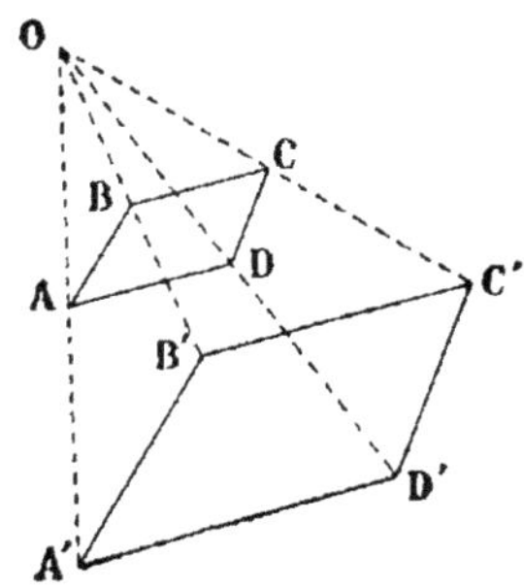

Soit ABCD et A'B'C'D' deux fi-gures homothétiques.

Les deux triangles OAB et O'A'B' sont semblables (226) parce qu'ils ont un angle égal, l'angle O, com-pris entre deux côtés proportionnels, car par hypothèse (α)

$$\frac{OA'}{OA} = \frac{OB'}{OB} = k$$

par suite (221)

$$\frac{OA'}{OA} = \frac{A'B'}{AB} = k$$

de plus (217) A'B' est parallèle à AB.

Répétant le même raisonnement pour tous les triangles analogues, nous concluons :

$$\frac{A'B'}{AB} = \frac{B'C'}{BC} = \frac{C'D'}{CD} = \frac{D'A'}{DA} = k$$

et ces droites sont deux à deux parallèles et de même sens, par suite les deux polygones ABCD et A'B'C'D' ont à la fois leurs angles égaux, puisque les côtés sont deux à deux paral-

lèles et de même sens (9¹) et leurs côtés proportionnels,
donc ils sont semblables (221).

γ. — **Corollaire.** *Les côtés et les périmètres de deux figures homothétiques sont proportionnels au rapport d'homothétie ; les surfaces sont proportionnelles au carré du rapport d'homothétie.*

Soit ABCD et A′B′C′D′ deux figures homothétiques, nous venons de démontrer (β) qu'elles sont semblables et que :

$$\frac{A'B'}{AB} = \frac{B'C'}{BC} = \frac{C'D'}{CD} = \frac{D'A'}{DA} = k$$

ce qui démontre la première partie du corollaire.

Soit P et P′ les périmètres des deux figures et S et S′ leurs surfaces. Nous savons (233)

$$\frac{P'}{P} = \frac{A'B'}{AB} \qquad et \qquad \frac{S'}{S} = \frac{\overline{A'B'^2}}{\overline{AB^2}}$$

dans
$$\frac{P'}{P} = k \qquad et \qquad \frac{S'}{S} = k^2$$

δ. — **Construction des figures homothétiques directes. Pantographe.**

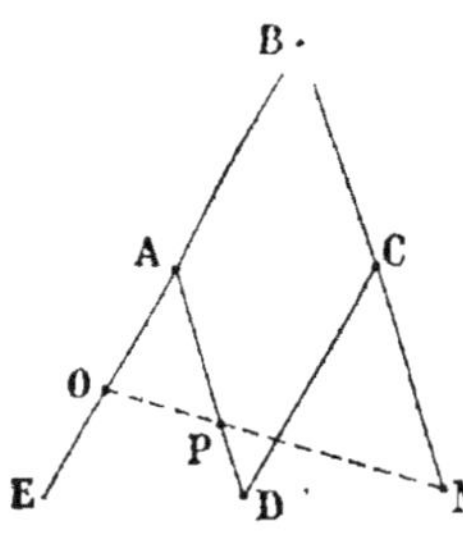

Un pantographe est formé de deux grandes règles BE et BM articulées au point B et de deux petites règles AD et DC articulées entre elles au point D et de plus articulées aux milieux A et C de BE et de BM. Les longueurs des règles sont telles que ABCD est un parallélogramme.

Sur AE et sur AD sont percées des ouvertures circulaires, soit O et P les centres de deux ouvertures. Ces ouvertures portent deux à deux le même numéro. Supposons que O et P portent le numéro 3. Cela signifie que le constructeur a choisi les points O et P tels que :

$$\frac{OB}{OA} = 3 \qquad \frac{BM}{AP} = 3$$

Introduisons dans l'ouverture O une pointe qui fixe ce point sur le papier tout en permettant à la règle BE de tourner autour du point O :

Si avec une pointe introduite dans l'ouverture P nous suivons les contours d'un dessin, un crayon fixé en M décrit une figure homothétique.

Pour le démontrer (α), il suffit de prouver que les trois points O, P, M sont en ligne droite et que (en conservant le nombre 3 choisi comme exemple) :

$$\frac{OM}{OP} = 3$$

En effet, supposons joint OP et OM, les deux triangles OAP et OBM sont semblables, comme ayant un angle égal compris entre deux côtés proportionnels.

$\widehat{OAP} = \widehat{OBM}$ car, par construction, quelle que soit la positive de l'appareil, AD est parallèle à BM. De plus :

$$\frac{OB}{OA} = \frac{BM}{AP} = 3$$

donc $\widehat{BOP} = \widehat{BOM}$

c'est-à-dire que O, P M, sont en ligne droite. Enfin les mêmes triangles semblables donnent

$$\frac{OM}{OP} = \frac{OB}{OA} = 3$$

§ VIII. — NOTIONS DE TRIGONOMÉTRIE

I. — Définition des fonctions trigonométriques d'un angle aigu.

Soit un angle A d'un point *quelconque* D pris sur l'un des côtés menons DE perpendiculaire au second côté AC et considérons le triangle DAE :

Le sinus (sin) de l'angle A est le *rapport entre le côté opposé à l'angle et l'hypoténuse* :

$$\sin A = \frac{DE}{AD}$$

Le COSINUS (cos) de l'angle A est le *rapport entre le côté adjacent à l'angle et l'hypoténuse* :

$$\cos A = \frac{AE}{AD}$$

La TANGENTE (tg) de l'angle A est le *rapport du côté opposé à l'angle et du côté adjacent* :

$$\operatorname{tg} A = \frac{DE}{AE}$$

La COTANGENTE (ctg) de l'angle A est le *rapport du côté adjacent au côté opposé à l'angle* :

$$\operatorname{tg} A = \frac{AE}{DE}$$

Exemple : Si AD = 5^m AE = 4^m DE = 3

$$\sin A = \frac{3}{5} \qquad \cos A = \frac{4}{5} \qquad \operatorname{tg} A = \frac{3}{4}$$

II. Théorème. — *Les fonctions trigonométriques d'un angle ne dépendent que de la grandeur de l'angle.*

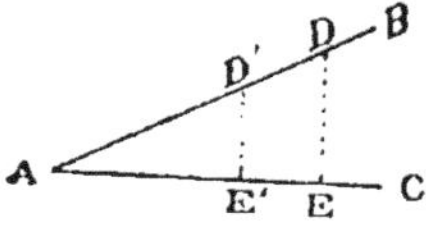

Nous voulons démontrer que la valeur d'une fonction trigonométrique est indépendante du point choisi D pour la définir (I).

Si nous prenons :

$$AD = 5^m \qquad AE = 4^m \qquad DE = 3^m$$

Nous avons pour le sinus, par exemple :

$$\sin A = \frac{DE}{AD} = \frac{3}{5}$$

Si nous choisissons un autre point D′ et que nous menions D′E′ perpendiculaire à AC, par définition :

$$\sin A = \frac{D'E'}{AD'}$$

Mais, les deux triangles ADE et AD′E′ sont semblables car DE est parallèle à D′E′, donc :

$$\frac{D'E'}{AD'} = \frac{DE}{AD} = \frac{3}{5}$$

donc que nous partions du point D ou du point D' nous avons toujours :

$$\sin A = \frac{3}{5}$$

et, par suite, la valeur du sinus ne dépend que de la grandeur de l'angle.

Même raisonnement pour les autres lignes trigonométriques.

Conséquence. — La valeur du sinus d'un angle est déterminée lorsque nous connaissons cet angle, donc le *sinus* est une *fonction* de l'angle (voir : Algèbre 156).

De même pour le cosinus, la tangente et la cotangente.

III. Tables trigonométriques. — Ces tables contiennent vis-à-vis des valeurs des angles celles de leurs fonctions trigonométriques. Elles font connaître :

1° Le sinus, le cosinus, la tangente et la cotangente d'un angle donné.

2° L'angle aigu correspondant à une valeur donnée du sinus, du cosinus, de la tangente ou de la cotangente.

IV. Théorème. — *Dans un triangle rectangle, un côte de l'angle droit est égal :*

1° *Au produit de l'hypoténuse par le cosinus de l'angle adjacent au côté cherché;*

2° *Au produit de l'hypoténuse par le sinus de l'angle opposé au côté cherché ;*

3° *Au produit de l'autre côté de l'angle droit par la tangente de l'angle opposé au côté cherché ;*

4° *Au produit de l'autre côté de l'angle droit par la cotangente de l'angle adjacent au côté cherché.*

Dans le triangle rectangle **ABC,** nous savons que :

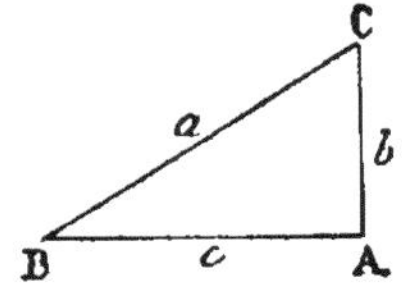

1°) $\cos B = \dfrac{c}{a}$ (I)

donc $c = a \cos B$

De même $b = a \cos C$

$$2° \qquad \sin B = \frac{\;}{a} \qquad\qquad (I)$$

donc $\qquad b = a \sin B$

De même $\qquad c = a \sin C$

$$3° \qquad \operatorname{tg} B = \frac{b}{c} \qquad\qquad (I)$$

donc $\qquad b = c \operatorname{tg} B$

De même $\qquad c = b \operatorname{tg} C$

$$4° \qquad \operatorname{ctg} B = \frac{c}{b} \qquad\qquad (I)$$

donc $\qquad c = b \operatorname{ctg} B$

De même $\qquad b = c \operatorname{ctg} C$

Application : L'hypoténuse d'un triangle rectangle vaut 7^m, calculer le côté de l'angle droit qui fait avec l'hypoténuse un angle dont le cosinus vaut 0,632

$$x = 7 \times 0,632 \qquad\qquad (IV\ 1°)$$

V.— Définition des fonctions trigonométriques d'un angle obtus

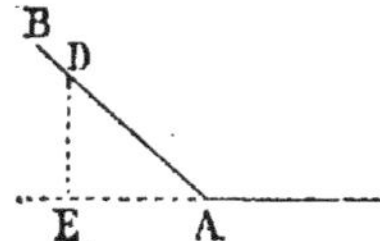

Soit un angle obtus A d'un point *quelconque* D pris sur l'un des côtés, menons DE perpendiculaire sur le *prolongement* du second côté.

AE étant compté en *sens contraire* du côté AC, nous le représentons par un *nombre négatif* (voir : Algèbre n° 115). Nous avons alors par définition :

$$\sin A = \frac{DE}{AD} \qquad \cos A = \frac{AE}{AD} \qquad \operatorname{tg} A = \frac{DE}{AE} \qquad \operatorname{ctg} A = \frac{AE}{DE}$$

Exemple : Si AD $= 5^m$ $\qquad$ AE $= -\,4^m$ $\qquad$ DE $= 3^m$

$$\sin A = \frac{3}{5} \qquad \cos A = -\frac{4}{5} \qquad \operatorname{tg} A = -\frac{3}{4}$$

LIVRE IV

§ I. — POLYGONES RÉGULIERS

256. Polygone régulier. — Un polygone *régulier* a *simultanément* ses angles égaux et ses côtés égaux.

257. Ligne brisée régulière. — Une *ligne brisée régulière* a *simultanément* ses angles égaux et ses côtés égaux.

258. Polygone inscrit. — Un polygone est *inscrit* dans une circonférence, lorsque tous ses sommets sont sur cette circonférence.

259. Polygone circonscrit. — Un polygone est *circonscrit* à une circonférence, lorsque tous ses côtés sont tangents à cette circonférence.

260. Rayon d'un polygone régulier. — Centre. — Le *rayon* d'un polygone régulier est le rayon du cercle *circonscrit* (voir 264).

Le *centre* d'un polygone régulier est le centre du cercle circonscrit.

261. Apothème. — L'*apothème* d'un polygone régulier est la perpendiculaire menée du centre sur le côté.

262. Notation. — Nous représenterons toujours par :

c le côté d'un polygone régulier ;
a son apothème ;
R le rayon du cercle circonscrit ;
p le périmètre de ce polygone.

263. Théorème. — *Le polygone, obtenu en joignant les points qui divisent une circonférence en parties égales, est régulier.*

Supposons la circonférence O divisée en *n* parties égales. Joignons les points de division successifs.

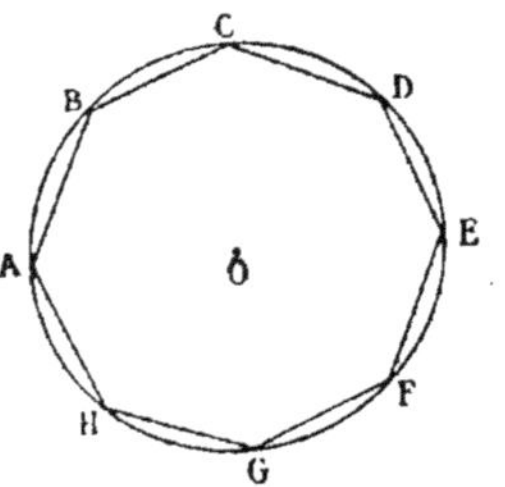

Nous voulons démontrer que le polygone ABCDEFGH est régulier.

D'abord, tous ses côtés sont égaux, comme cordes d'arcs égaux (130); d'autre part, tous les angles sont égaux.

Par exemple : $$\widehat{A} = \widehat{B}$$

En effet, les angles $\widehat{A}$ et $\widehat{B}$ comprennent, par construction, entre leurs côtés des arcs qui sont les $\dfrac{n-2}{n}$ de la circonférence; comme ce sont des angles inscrits, ces angles sont égaux.

Nous démontrerions de même que les autres angles sont égaux.

Ce polygone, ayant ses angles et ses côtés égaux, est régulier (256).

264. Théorème. — *Tout polygone régulier est inscriptible et circonscriptible.*

Soit le polygone régulier ABCGHDEF.

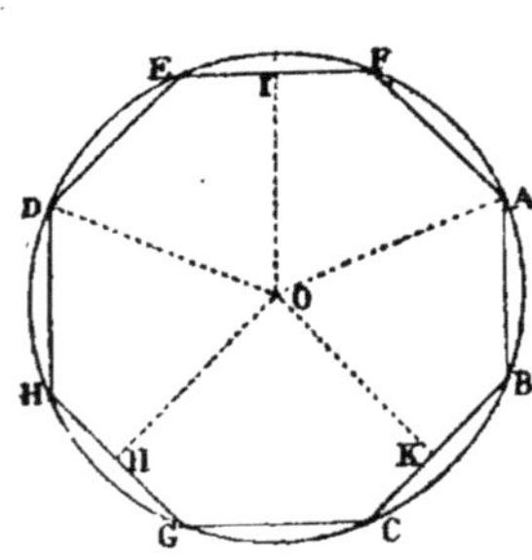

1° Nous voulons démontrer que ce polygone est inscriptible.

Par les trois points DEF, faisons passer une circonférence ; nous savons que son centre O se trouve sur la perpendiculaire menée par le milieu I de EF. Joignons OD et OA.

Plions la figure suivant OI :

les angles en I étant droits, la droite IE prend la direction de IF et comme, par construction, I est le milieu de EF, le point E tombe en F.

$\widehat{E} = \widehat{F}$, comme angles d'un polygone régulier, par suite ED prend la direction de FA, et, comme FA $=$ ED par hypothèse, le point D tombe au point A. Par suite :

$$OA = OD$$

Il en résulte que la circonférence décrite de O comme centre avec OD pour rayon, circonférence qui, par construction, passe déjà par les trois points DEF, passe aussi par le point A.

Nous démontrerions de même qu'elle passe par tous les sommets.

Donc, un polygone régulier est inscriptible.

2° Nous voulons démontrer que ce polygone régulier est circonscriptible.

Si du centre O du cercle circonscrit, nous abaissons des perpendiculaires sur les côtés, ces perpendiculaires sont égales, car des cordes égales sont également éloignées du centre (137).

Si du point O comme centre, avec OI comme rayon, nous décrivons une circonférence, elle passe par les milieux de tous les côtés du polygone, et de plus ces côtés, étant perpendiculaires aux rayons de cette circonférence, sont tangents.

Le polygone régulier est donc circonscriptible.

Remarque. — Ce théorème est vrai pour une ligne polygonale régulière. Il se démontre d'une manière identique.

265. Conséquence. — D'après le théorème précédent il résulte que :

L'apothème d'un polygone régulier est *le rayon du cercle inscrit.*

266. Problème. — *Trouver la relation existant entre le côté, le rayon du cercle circonscrit, et l'apothème d'un même polygone régulier.*

Soit AB le côté d'un polygone régulier, menons son apothème OH. Remarquant que

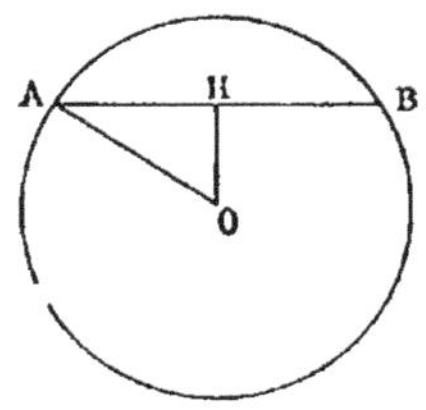

$$AH = \frac{AB}{2}$$

dans le triangle rectangle AOH, nous avons :

$$\overline{OH}^2 = \overline{OA}^2 - \frac{\overline{AB}^2}{4}$$

ou, d'après la notation convenue (262) :

$$a^2 = R^2 - \frac{c^2}{4}$$

267. Problème. — *Calculer l'angle d'un polygone régulier et son angle au centre.*

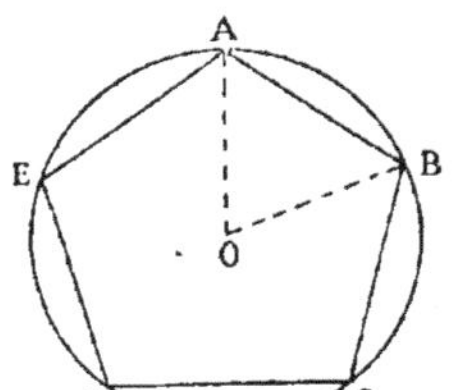

Soit un polygone régulier de n côtés. La somme des angles d'un polygone de n côtés est $(n - 2)\, 2$ dr. (98).

Donc, chaque angle vaut :

$$\frac{2\,(n - 2)}{n}\ \text{dr.}$$

L'angle au centre intercepte un arc égal à $\frac{1}{n}$ de la circonférence ; donc, l'angle au centre vaut $\frac{4}{n}$ dr.

268. Théorème. — *La surface d'un polygone régulier est égale au demi-périmètre multiplié par l'apothème.*

Soit le polygone régulier ABCDEF de n côtés.

Joignons deux sommets consécutifs au centre O, et menons
l'apothème.

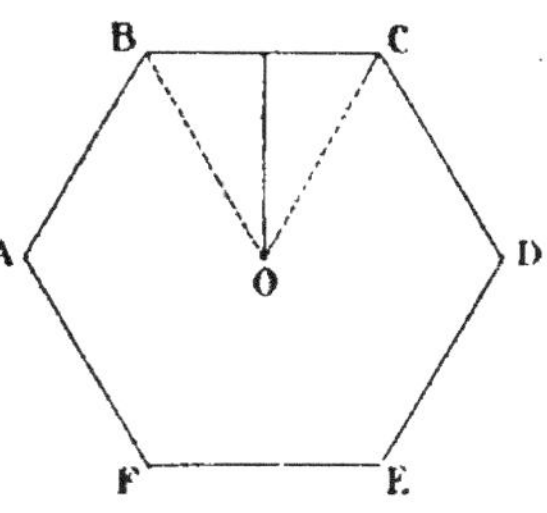

$$\text{Surf.} = OBC = \frac{BC}{2} \times OI$$

La surface du polygone se compose d'autant de triangles égaux
à OBC qu'il y a de côtés, donc :

$$\text{Surf. } ABCDEF = n \text{ Surf. } OBC = \frac{n \times BC}{2} \times OI$$

or, $n \times BC$ est le périmètre par définition.

Donc le théorème est démontré.

Écrivons cette formule avec la notation convenue :

$$S = \frac{nc}{2} \times a = \frac{p}{2} \times a$$

269. Théorème. — *Deux polygones réguliers d'un même nombre de côtés sont semblables.*

En effet, les côtés de ces polygones étant respectivement égaux, le rapport de deux côtés est toujours le même.

Les angles de ces deux polygones valent chacun $\dfrac{2\,(n-2)}{n}$ dr., donc ils sont tous égaux.

Deux polygones réguliers d'un même nombre de côtés satisfont donc à la définition des polygones semblables (221).

270. Théorème. — *Lorsque deux polygones réguliers ont le même nombre de côtés :*

1° Le rapport des périmètres est égal au rapport des rayons des cercles circonscrits ou des cercles inscrits ;

2° Le rapport des surfaces est égal au rapport des carrés des rayons des cercles inscrits ou des cercles circonscrits.

Soit les deux polygones réguliers ABCDEF et *abcdef* ayant le même nombre de côtés *n*.

Joignons deux sommets consécutifs aux centres, et menons les apothèmes OH et $o'h$.

Les deux triangles OBH et $o'bh$ sont semblables (224), car ils sont rectangles et $\widehat{BOH} = \widehat{bo'h}$ comme moitié des angles au centre $\widehat{O}$ et $\widehat{o'}$.

donc
$$\frac{BH}{bh} = \frac{BO}{bo'} = \frac{OH}{bo'}$$

Or, nous savons (136) que :
$$BH = \frac{BC}{2} = \frac{c}{2}$$
$$bh = \frac{bc}{2} = \frac{c'}{2}$$

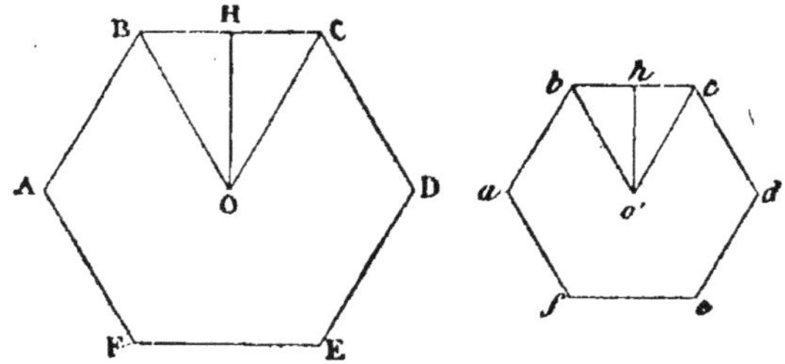

d'où, en employant la notation :
$$\frac{c}{c'} = \frac{R}{R'} = \frac{a}{a'}$$

1° Multipliant les deux termes du premier rapport par *n*, et nous rappelant que :
$$nc = p \qquad nc' = p'$$

Nous obtenons :
$$\frac{p}{p'} = \frac{R}{R'} = \frac{a}{a'}$$

2º D'autre part, nous savons que :

$$\frac{OBH}{o'bh} = \frac{\overline{OB}^2}{o'b^2}$$

ou, d'après la proportion précédant la première partie :

$$\frac{OBH}{o'bh} = \frac{R^2}{R'^2} = \frac{a^2}{a'^2}$$

Chaque polygone régulier se compose de $2n$ triangles égaux à OBH ou à $o'bh$, multipliant les deux termes du premier rapport par $2\,n$, nous obtenons :

$$\frac{S}{S'} = \frac{R^2}{R'^2} = \frac{a^2}{a'^2}$$

271. Problème. — *Inscrire dans une circonférence un polygone régulier ayant deux fois plus de côtés qu'un polygone donné inscrit dans cette circonférence.*

Soit ABCDE un polygone régulier de n côtés.

Du centre O, menons des perpendiculaires sur chacun des côtés. Chacune de ces perpendiculaires divise l'arc correspondant en deux parties égales; par suite, la circonférence est divisée en $2\,n$ parties égales, et le polygone AFBGCHDKEL qui a $2\,n$ côtés est régulier (263).

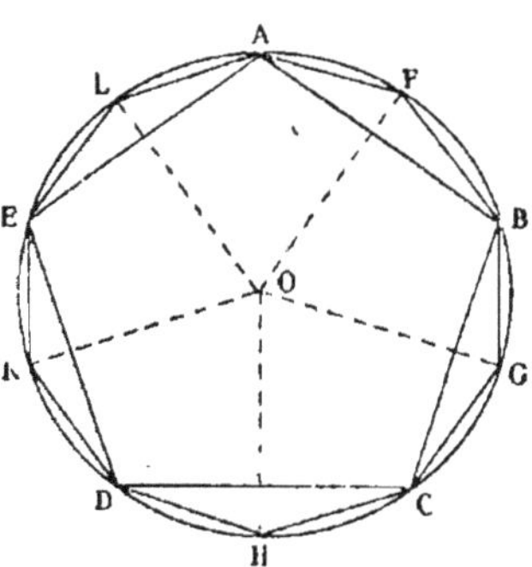

272. Problème. — *Calculer le côté et l'apothème d'un polygone régulier ayant deux fois plus de côtés qu'un polygone donné inscrit dans la même circonférence.*

Soit AB $= c$ le côté d'un polygone inscrit dans une circonférence du rayon R. Menons OD perpendiculaire à AB. AD est le côté cherché c' (271) et OH l'apothème a'.

La corde AD est moyenne proportionnelle entre le diamètre et sa projection sur ce diamètre (242).

$$\overline{AD}^2 = MD \times ID = MD\,(OD - OI)$$

ou

$$c'^2 = 2\,R\,(R - a)$$

or

$$a = \sqrt{R^2 - \frac{c^2}{4}} = \sqrt{\frac{4\,R^2 - c^2}{4}} = \frac{\sqrt{4\,R^2 - c^2}}{2} \qquad (266)$$

d'où :

$$c'^2 = 2\,R\left(R - \frac{\sqrt{4\,R^2 - c_2}}{2}\right)$$

$$c'^2 = 2\,R^2 - R\,\sqrt{4\,R^2 - c^2}$$

$$c' = \sqrt{2\,R^2 - R\,\sqrt{4\,R^2 - c^2}}$$

La formule générale des apothèmes (266) donne :

$$a'^2 = R^2 - \frac{2\,R^2 - R\,\sqrt{4\,R^2 - c^2}}{4}$$

$$a'^2 = \frac{2\,R^2 + R\,\sqrt{4\,R^2 - c^2}}{4}$$

$$a' = \frac{\sqrt{2\,R^2 + R\,\sqrt{4\,R^2 - c^2}}}{2}$$

273. Problème. — *Circonscrire à une circonférence un polygone régulier d'un nombre donné de côtés.*

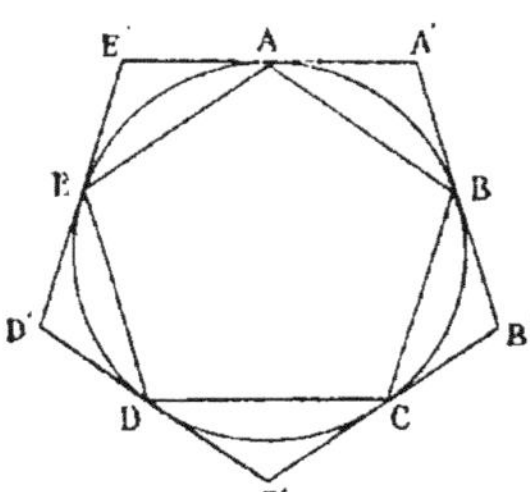

Inscrivons d'abord un polygone régulier ayant le même nombre de côtés, et, par chaque sommet menons des tangentes à la circonférence.

Le polygone A'B'C'D'E' est régulier.

Tous les triangles tels que AA'B,

BB'C, etc., sont égaux et isocèles : les bases AB, BC, etc., sont égales comme côtés d'un même polygone régulier, et les angles à la base sont tous égaux comme formés par une tangente et une sécante comprenant des arcs égaux.

Par suite :

$$A' = B' = C' = D' = E'$$

les angles du polygone A'B'C'D' sont égaux.

De plus,

$$AA' = A'B = BB' = B'C = \ldots$$

d'où

$$A'B' = B'C' = C'D' = D'E' = E'A'$$

les côtés du polygone A'B'C'D'E' sont égaux.

Donc, le polygone A'B'C'D'E' est régulier (256).

274. Problème. — *Inscrire un carré dans une circonférence.*

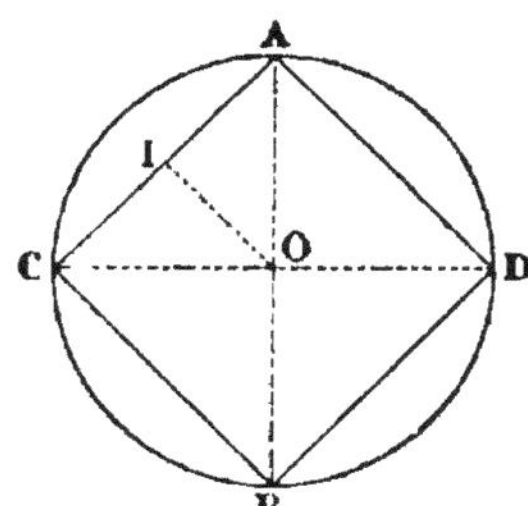

Soit la circonférence O ; menons deux diamètres rectangulaires et joignons les points de division ADBC. Ce polygone est un carré. En effet, les quatre angles en O sont droits, donc :

$$\widehat{AD} = \widehat{DB} = \widehat{BC} = \widehat{CA}$$

La circonférence est divisée en quatre parties égales ; donc ADBC est régulier (263).

Calcul du côté. — Dans le triangle rectangle AOC, nous avons (238) :

$$\overline{AC}^2 = \overline{OA}^2 + \overline{OC}^2$$

ou

$$c^2 = R^2 + R^2 = 2R^2$$

$$c = R\sqrt{2} \qquad\qquad \sqrt{2} = 1,4142$$

Calcul de l'apothème. — La formule des apothèmes (266) donne :

$$a^2 = R^2 - \frac{2R^2}{4} = \frac{R^2}{2}$$

$$a = \frac{R}{\sqrt{2}} = \frac{R\sqrt{2}}{2}$$

Calcul de la surface. — La formule de la surface (268) donne :

$$S = \frac{4\,R\sqrt{2}}{2} \times \frac{R\,\sqrt{2}}{2} = 2\,R^2$$

275. Remarque. — A l'aide du théorème 271, nous pouvons inscrire les polygones de 8, 16, 32,... côtés, puis calculer leurs côtés (272), et nous savons aussi circonscrire les polygones du même nombre de côtés (273).

276. Problème. — *Inscrire un hexagone dans une circonférence.*

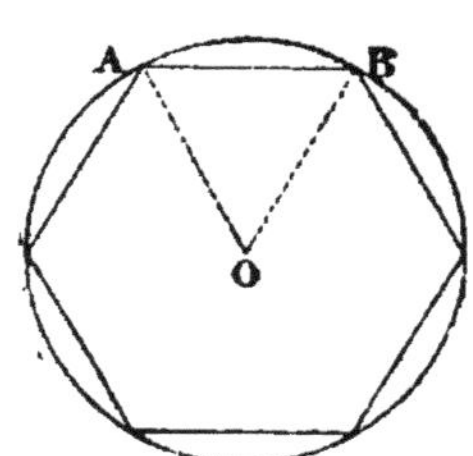

Supposons le problème résolu et soit AB le côté de l'hexagone.

Joignons OA et OB. Nous savons que :

$$\widehat{AOB} = \frac{4}{6}\,\text{dr.} = \frac{2}{3}\,\text{dr.} \qquad (267)$$

or

$$\widehat{OAB} + \widehat{OBA} + \widehat{AOB} = 2\,\text{dr.}$$

de plus, le triangle AOB est isocèle ; par suite :

$$\widehat{OAB} = \widehat{OBA}$$

L'égalité précédente devient :

$$2\,\widehat{OAB} + \frac{2}{3}\,\text{dr} = 2\,\text{dr.}$$

ou

$$\widehat{OAB} = \frac{2}{3}\,\text{dr.}$$

Le triangle AOB est équiangle et, par suite, équilatéral, donc :

Le côté de l'hexagone est égal au rayon du cercle circonscrit.

Portons, avec le compas, le rayon sur la circonférence ; nous pouvons répéter exactement six fois l'opération et par suite inscrire l'hexagone.

Calcul du côté. — Le théorème nous donne de suite :

$$c = R$$

Calcul de l'apothème. — La formule des apothèmes (266) donne :

$$a^2 = R^2 - \frac{R^2}{4} = \frac{3\,R^2}{4}$$

$$a = \frac{R\sqrt{3}}{2} \qquad\qquad \sqrt{3} = 1{,}732$$

Calcul de la surface. — La formule de la surface (268) donne :

$$S = \frac{6\,R}{2} \times \frac{R\sqrt{3}}{2} = \frac{3\,R^2\sqrt{3}}{2}$$

277. Remarque. — A l'aide du théorème 271, nous pouvons inscrire les polygones de 12, 24, 48,... côtés, puis calculer leurs côtés (272), et nous savons aussi circonscrire les polygones du même nombre de côtés (273).

278. Problème. — *Inscrire un triangle équilatéral dans une circonférence.*

Inscrivons d'abord un hexagone régulier. Les sommets de deux en deux divisent la circonférence en trois parties égales ; joignons ces sommets ; nous obtenons le triangle équilatéral inscrit (263).

Calcul du côté. — Dans le triangle ABD rectangle en B, nous avons :

$$\overline{AB}^2 = \overline{AD}^2 - \overline{BD}^2$$

ou $\quad c^2 = 4\,R^2 - R^2 = 3\,R^2$

$$c = R\sqrt{3}$$

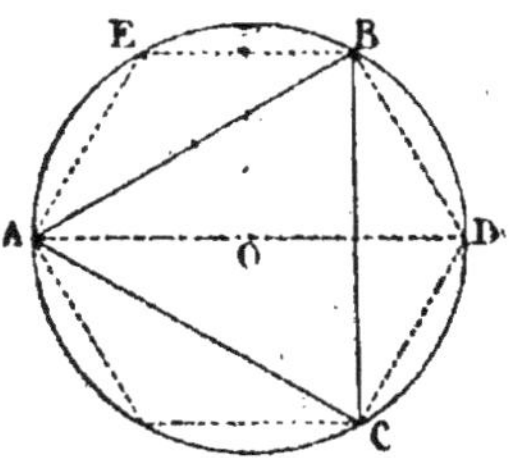

Calcul de l'apothème. — La formule des apothèmes (266) donne :

$$a^2 = R^2 - \frac{3\,R^2}{4} = \frac{R^2}{4}$$

$$a = \frac{R}{2}$$

Calcul de la surface. — La formule de la surface (268) donne :

$$S = \frac{3\,R\,\sqrt{3}}{2} \times \frac{R}{2} = \frac{3\,R^2\,\sqrt{3}}{4}$$

§ II. — MESURE DE LA CIRCONFÉRENCE

279. Longueur d'une circonférence. — La *longueur* d'une circonférence est la limite commune des périmètres des polygones inscrits et circonscrits à cette circonférence quand le nombre des côtés augmente indéfiniment.

Remarque. — La limite des deux périmètres étant la même, pour calculer cette limite, nous opérerons sur le polygone inscrit seul.

280. Surface du cercle. — La *surface* d'un cercle est la limite commune des surfaces des polygones inscrits et circonscrits à cette circonférence, quand le nombre des côtés augmente indéfiniment.

281. Secteur. — Un *secteur* est la surface limitée par un arc et ses deux rayons.

282. Segment de cercle. — Un *segment de cercle* est la surface limitée par un arc et sa corde.

283. Théorème. — *Le rapport d'une circonférence à son diamètre est constant.*

Soit deux circonférences de rayon R et *r*. Inscrivons dans ces circonférences des polygones d'un même nombre de côtés, et soit P et *p* les périmètres de ces polygones ; nous savons que (270) :

$$\frac{P}{p} = \frac{R}{r}$$

Si nous doublons indéfiniment le nombre des côtés, la

relation subsiste entre les périmètres des polygones successifs. Or, à la limite, les périmètres des polygones deviennent

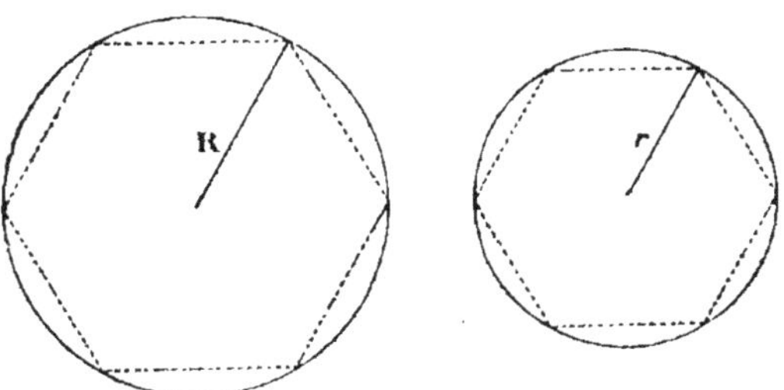

les longueurs des circonférences, donc :

$$\frac{circ.\ R}{circ.\ r} = \frac{R}{r}$$

Multiplions par 2 les deux termes du second rapport :

$$\frac{circ.\ R}{circ.\ r} = \frac{2\,R}{2\,r}$$

ou

$$\frac{circ.\ R}{2\,R} = \frac{circ.\ r}{2\,r}$$

Nous démontrerions cette égalité pour toutes les circonférences ; donc ce rapport est constant.

284. Définition du nombre π. — *Nous représentons par
π la valeur numérique du rapport constant d'une circonférence à son diamètre.*

Par suite :

$$\frac{circ.\ R}{2\,R} = \pi$$

et cela, quelle que soit la circonférence considérée.

**285. Formule donnant la longueur d'une circonfé-
rence.** — *La longueur d'une circonférence est égale au produit de son diamètre par le nombre π.*

De l'égalité :

$$\frac{circ.\ R}{2\ R} = \pi$$

nous concluons :

$$circ.\ R = 2\,\pi\,R$$

286. Problème. — *Trouver la longueur d'un arc.*

Soit n le nombre de degrés compris dans cet arc, l la longueur de cet arc. Nous avons :

$$\frac{l}{circ.\ R} = \frac{n}{360}$$

ou

$$l = 2\,\pi\,R \times \frac{n}{360}$$

$$l = \pi\,R \times \frac{n}{180}$$

Remarque. — **Si** n est donné en minutes et secondes, il faut réduire n en secondes, et remplacer dans la formule 180 par ce nombre transformé en secondes, c'est-à-dire $180 \times 60 \times 60$.

287. Théorème. — *La surface du cercle est égale à la circonférence multipliée par la moitié du rayon.*

Nous avons trouvé que la surface d'un polygone régulier ABCDEF était égale au produit du périmètre par la moitié de l'apothème (268).

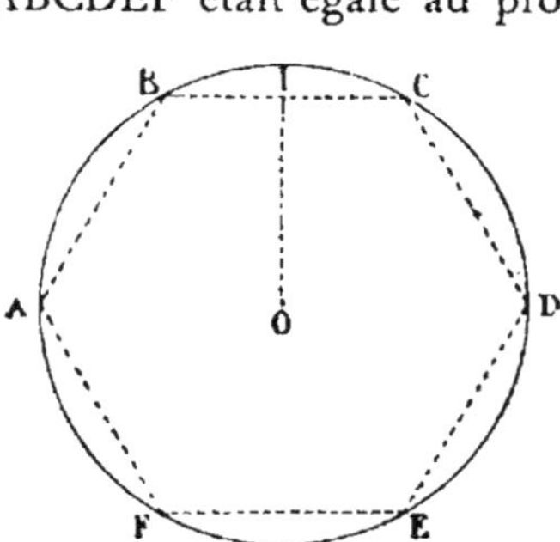

Si nous doublons indéfiniment le nombre des côtés du polygone :

sa surface devient la surface du cercle ;

son périmètre devient la circonférence du cercle ;

son apothème devient le rayon du cercle.

Substituant ces mots dans l'énoncé relatif à la surface du polygone, nous trouvons la surface du cercle.

288. Formule donnant la surface du cercle. — D'après le théorème précédent, si nous appelons S la surface du cercle :

$$S = 2\,\pi\,R \times \frac{R}{2} = \frac{2\,\pi\,R^2}{2}$$

ou :
$$S = \pi\,R^2$$

Règle pratique. — Interprétant cette formule en langage ordinaire, nous dirons :

La surface d'un cercle est égale au produit du carré de son rayon par le nombre π.

289. Problème. — *Trouver la surface d'un secteur.*

Soit n le nombre des degrés du secteur ; représentons par s sa surface et par S celle du cercle :

$$\frac{s}{S} = \frac{n}{360}$$

d'où
$$s = \pi\,R^2 \times \frac{n}{360}$$

Remarque. — Si n est donné en minutes et secondes, il faut réduire n en secondes, et remplacer dans la formule 360 par ce nombre transformé en secondes, c'est-à-dire $360 \times 60 \times 60$.

290. Problème. — *Trouver la surface d'un segment.*

L'aire d'un segment AMB est la différence entre le secteur OAMB et le triangle OAB. Nous évaluerons séparément chacune de ces surfaces et nous en ferons la différence.

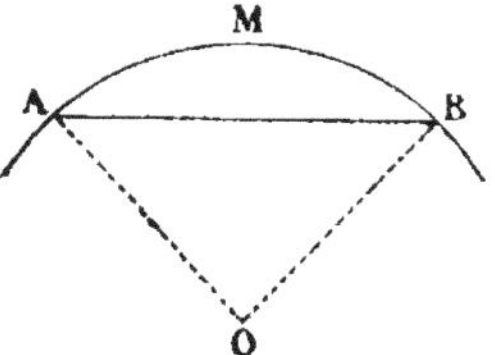

291. Notions sur le calcul de π. — *Méthode des périmètres.*

Prenons la circonférence de rayon 1 ; nous savons inscrire (274) les polygones réguliers de 4, 8, 16, ..., côtés dans cette circonférence.

Nous savons de plus calculer la longueur de ces côtés (271-275) :

$$c_4 \qquad c_8 \qquad c_{16} \qquad c_{32}$$

En multipliant la longueur d'un côté par le nombre de côtés du polygone, nous en déduisons les longueurs des périmètres :

$$p_4 \qquad p_8 \qquad p_{16} \qquad p_{32}$$

De la formule $\qquad circ.\ R = 2\,\pi\,R$

nous tirons $\qquad \pi = \dfrac{circ.\ R}{2\,R}$

Si dans cette formule nous remplaçons *circ.* R par le périmètre d'un polygone régulier inscrit, nous obtenons un nombre plus petit que π, car le périmètre du polygone est plus petit que celui de la circonférence. Mais ce nombre se rapprochera de π autant que nous le voudrons, car en prenant un polygone ayant suffisamment de côtés, son périmètre se rapprochera autant que nous le voudrons de la circonférence.

Remarque. — Le nombre π est un nombre incommensurable, c'est-à-dire qu'il ne peut s'exprimer ni par un entier ni par une fraction : nous n'avons que des valeurs approchées.

Archimède avait trouvé : $\qquad \pi = \dfrac{22}{7}$

Adrien Métius employait : $\qquad \pi = \dfrac{355}{113}$

Nous nous servirons de :

$$\pi = 3,1416$$

nombre approché par excès.

GÉOMÉTRIE DE L'ESPACE

PRELIMINAIRES

292. Représentation des figures dans la géométrie de l'espace. — Les figures de l'espace ne peuvent évidemment pas se représenter *exactement* sur un plan.

Nous dessinerons les figures de l'espace telles qu'elles nous apparaîtraient si elles étaient réellement construites.

Un angle droit, par exemple, nous apparaîtra sous la forme d'un angle aigu, droit ou obtus suivant sa position dans la figure.

Nous ferons exception pour les droites parallèles que nous tracerons réellement parallèles.

Un plan, étant indéfini, ne peut se représenter réellement ; pour *figurer* un plan, nous tracerons un *parallélogramme*. Mais, dans les démonstrations, il faudra bien se rappeler que ce parallélogramme est *fictif*, et ne jamais parler de ses côtés.

Pour éviter toute erreur, nous désignerons un plan par une seule lettre placée près du parallélogramme figuratif.

293. Remarque. — Avant de commencer l'étude de la géométrie de l'espace, il faut revoir :

1° la définition du plan (18) ;

2° le lemme sur les conditions déterminant un plan (19) et remarquer de plus que deux droites parallèles définissent un plan (79).

3° le lemme sur l'intersection de deux plans (21).

LIVRE V

§ I. — DROITES ET PLANS PARALLÈLES

294. Parallèle à un plan. — Un droite est *parallèle à un plan* lorsqu'elle n'a aucun point commun avec ce plan (voir 298).

295. Plans parallèles. — Deux plans sont *parallèles* lorsqu'ils n'ont aucun point commun (voir 304).

296. Théorème. — *Par un point, pris hors d'une droite, on peut mener une parallèle à cette droite, et on ne peut en mener qu'une seule.*

Soit la droite AB et le point C pris hors de cette droite.

Deux parallèles étant situées dans un même plan, une parallèle menée par C à la droite AB sera dans le plan unique déterminé par AB et C. Or dans un plan nous savons qu'on ne peut mener qu'*une seule* parallèle à une droite (83).

297. Remarque. — Dans la *géométrie plane*, pour démontrer que deux droites sont parallèles, il suffisait de démontrer qu'elles ne se rencontraient pas, puisque, à priori, nous supposions qu'elles étaient dans le même plan. Dans la *géométrie de l'espace*, pour démontrer que deux droites sont parallèles, il ne faut pas oublier de démontrer que :

1º elles sont dans un même plan ;

2º elles ne se rencontrent pas.

298. Théorème. — *Si deux droites sont parallèles, tout plan passant par une des droites est parallèle à l'autre.*

Soit les deux parallèles AB et CD ; par CD menons un plan N.

Nous voulons démontrer que AB est parallèle à N.

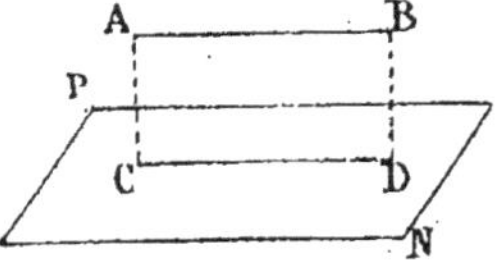

La droite AB est tout entière dans le plan ABCD ; si elle rencontrait le plan N, elle le rencontrerait en un point de CD, ce qui est impossible, puisque AB est parallèle à CD.

Remarques. — 1° Il y a exception pour le plan contenant les deux droites données.

2° Ce théorème s'énonce aussi :

Si une droite est parallèle à une droite d'un plan, elle est parallèle à ce plan.

299. Théorème. — *Lorsqu'une droite et un plan sont parallèles, tout plan passant par la droite et un point du plan coupe le plan donné suivant une parallèle à la droite donnée.*

Soit la droite AB parallèle au plan P. Par la droite AB menons un plan qui coupe P suivant CD.

Nous voulons démontrer que AB et CD sont parallèles.

AB et CD sont, par construction, dans un même plan.

De plus, ces droites ne se rencontrent pas, car si AB rencontrait CD, elle rencontrerait le plan P, ce qui est impossible.

Donc, AB et CD sont parallèles.

300. Théorème. — *Lorsqu'une droite et un plan sont parallèles, si par un point du plan on mène une parallèle à la droite, cette parallèle est tout entière dans le plan donné.*

Soit la droite AB parallèle au plan P. Par le point C menons CE parallèle à AB.

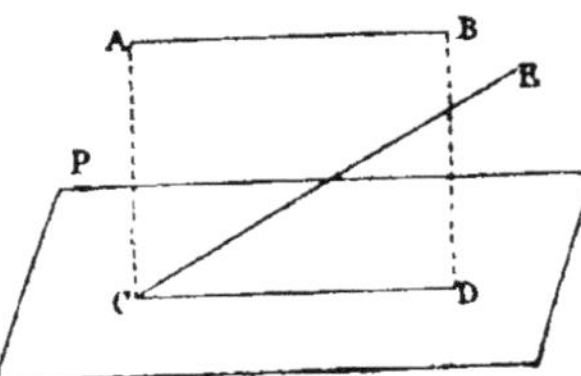

Nous voulons démontrer que CE est dans le plan P.

Si CE n'était pas dans le plan P, le plan mené par AB et C couperait le plan P suivant une droite CD parallèle à AB (299).

Par suite, par le point C nous aurions deux parallèles CE et CD à AB, ce qui est impossible (296).

Donc CE est dans le plan P.

301. Théorème. — *Lorsque deux plans qui se coupent sont parallèles à une même droite, leur intersection est parallèle à cette droite.*

Soit deux plans P et Q parallèles respectivement à AB et se coupant suivant CD.

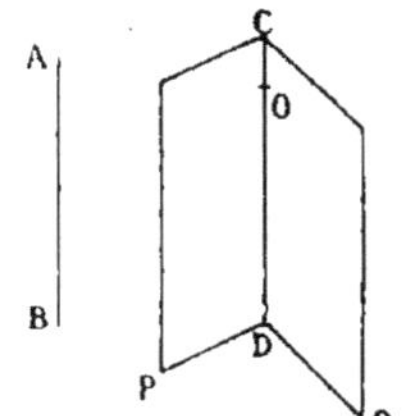

Nous voulons démontrer que AB et CD sont parallèles.

Si par un point quelconque O de CD nous menons la parallèle à AB, cette droite est à la fois tout entière dans P et dans Q (300); donc elle se confond avec CD.

Par suite, AB et CD sont parallèles.

302. Théorème. — *Deux droites parallèles à une troisième sont parallèles entre elles.*

Soit les deux droites A'B' et A″B″ respectivement parallèles à AB.

Nous voulons démontrer que A'B' et A″B″ sont parallèles entre elles.

D'abord A'B' et A″B″ sont situées dans une même plan.

Par la droite A″B″ et le point A' faisons passer un plan. Ce plan est parallèle à AB (298);

par suite, la parallèle A'B' menée par A' à AB est tout entière dans ce plan (300).

D'autre part, A'B' et A"B" ne peuvent se couper, car si elles se coupaient, nous aurions par leur point d'intersection deux parallèles à AB, ce qui est impossible.

Donc A'B' et A"B" sont parallèles.

303. Théorème. — *Les segments de parallèles compris entre un plan et une droite parallèles sont égaux.*

Soit la droite AB parallèle au plan P. Par les deux points C et E de AB, menons deux parallèles qui coupent le plan P en D et F.

Nous voulons démontrer que

$$CD = EF$$

Par les droites AB et CD faisons passer un plan ; ce plan contient la droite EF puisqu'elle est parallèle à CD ; par suite, il coupe le plan P suivant DF.

AB et DF sont parallèles (299) ; donc CEFD est un parallélogramme, et :

$$CD = EF$$

304. Théorème. — *Lorsque deux angles ont leurs côtés parallèles et de même sens :*

1° *Ces angles sont égaux ;*

2° *Les plans de ces angles sont parallèles.*

Soit deux angles BAC et DEF dont les côtés sont parallèles et de même sens.

1° Démontrons que ces angles sont égaux.

Prenons   AC = EF   et   AB = ED

La figure ACEF, ayant deux côtés AC et EF parallèles et égaux, est un parallélogramme,

donc,   CF   est égal et parallèle   à AE ;
de même,   BD   est égal et parallèle   à AE ;
donc,   CF   est égal et parallèle   à BD.

Par suite, la figure CBDF est un parallélogramme et :

$$CB = DF$$

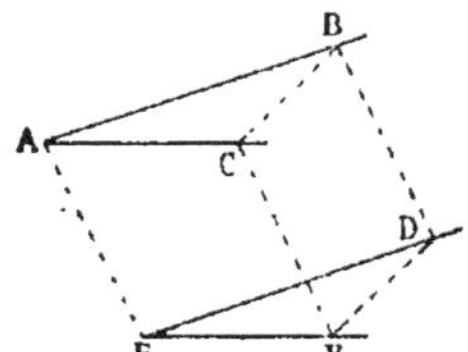

Les deux triangles ABC et DEF ayant leurs trois côtés égaux, nous avons :

$$\widehat{A} = \widehat{E}$$

2° Démontrons que les plans ABC et DEF sont parallèles.

Si le plan BAC coupait le plan DEF, le plan BAC contenant AC couperait DEF suivant une parallèle à AC (299); contenant AB, il couperait DEF suivant une parallèle à AB. Alors les deux plans ABC et DEF se couperaient suivant deux droites distinctes, ce qui est impossible. Donc ces plans sont parallèles.

305. Théorème. — *Les intersections de deux plans parallèles par un troisième sont parallèles.*

Soit M et N deux plans parallèles; coupons-les par un plan ABCD.

Nous voulons démontrer que AB et CD sont parallèles.

D'abord, AB et CD sont, par construction, dans un même plan.

D'autre part, si AB rencontrait CD, le plan M rencontrerait le plan N, ce qui est contre l'hypothèse, AB ne rencontre pas CD.

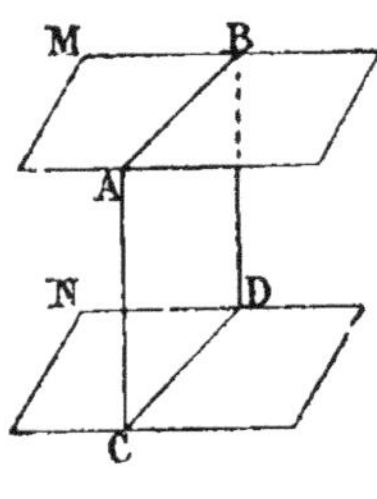

Donc AB et CD sont parallèles.

306. Théorème. — *Par un point pris hors d'un plan :*

1° *On peut mener un plan parallèle à un plan donné :*

2° *On ne peut en mener qu'un seul.*

Soit le plan P et le point A pris hors de ce plan :

1° Démontrons que par A passe un plan parallèle à P.

Dans le plan P menons deux demi-droites quelconques, et par le point A les parallèles AC et AB à ces demi-droites. Le plan BAC est parallèle au plan P (304).

2° Démontrons qu'il n'y a que le plan ABC passant par A et parallèle à P.

Si par A passait un second plan parallèle à P, supposons qu'il ne contienne pas AC ; le plan ACOE le couperait suivant une droite qui, ainsi que AC, serait parallèle à OE (299) ; nous aurions donc par A deux parallèles à OE, ce qui est impossible. Donc ce second plan doit contenir AC.

De même, nous démontrerions qu'il doit contenir AB. Par suite, il est confondu avec le plan ABC.

Donc il n'y a qu'un plan passant par A et parallèle au plan P.

307. Théorème. — *Lorsque deux plans sont parallèles, tout plan qui coupe l'un coupe l'autre.*

Soit deux plans M et P parallèles. Tout plan Q qui coupe M coupe P.

En effet, si Q ne coupait pas P, il lui serait parallèle et par l'intersection de Q et de M nous aurions deux plans parallèles à P, ce qui est impossible.

308. Théorème. — *Deux plans parallèles à un troisième sont parallèles entre eux.*

Soit deux plans M et N respectivement parallèles au plan P. Nous voulons démontrer que M et N sont parallèles entre eux.

Si les plans M et N se coupaient, par leur intersection nous aurions, d'après l'hypothèse, deux plans parallèles au plan P, ce qui est impossible.

Donc les plans M et N sont parallèles.

309. Théorème. — *Les segments de parallèles compris entre deux plans parallèles sont égaux.*

Soit M et N deux plans parallèles. Menons des segments AB et DE, parallèles entre eux et limités aux plans M et N.

Nous voulons démontrer que

$$AB = DE$$

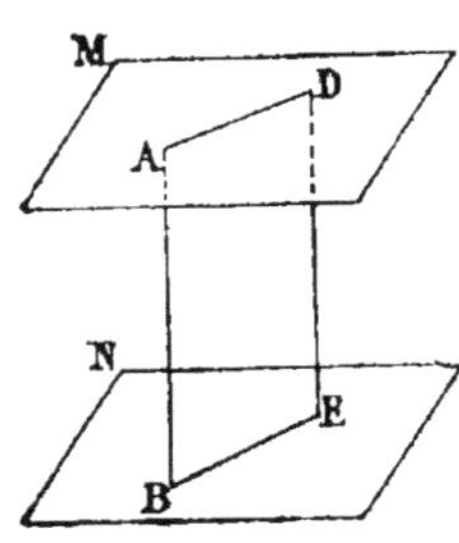

Menons le plan des deux parallèles AB et DE ; il coupe les plans M et N suivant les droites AD et BE qui sont parallèles (305).

Par suite, la figure ABDE est un parallélogramme, et :

$$AB = DE$$

310. Théorème. — *Trois plans parallèles partagent toutes les droites qu'ils rencontrent en segments proportionnels.*

Soit trois plans M, N, P parallèles entre eux, traçons deux droites quelconques AB et DF.

Nous voulons démontrer que

$$\frac{AC}{CB} = \frac{DE}{EF}$$

Par le point A menons la parallèle à DF, le plan BAI coupe les plans N et P suivant les parallèles CH et BI (305). Par suite (216).

$$\frac{AC}{BC} = \frac{AH}{HI}$$

Mais $\quad \left.\begin{array}{l} AH = DE \\ HI = EF \end{array}\right\}$ comme parallèles comprises entre plans parallèles (309).

A cause de ces égalités la proportion précédente devient :

$$\frac{AC}{CB} = \frac{DE}{EF}$$

§ II. — DROITE PERPENDICULAIRE A UN PLAN

3ɪɪ. Angle de deux droites. — L'angle de deux demi-droites, se coupant ou non, est l'angle des deux demi-parallèles de même sens menées par un même point.

3ɪ2. Droites orthogonales. — Deux droites *orthogonales* sont des droites formant *un angle droit*, mais sans se couper.

Le nom de *perpendiculaire* est réservé à deux droites qui se coupent.

3ɪ3. Perpendiculaire à un plan. — Une droite est perpendiculaire à un plan lorsqu'elle est orthogonale à toutes les droites du plan (voir 318).

3ɪ4. Théorème. — *Lorsqu'une droite est orthogonale à deux droites, non parallèles, d'un plan, elle est orthogonale à toute droite du plan.*

Soit la droite OA orthogonale aux deux droites MN et PQ du plan T.

Nous voulons démontrer que la droite OA est orthogonale à une droite quelconque RS du plan T.

Menons par le point O :

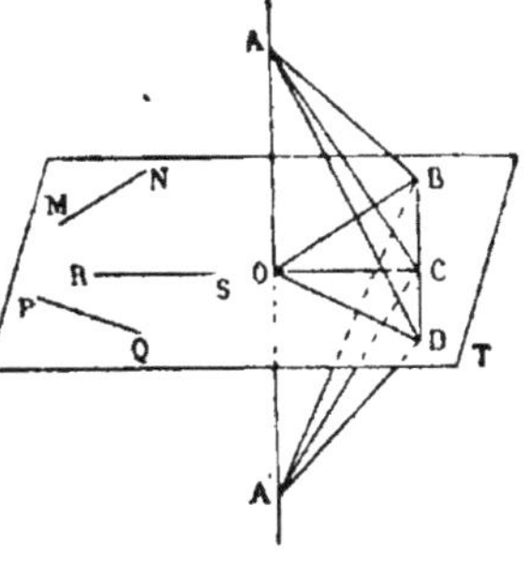

OB   parallèle à   MN ;

OD   parallèle à   PQ ;

OC   parallèle à   RS.

AO étant orthogonale à MN et à PQ est perpendiculaire à OB et à OD (312).

Pour démontrer que OA est orthogonale à RS, il suffit de démontrer que OA est perpendiculaire à OC (312).

Prenons un point quelconque A sur OA ; dans le plan T traçons une droite qui coupe OB, OC, OD aux points B,

C, D. Prolongeons OA en OA′ d'une longueur égale à elle-même   OA′ = OA,   et joignons AB, AC, AD, A′B, A′C et A′D.

Les deux triangles ABD et A′BD sont égaux, car :

BA = BA′ ⎰ comme obliques s'écartant également du pied O
DA = DA′ ⎱   des perpendiculaires BO et OD sur AA′.

DB   est commun.

Si nous replions le triangle A′BD sur le triangle ABD, en le faisant tourner autour de BD, le point A′ s'applique sur le point A, le point C ne bouge pas, donc :

$$AC = A'C$$

Le triangle ACA′ est isocèle, OC sa médiane, par construction, est aussi sa hauteur (38).

Donc OA est perpendiculaire sur OC et, par suite, orthogonale à RS.

315. Remarque. — Ce théorème s'énonce aussi :

Lorsqu'une droite est perpendiculaire à deux droites passant par son pied dans un plan, elle est perpendiculaire à toutes les droites passant par son pied dans ce plan.

316. Conséquence. — D'après ce théorème, lorsque nous voudrons démontrer qu'une droite est perpendiculaire à un plan (313), il suffira de démontrer qu'elle est orthogonale à deux droites, non parallèles, du plan.

317. Théorème. — *Si deux droites sont parallèles, tout plan perpendiculaire à l'une est perpendiculaire à l'autre.*

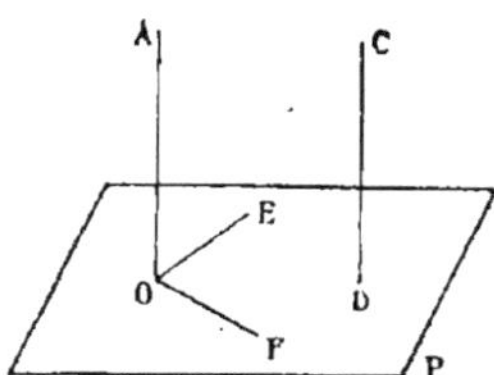

Soit deux parallèles AO, CD, et le plan P perpendiculaire à AO.

Nous voulons démontrer que le plan P est perpendiculaire à CD.

Par le point O menons dans le plan P deux droites OE et OF.

AO perpendiculaire au plan P est perpendiculaire à OE et OF (313). Par définition (312),

CD parallèle à AO est orthogonale à OE et OF, et, par suite, perpendiculaire au plan P.

318. Théorème. — *Par un point on peut mener un plan perpendiculaire à une droite et on ne peut en mener qu'un seul.*

1° *Le point est sur la droite.*

Soit la droite AB et le point O sur cette droite.

Dans deux directions menons OC et OD perpendiculaires à AB, et considérons le plan P déterminé par OC et OD.

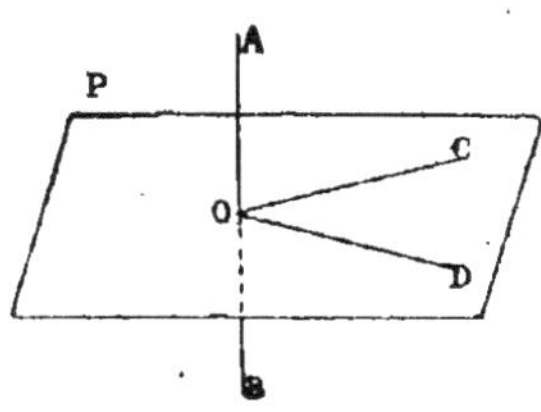

OA, perpendiculaire aux deux droites OC et OD du plan P, est perpendiculaire à P (316).

Donc on peut mener par O un plan perpendiculaire à AB.

Si, par le point O, on pouvait mener un second plan perpendiculaire à AB, supposons que ce plan ne contienne pas OC; le plan AOC déterminerait dans ce plan une perpendiculaire en O à AB; nous aurions donc *dans un même plan que* AB deux perpendiculaires à cette droite, ce qui est impossible. Donc le second plan contient OC.

Nous démontrerions de même qu'il contient OD.

Contenant deux droites du plan P, il est confondu avec P. Donc par le point O passe un seul plan perpendiculaire à AB.

2° *Le point est hors de la droite.*

Soit la droite CD et le point O pris hors de cette droite.
Par O menons OA parallèle à CD.

D'après la première partie, nous savons mener par O le plan perpendiculaire à OA. Ce plan sera aussi perpendiculaire à CD (317).

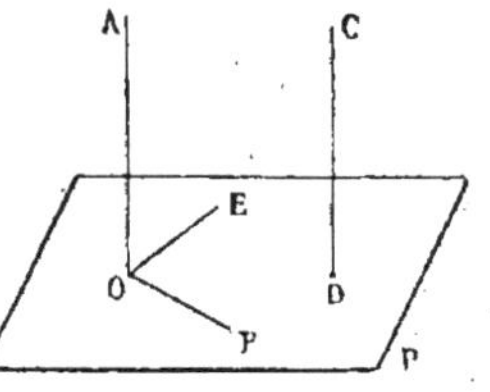

Il n'y a qu'un seul plan, car, si par O passaient deux plans perpendiculaires à CD, ils seraient aussi perpendiculaires à sa parallèle AO (317), ce qui est impossible d'après la première partie.

319. Théorème. — *Par un point on peut mener une perpendiculaire à un plan et une seule.*

1° *Le point est dans le plan.*

Soit le plan P et le point O pris dans ce plan.

Démontrons d'abord que, par ce point, on peut mener
une perpendiculaire au
plan P.

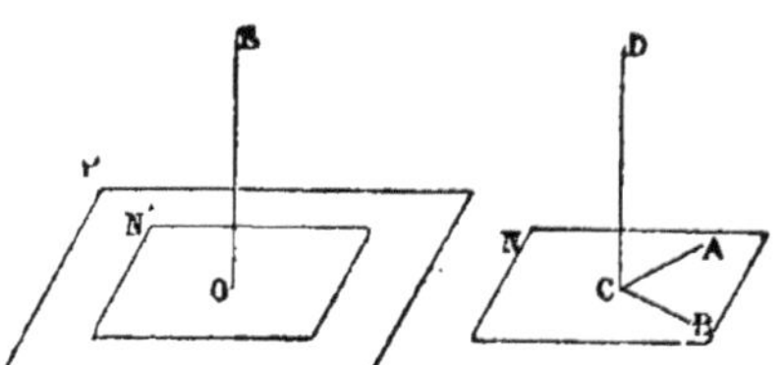

Prenons une droite
quelconque CD et par
le point C menons-lui
le plan perpendiculaire
N (318). Transportons
le plan N sur le plan P, de façon que le point C tombe en O,
la droite CD prend la position OE qui, par suite, est perpendiculaire au plan P.

Démontrons ensuite que par ce point O passe une seule
perpendiculaire au plan P.

Par le point O menons une droite quelconque OF et
menons le plan EOF qui coupe le plan P suivant GH.

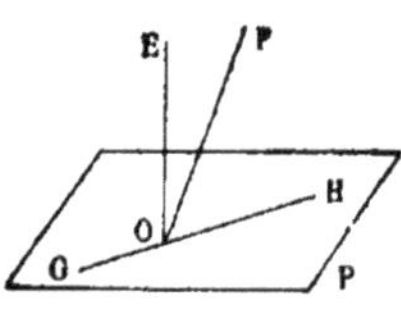

Si OF était perpendiculaire au plan P,
elle serait perpendiculaire à GH (313);
or, OE perpendiculaire au plan P est
perpendiculaire à GH. Nous aurions,
dans le plan EOF, deux perpendiculaires
à GH, ce qui est impossible; donc OF
n'est pas perpendiculaire au plan P, et, par suite, OE est la
seule perpendiculaire menée par O au plan P.

2° *Le point est hors du plan.*

Soit le plan P et le point E pris hors de ce plan.

Démontrons d'abord que par ce point on peut mener une
perpendiculaire au plan P.

Comme précédemment, transportons le plan N sur le
plan P, et faisons-le glisser jusqu'à ce que CD rencontre le
point E. A ce moment, la droite CD occupe la position OE
qui, par suite, est perpendiculaire au plan P.

Démontrons ensuite que par ce point E passe une seule perpendiculaire au plan P.

Par le point E menons une droite quelconque EK et menons le plan EOK qui coupe le plan P suivant OK.

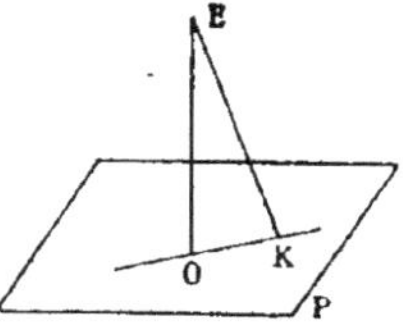

Si EK était perpendiculaire au plan P, elle serait perpendiculaire à OK (313); or, OE perpendiculaire au plan P est perpendiculaire à OK. Nous aurions dans le plan EOK deux perpendiculaires à OK, ce qui est impossible; donc EK n'est pas perpendiculaire au plan P, et, par suite, OE est la seule perpendiculaire menée par E au plan P.

320. Théorème. — *Deux droites perpendiculaires à un même plan sont parallèles.*

Soit les deux droites AB, CD perpendiculaires au plan P. Nous voulons démontrer que ces droites sont parallèles.

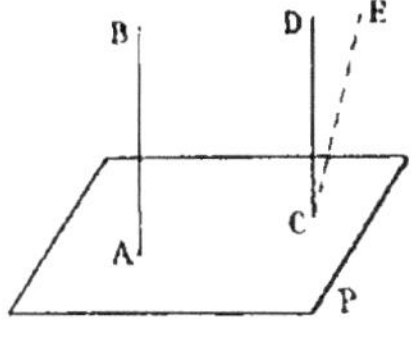

Si CD n'était pas parallèle à AB, nous pourrions par le point C mener CE parallèle à AB. Mais CE serait perpendiculaire au plan P (317). Nous aurions au point C deux perpendiculaires au plan P, ce qui est impossible (319).

Donc CD est parallèle à AB.

321. Théorème des trois perpendiculaires. — *Si du pied O d'une perpendiculaire OA à un plan P, on mène une perpendiculaire OD à une droite quelconque BC de ce plan, toute droite joignant un point quelconque A de OA à D est perpendiculaire à BC.*

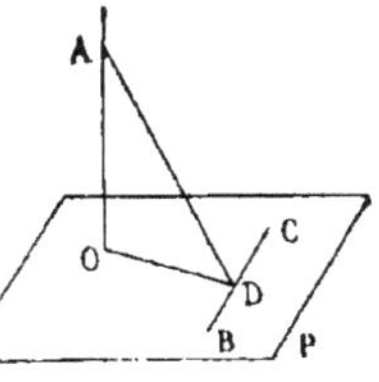

En effet : AO perpendiculaire au plan P est orthogonale à BC; par construction, OD est perpendiculaire à BC. Donc, BC orthogonale aux deux droites OA et OD est perpendiculaire au plan de ces deux droites et, par suite, perpendiculaire à la droite AD de ce plan (314).

322. Théorème. — *Si deux plans sont parallèles, toute droite perpendiculaire à l'un est perpendiculaire à l'autre.*

Soit M et N deux plans parallèles ; menons AB perpendiculaire au plan N.

Nous voulons démontrer que AB est perpendiculaire au plan M.

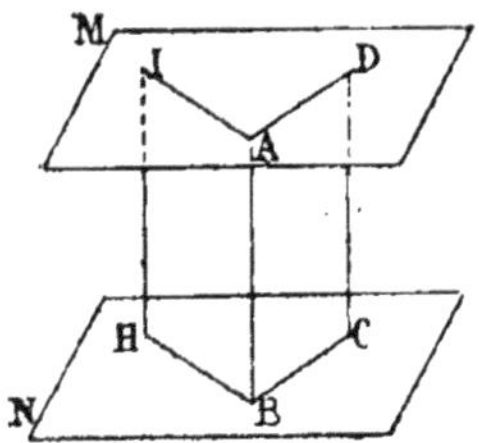

Par AB menons un plan quelconque ; il coupe les plans M et N suivant les droites BC et AD qui sont parallèles (305).

AB perpendiculaire à N est perpendiculaire à BC, et, par suite, perpendiculaire à AD parallèle à BC.

Menons par AB un second plan, nous démontrerions de même que AB est perpendiculaire à AI.

Donc, AB perpendiculaire aux deux droites AD et AI du plan M est perpendiculaire à ce plan (316).

323. Théorème. — *Deux plans perpendiculaires à une même droite sont parallèles.*

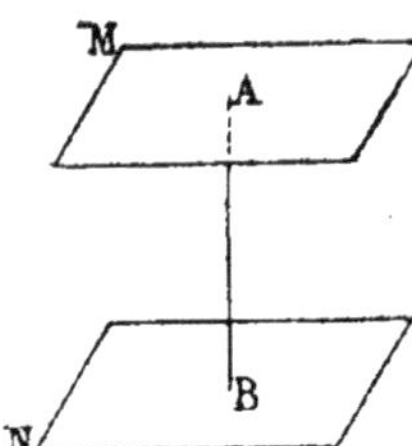

Soit les deux plans M et N perpendiculaires à AB.

Ces plans sont parallèles, car, s'ils se rencontraient par un point de leur intersection, nous aurions deux plans perpendiculaires à AB, ce qui est impossible (318).

324. Théorème. — *Une droite et un plan perpendiculaire à une même droite sont parallèles.*

Soit la droite AB et le plan P perpendiculaires à la droite AC.

Nous voulons démontrer que AB et P sont parallèles.

Menons le plan ABC : il coupe le plan P suivant CD, et cette droite est perpendiculaire à AC.

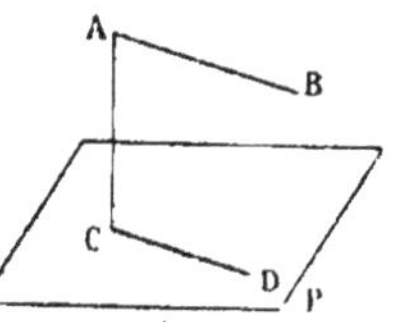

CD et AB, situées, par construction, dans le même plan et perpendiculaires à AC, sont parallèles.

Donc, AB parallèle à la droite CD du plan P, est parallèle à ce plan (298).

325. Théorème. — *Si d'un point pris hors d'un plan on mène la perpendiculaire et différentes obliques :*

1° *La perpendiculaire est plus courte que toute oblique ;*

2° *Deux obliques, qui s'écartent également du pied de la perpendiculaire, sont égales ;*

3° *De deux obliques qui s'écartent inégalement du pied de la perpendiculaire, celle qui s'en écarte le plus est la plus grande.*

1° Soit le plan P : la perpendiculaire AO à ce plan et l'oblique AB.

Nous voulons démontrer que

$$AO < AB$$

Joignons OB. La droite OA est perpendiculaire sur OB ; nous sommes ramenés au théorème de la géométrie plane (71).

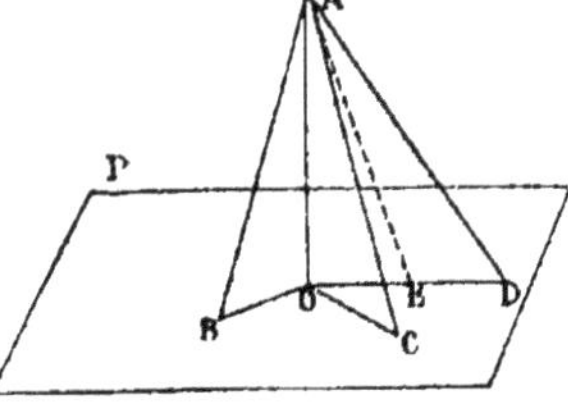

2° Prenons $OB = OC$. nous obtenons deux obliques AB et AC, qui s'écartent également du pied O de la perpendiculaire.

Nous voulons démontrer que

$$AB = AC$$

Les deux triangles AOB et AOC sont égaux, car :

$$\widehat{AOB} = \widehat{AOC} \qquad \text{comme angles droits ;}$$

$$AO \qquad \text{est commun ;}$$

$$OB = OC \qquad \text{par construction.}$$

Donc $\qquad AB = AC$

3° Prenons $\qquad OD > OB$.

nous obtenons deux obliques qui s'écartent inégalement du pied de la perpendiculaire.

Nous voulons démontrer que

$$AD > AB$$

Prenons $\qquad OE = OB$.

$AE = AB$ $\qquad$ d'après la seconde partie;

$AD > AE$ $\qquad$ d'après la géométrie plane (72);

donc $\qquad AD > AB$.

326. Conséquence. — Distance d'un point à un plan.

Si nous nous reportons à la signification générale du mot *distance* (62), la première partie du théorème précédent montre que :

Le segment de perpendiculaire mené d'un point à un plan est la distance du point au plan.

327. Théorème. — *Une droite et un plan parallèle sont partout équidistants.*

Soit la droite AB parallèle au plan P. Menons de deux points quelconques C et E de AB des perpendiculaires à P. Ces perpendiculaires mesurent la distance des points C et E au plan P (326).

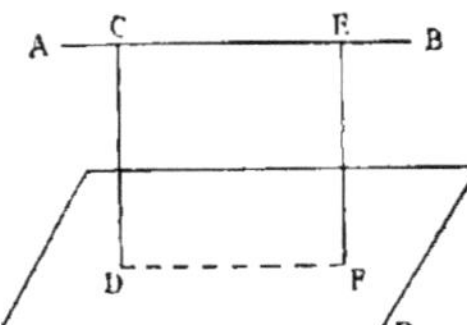

Nous voulons démontrer que

$$CD = EF$$

Les droites CD et EF perpendiculaires au plan P sont parallèles (320).

Menons le plan CDEF; il coupe le plan P suivant DF parallèle à AB (299). La figure DCEF est un rectangle; donc,

$$CD = EF$$

328. Théorème. — *Deux plans parallèles sont partout équidistants.*

Soit deux plans parallèles P et Q.

De deux points quelconques A et B du plan P, menons les perpendiculaires au plan Q.

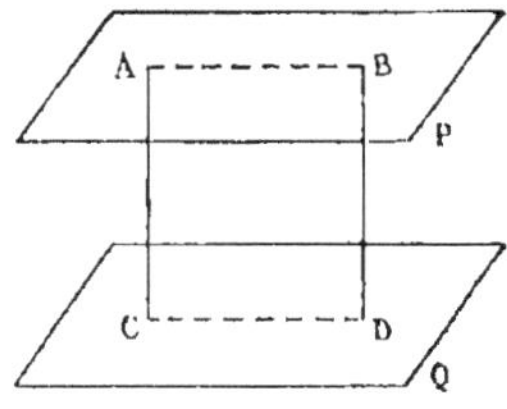

Nous voulons démontrer que

$$AC = BD$$

AC et BD perpendiculaires au plan Q sont parallèles (326).

Menons le plan ABCD ; il coupe les plans P et Q suivant des parallèles AB et CD (320). La figure ABCD est un rectangle, donc :

$$AC = BD$$

§ III. — ANGLES DIÈDRES.
PLANS PERPENDICULAIRES

329. Demi-plan. — Un *demi-plan* est un plan limité à une droite de sa surface.

330. Angle dièdre. — Un *angle dièdre*, ou simplement un *dièdre*, est la figure formée par deux demi-plans issus d'une même droite.

Cette droite commune est l'*arête* du dièdre.

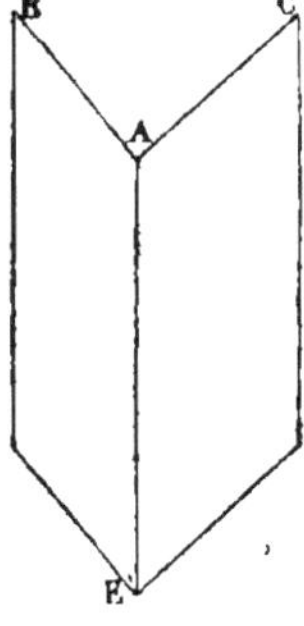

Les demi-plans forment les *faces* du dièdre.

Nous *désignerons* un dièdre par :

1° les deux lettres de son arête ;

2° les deux lettres de son arête et une lettre prise dans chaque face.

Les deux lettres désignant l'arête se nomment entre chacune des lettres désignant les faces.

Exemple : Nous dirons le dièdre AE ; ou encore le dièdre DAEC.

Remarque. — L'arête AE est la seule droite qui existe réellement ; les autres droites ne sont que les lignes *représentatives* des plans.

331. Dièdres opposés par l'arête. — Deux angles dièdres sont *opposés par l'arête* lorsque les faces de l'un sont les prolongements des faces de l'autre.

332. Dièdres adjacents. — Deux angles dièdres sont *adjacents*, lorsqu'ils ont *même arête, une face commune*, et s'ils sont situés *de part et d'autre* de la face commune.

333. Plans perpendiculaires. — Un demi-plan est *perpendiculaire* sur un plan lorsqu'il forme avec celui-ci deux dièdres adjacents *égaux* (voir 312).

334. Dièdre droit. — Un dièdre est droit lorsqu'une de ses faces est perpendiculaire sur l'autre.

335. Angle plan. — L'*angle plan* d'un dièdre est formé par les perpendiculaires, en un point de l'arête, menées dans chacune des faces.

Nous pouvons ainsi dire que l'angle plan d'un dièdre est la section de ce dièdre par un plan perpendiculaire à l'arête (316).

336. Théorème. — *Tous les angles plans d'un même dièdre sont égaux.*

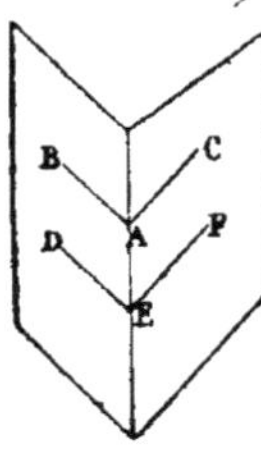

Soit le dièdre AE ; par deux points quelconques A et E de son arête, menons AB et ED perpendiculaires à cette arête dans une face, et AC et EF perpendiculaires à l'arête dans l'autre face.

Nous voulons démontrer que

$$DEF = BAC$$

AB et DE sont, par construction, dans le même plan et

perpendiculaires à l'arête AE ; elles sont donc parallèles et de même sens.

De même, EF et AC sont parallèles et de même sens.

Les deux angles DEF et BAC, ayant leurs côtés parallèles et de même sens, sont égaux (304).

337. Théorème. — *Deux dièdres égaux ont leurs angles plans égaux et réciproquement.*

Soit les dièdres égaux AC et FG. Traçons leurs angles plans BAD et EFH.

Nous voulons démontrer que

$$BAD = EFH$$

Transportons le dièdre FG sur le dièdre AC, de façon que le demi-plan E coïncide avec le demi-plan B, l'arête FG coïncidant avec AC et le point F tombant au point A.

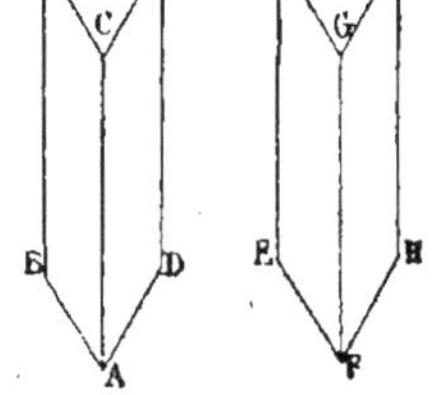

Les dièdres étant égaux par hypothèse, le demi-plan H coïncide avec le demi-plan D.

AB et EF, d'une part, AD et FH, d'autre part, sont alors des perpendiculaires menées par un même point à une même droite dans un même demi-plan ; donc ces droites coïncident deux à deux. Par suite :

$$BAD = EFH$$

338. Réciproquement. — Si les angles plans BAD et EFH sont égaux, les dièdres AC et FG sont égaux.

En effet, transportons le dièdre GF sur le dièdre AC, de façon que EFH coïncide avec son égal BAD.

FG et AC sont alors perpendiculaires au même plan BAD en un même point A ; donc elles coïncident (319).

Les plans B et E ayant deux droites FG et AC, d'une part, et EF et AB, d'autre part, qui coïncident, coïncident aussi.

Il en est de même pour les plans H et D.

Donc les dièdres FG et AC sont égaux.

339. Théorème. — *Le rapport de deux angles dièdres est égal au rapport de leurs angles plans.*

Soit les deux dièdres BC et GH. Traçons leurs angles plans DCE et IHK.

Nous voulons démontrer que

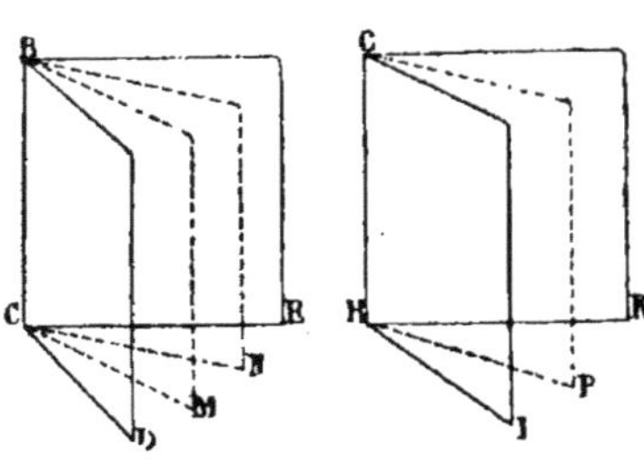

$$\frac{BC}{GH} = \frac{DCE}{IHK}$$

Supposons que les angles plans aient une commune mesure, comprise trois fois dans DCE et deux fois dans IHK :

$$\frac{DCE}{IHK} = \frac{3}{2}$$

Menons des plans passant par les droites de division et les arêtes.

Nous décomposons le dièdre BC en trois dièdres partiels, et le dièdre H en deux.

Tous ces dièdres partiels sont égaux. En effet le dièdre DBCM a pour angle plan l'angle DCM, car CD et CM sont deux droites du plan DCE qui est perpendiculaire à BC; nous démontrerions de même que les autres dièdres admettent pour angles plans les angles égaux formés dans DCE et dans IHK. Les angles plans étant égaux, les dièdres partiels sont égaux (338).

Donc : $\dfrac{BC}{GH} = \dfrac{3}{2}$

et par suite $\dfrac{BC}{GH} = \dfrac{DCE}{IHK}$

340. Théorème. — *L'angle dièdre a même mesure que son angle plan, à la condition de prendre pour unité d'angle dièdre le dièdre correspondant à l'unité d'angle plan.*

Reprenons l'égalité précédente :

$$\frac{BC}{GH} = \frac{DCE}{IHK}$$

Si IHK est l'unité d'angle, nous avons (155) :

$$\frac{DCE}{IHK} = mes.\ DCE$$

Si nous prenons le dièdre GH correspondant à IHK pour unité d'angle dièdre, nous avons (155) :

$$\frac{BC}{GH} = mes.\ BC$$

donc, *dans ces conditions* :

$$mes.\ BC = mes.\ DCE$$

341. Théorème. — *Deux dièdres opposés par l'arête sont égaux.*

Soit les deux dièdres EABC et DABF qui sont opposés par l'arête.

Nous voulons démontrer que

$$EABC = DABF$$

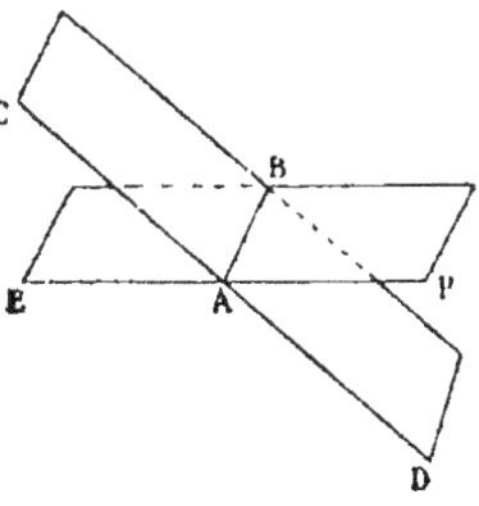

Traçons les angles plans EAC et DAF de ces dièdres.

AC et AD tracés dans le même plan perpendiculairement à AB sont le prolongement l'une de l'autre. De même AF et le prolongement de AE. Donc :

$$EAC = DAF$$

Les angles plans étant égaux, les dièdres sont aussi égaux (338).

342. Théorème. — *Lorsqu'une droite est perpendiculaire à un plan, tout demi-plan passant par la droite est perpendiculaire au plan donné.*

Soit la droite AO perpendiculaire au plan P ; par cette droite faisons passer un plan Q.

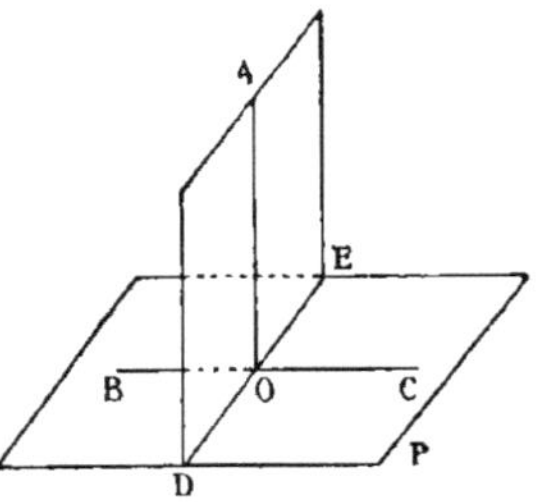

Nous voulons démontrer que P et Q sont perpendiculaires (333).

Par le pied O de la perpendiculaire AO, menons à l'intersection DE et dans le plan P la perpendiculaire BC. Nous savons que AO est perpendiculaire à BC (313), d'où :

$$AOB = AOC$$

Mais, par construction, ces angles sont les angles plans des deux dièdres formés par P et Q, donc des dièdres sont égaux, et le plan Q est perpendiculaire sur le plan P.

343. Conséquence. — De ce théorème il résulte que ·

L'angle plan d'un angle dièdre droit est un angle droit.

Donc, dans les mesures (340), si nous prenons pour unité d'angle l'*angle droit*, nous devrons prendre pour unité de dièdre le *dièdre droit*.

344. Théorème. — *Par une droite située dans un plan passe un demi-plan perpendiculaire au plan donné, et il en passe un seul.*

Soit le plan P, la droite AB de ce plan ; par un point O de AB menons la perpendiculaire OC au plan P, menons le plan Q passant par les droites AB et OC. Ce plan Q est perpendiculaire au plan P (342).

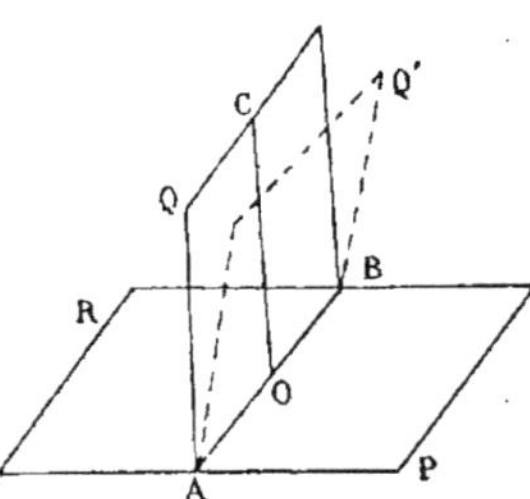

Tout plan Q′ autre que Q, passant par AB n'est pas perpendiculaire au plan P.

En effet :

$$RABQ' = RABQ + QABQ' = 1 \text{ dr.} + QABQ'$$
$$PABQ' = PABQ - QABQ' = 1 \text{ dr.} - QABQ'$$

donc   RABQ′ > PABQ′

Ces dièdres étant inégaux, Q′ n'est pas perpendiculaire sur P.

346. Théorème. — *Tous les dièdres droits sont égaux.*

En effet, si deux dièdres sont droits, leurs angles plans sont droits (343) et, par suite, égaux. Donc les dièdres droits sont égaux (338).

347. Théorème. — *Un plan et un demi-plan forment deux dièdres adjacents qui sont supplémentaires.*

En effet, si nous formons les angles plans de ces dièdres, ces angles plans ont une somme qui vaut deux droits ; donc les dièdres ont aussi une somme valant deux droits (340).

348. Théorème. — *Lorsque deux plans sont perpendiculaires, toute perpendiculaire menée dans l'un à l'intersection est perpendiculaire au second plan.*

Soit les deux plans perpendiculaires P et N. Menons AC perpendiculaire à l'intersection ED.

Nous voulons démontrer que AC est perpendiculaire au plan N.

Menons CB perpendiculaire à ED dans le plan N.

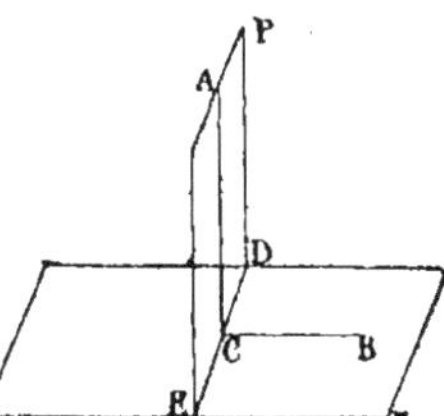

ACB est, par construction, l'angle plan du dièdre PEDN.

PEDN étant droit, par hypothèse, son angle plan ACB est droit. Par suite, AC est perpendiculaire à BC, et comme, par construction, AC est perpendiculaire à ED, il en résulte que AC est perpendiculaire au plan N (316).

349. Théorème. — *Lorsque deux plans sont perpendiculaires, toute perpendiculaire menée d'un point de l'un sur l'autre est située dans le premier plan.*

Soit les deux plans perpendiculaires P et N. D'un point A du plan P menons la perpendiculaire au plan N.

Nous voulons démontrer que cette perpendiculaire est dans le plan P.

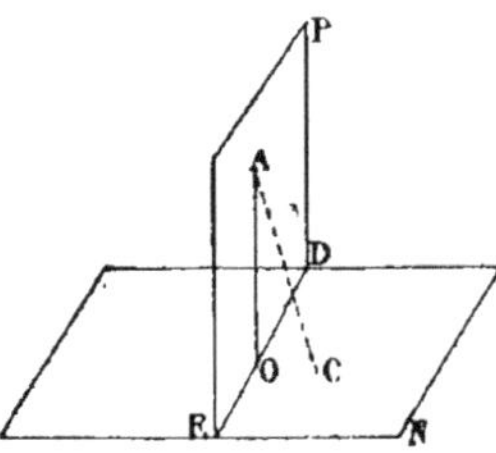

Supposons que cette perpendiculaire AC soit hors du plan P ; du point A, menons AO perpendiculaire à DE, AO est perpendiculaire au plan N (348). Nous aurions donc du point A deux perpendiculaires au plan N, ce qui est impossible (319).

Donc nous avons eu tort de supposer que AC était hors du plan P.

350. Théorème. — *Lorsque deux plans sont perpendiculaires à un troisième, leur intersection est perpendiculaire à ce troisième.*

Soit les deux plans P et R perpendiculaires au plan M.

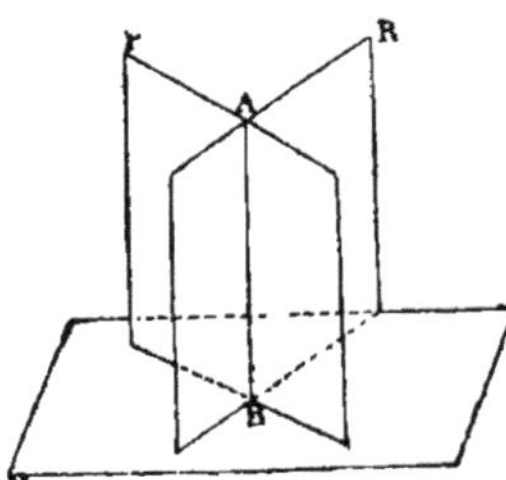

Nous voulons démontrer que leur intersection AB est perpendiculaire au plan M.

Si d'un point quelconque A de l'intersection AB nous menons la perpendiculaire au plan M, cette perpendiculaire est à la fois dans les plans P et R (349). Donc elle se confond avec l'intersection AB qui est perpendiculaire au plan M.

§ IV. — ANGLES TRIÈDRES ET POLYÈDRES

351. Angle polyèdre. — Un *angle polyèdre* est la figure formée par plusieurs plans passant par un même point et se coupant deux à deux, ces plans étant limités à leurs intersections.

Ces intersections sont les *arêtes* de l'angle polyèdre.

La partie de chaque plan limité par les arêtes est une *face*.

Le point commun à tous les plans est le *sommet*.

352. Angle polyèdre convexe. — Un angle polyèdre est *convexe*, si le plan de chaque face laisse le polyèdre **du** même côté de ce plan.

353. Angle trièdre. — Un *angle trièdre* ou simplement un *trièdre*, est un angle polyèdre qui **a** trois faces.

Nous *désignerons* un polyèdre par la lettre du sommet suivi d'une lettre placée sur chaque arête.

Exemple : Nous dirons le trièdre SABC.

354. Théorème. — *Dans un trièdre :*

$1°$ *Une face quelconque est plus petite que la somme des deux autres.*

$2°$ *Une face quelconque est plus grande que leur différence.*

$1°$ Soit le trièdre SABC. Il est utile de démontrer la première partie du théorème seulement pour la plus grande face ASC.

Démontrons que : $\quad ASC < ASB + BSB$

Dans la face ASC menons une droite SD telle que :

$$\widehat{ASD} = \widehat{ASB}$$

Menons une droite AC coupant les trois droites SA, SC, SD, et prenons :

$$SB = SD$$

Les deux triangles ASD et ASB sont égaux, car :

$$AS \qquad \text{est commun ;}$$

$$\left.\begin{array}{l} SB = SD \\ \widehat{ASD} = \widehat{ASB} \end{array}\right\} \text{ par construction ;}$$

donc $\qquad AD = AB$

Dans le triangle ABC, nous avons :

$$AC - AB < BC$$

ou, à cause de l'égalité précédente :

$$DC < BC$$

Les deux triangles SDC et SBC ont deux côtés égaux :

SC   commun ;   SB = SD   .   par construction ;

et les troisièmes côtés inégaux d'après l'inégalité qui précède. Donc (54) :

$$\widehat{DSC} < \widehat{BSC}$$

Ajoutons $\widehat{ASD}$ au premier membre, et son égal $\widehat{ASB}$ au second.

$$\widehat{ASD} + \widehat{DSC} < \widehat{ASB} + \widehat{BSC}$$

ou
$$\widehat{ASC} < \widehat{ASB} + \widehat{BSC}$$

2° D'après la première partie nous avons :

$$\widehat{ASC} < \widehat{ASB} + \widehat{BSC}$$
$$\widehat{ASB} < \widehat{ASC} + \widehat{BSC}$$
$$\widehat{BSC} < \widehat{ASC} + \widehat{ASB}$$

Faisons passer un terme du second membre dans le premier, et renversons l'ordre de chaque inégalité :

$$\widehat{ASB} > \widehat{ASC} - \widehat{BSC}$$
$$\widehat{BSC} > \widehat{ASB} - \widehat{ASC}$$
$$\widehat{ASC} > \widehat{BSC} - \widehat{ASB}$$

355. Théorème. — *La somme des faces d'un polyèdre convexe est plus petite que quatre droits.*

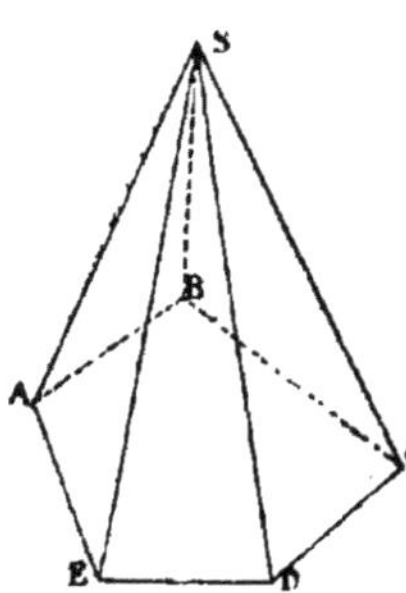

Soit l'angle polyèdre convexe SABCDE. Menons un plan coupant toutes les arêtes. Considérons tous les trièdres de sommets A, B, C, D, E.

$$EAB < EAS + BAS$$
$$ABC < ABS + CBS$$
$$CDE < CDS + EDS$$
$$DEA < DES + AES$$

Appelons S la somme des faces du polyèdre, T la somme des angles à la base des triangles, B la somme des angles du polygone ABCDE, n le nombre des côtés de ce polygone, c'est aussi celui des faces de l'angle polyèdre.

Ajoutons les inégalités précédentes nous obtenons :

$$B < T$$

Comme nous avons n triangles latéraux, la somme de tous les angles de ces triangles S + T vaut autant de fois deux droits qu'il y a de côtés :

$$S + T = 2\,n \qquad \text{ou} \qquad T = 2\,n - S$$

d'ailleurs (98) $B = 2\,(n - 2) = 2\,n - 4$

Substituant dans l'inégalité :

$$2\,n - 4 < 2\,n - S$$

Faisons passer S dans le premier membre et $2\,n - 4$ dans le second :

$$S < 4 \text{ dr.}$$

LIVRE VI

§ I. — PRISME

356. Prisme. — Un *prisme* est le volume limité par deux polygones égaux dont les côtés sont parallèles ; les côtés parallèles sont reliés par des parallélogrammes.

Les deux polygones, dont les plans sont parallèles, sont les *bases* du prisme ; les parallélogrammes qui les joignent forment les *faces latérales*.

Les *arêtes* sont les droites qui joignent les sommets identiques des deux bases.

D'après la définition du prisme, toutes les arêtes sont égales et parallèles.

La *hauteur* est la distance des plans des deux bases.

357. Prisme droit. — Un prisme est *droit* lorsque ses arêtes sont perpendiculaires aux bases.

Les faces latérales sont des rectangles.

Pour ces prismes, *seulement*, la hauteur est égale à l'arête.

358. Prisme triangulaire. — Un *prisme triangulaire* a pour base un triangle.

359. Parallélépipède. — Un *parallélépipède* (ou *parallélipipède*) est un prisme qui a pour base un parallélogramme.

Toutes les faces d'un parallélépipède sont donc des parallélogrammes.

360. Parallélépipède droit. — Un parallélépipède est *droit* lorsque ses arêtes sont perpendiculaires à la base.

Par suite, les bases sont des parallélogrammes quelconques et les faces latérales sont des rectangles.

361. Parallélépipède rectangle. — Un parallélépipède est *rectangle* lorsque, simultanément, il est *droit* et que ses *bases sont des rectangles*.

Toutes les faces d'un parallélépipède rectangle sont donc des rectangles.

362. Cube. — Un *cube* est un parallélépipède rectangle dont trois arêtes issues d'un même sommet sont égales.

Il résulte de cette définition que :

1º toutes les arêtes d'un cube sont égales ;

2º toutes les faces d'un cube sont des carrés égaux.

363. Section droite. — La *section droite* d'un prisme est obtenue en coupant ce prisme par un plan perpendiculaire aux arêtes.

364. Théorème — *Les faces opposées d'un parallélépipède sont égales et parallèles.*

Soit le parallélépipède ABCDEFGH.

Nous voulons démontrer que les deux faces latérales ABEF et DCGH sont égales et parallèles.

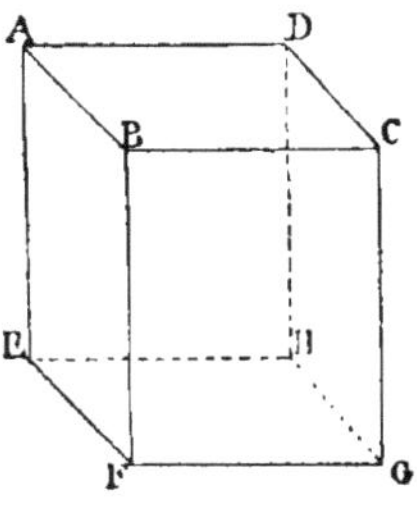

Les arêtes AB et CD sont parallèles et égales comme arêtes opposées du parallélogramme ABCD.

Pour une raison analogue, nous démontrerions que

BF et CG, EF et GH, EA et DH sont égales et parallèles.

Les deux faces ABEF et DCGH ayant tous leurs côtés parallèles ont leurs angles égaux (304) et, comme les côtés comprenant les angles égaux sont égaux, ces faces sont égales.

Les plans de ces faces contenant des angles ayant leurs côtés parallèles sont parallèles (304).

365. Conséquence. — De ce théorème et de la définition du prisme il résulte que :

Dans un parallélépipède une face quelconque peut être prise pour base.

366. Théorème. — *Les sections d'un prisme par des plans parallèles sont des polygones égaux.*

Coupons un prisme par deux plans parallèles.

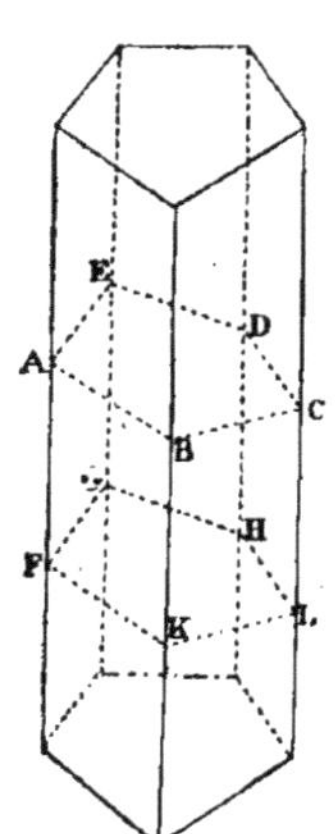

Nous voulons démontrer que les sections ABCDE et FGHLK sont égales.

Les droites AB et FK sont parallèles comme intersections de plans parallèles, par construction, et d'une face du prisme ; de plus, elles sont égales comme comprises entre deux arêtes du prisme, droites qui sont parallèles.

Nous démontrerions de même que tous les côtés des sections sont deux à deux égaux et parallèles.

Ces deux polygones ont leurs angles égaux, puisque les côtés en sont parallèles, et comme les côtés formant ces angles égaux sont aussi égaux, les sections sont égales.

367. Théorème. — *Tout prisme oblique est équivalent à un prisme droit ayant pour base la section droite et pour hauteur l'arête.*

Soit le prisme oblique ABCDEF. Menons une section droite quelconque GHI, prolongeons le prisme et prenons sur AD un point K tel que :

$$GK = AD$$

par le point K menons un plan parallèle au plan GHI

Nous voulons démontrer que le prisme donné et le prisme droit GHIKLM sont équivalents.

Les volumes GHIABC et KLMDEF sont égaux : en effet, d'une part,

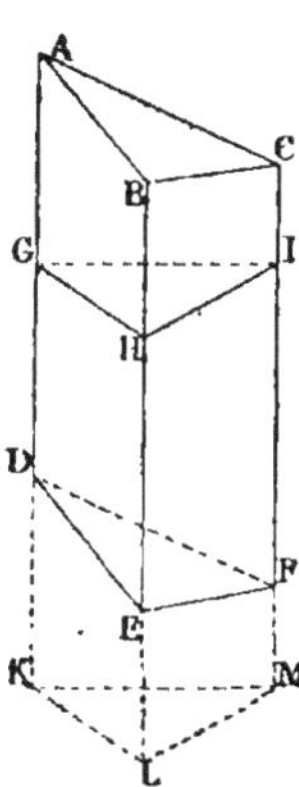

KLM = GHI   comme sections parallèles du prisme ; d'autre part,

AD = BE = CF   comme arêtes du prisme donné ;

GK = HL = IM   comme arêtes du prisme construit, d'où, à cause de la construction :

GK = AD   HL = BE   IM = CF.

De chacune des égalités retranchons les quantités :

GD   HE   IF

il en résulte :

DK = AG   EL = BH   FM = CI

Ces droites étant d'ailleurs perpendiculaires aux plans KLM et GHI, nous pouvons faire coïncider les deux volumes GHIABC et KLMDEF.

Si du volume total nous retranchons KLMDEF, nous trouvons le prisme donné ; si du volume total nous retranchons GHIABC, nous trouvons le prisme droit. Donc ces deux prismes sont équivalents.

368. Théorème. — *Le plan mené par deux arêtes opposées d'un parallélépipède le divise en deux parties équivalentes.*

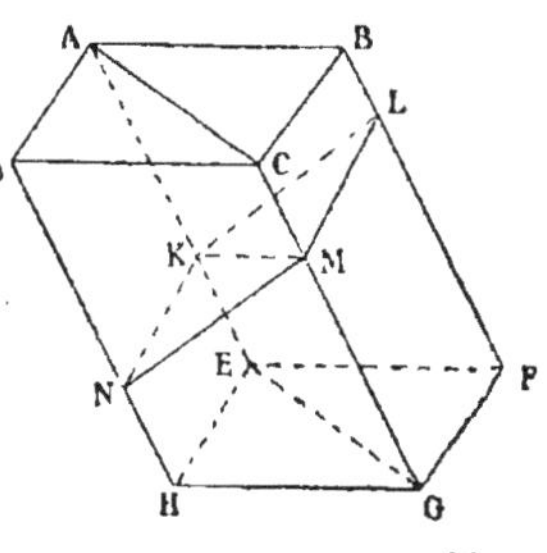

Soit le parallélépipède AB CDEFGH ; menons le plan des deux arêtes opposées AE et CG.

Nous voulons démontrer que les deux prismes triangulaires ADCEGH et ABCEFG sont équivalents.

Menons la section droite KLMN. Cette section est un parallélogramme, car :

KL et NM) sont parallèles comme intersections de plans
ML et NK)   parallèles par le plan de la section droite (305);

par suite, la diagonale KM divise ce parallélogramme en deux triangles égaux.

Le prisme ADCEGH est équivalent au prisme droit de base KMN et de hauteur CG (367).

Le prisme ABCEFH est équivalent au prisme droit de base KML et de hauteur CG (367).

Ces deux prismes droits sont égaux, car ils sont superposables.

Donc, les prismes obliques ADCEGH et ABCEFH sont équivalents.

369. Théorème. — *Deux parallélépipèdes rectangles de même base sont proportionnels à leurs hauteurs.*

Soit deux parallélépipèdes rectangles P et P′ ayant des bases égales et des hauteurs H et H′; désignons par V et V leurs volumes.

Nous voulons démontrer que

$$\frac{V}{V'} = \frac{H}{H'}$$

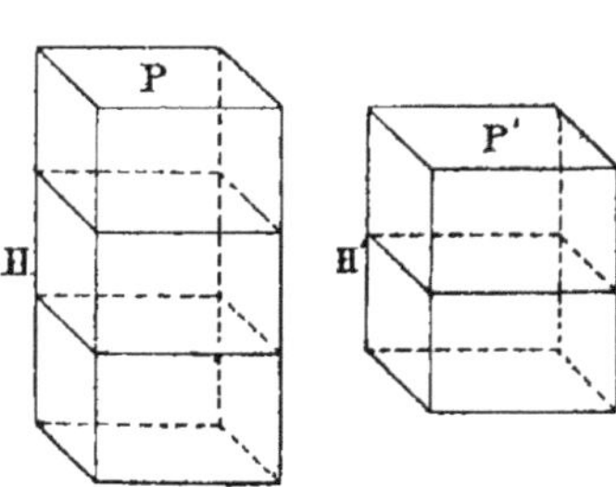

Supposons qu'une commune mesure soit comprise trois fois dans H et deux fois dans H′ :

$$\frac{H}{H'} = \frac{3}{2}$$

Par les points de division menons des plans parallèles aux bases, nous formons cinq parallélépipèdes qui sont égaux, car ils sont superposables, d'où :

$$\frac{V}{V'} = \frac{3}{2}$$

Par suite
$$\frac{V}{V'} = \frac{H}{H'}$$

370. Théorème. — *Deux parallélépièdes rectangles de même hauteur sont proportionnels à leurs bases.*

Soit deux parallélépipèdes rectangles P et P' ayant même hauteur H, et dont les bases ont pour dimension a et b pour l'un, a' et b' pour l'autre ; désignons par V et V' leurs volumes.

Nous voulons démontrer que

$$\frac{V}{V'} = \frac{ab}{a'b'}$$

Construisons un parallélépipède auxiliaire P″ ayant même hauteur H que les parallélépipèdes donnés, mais empruntant une des dimensions de sa base a' à P' et l'autre b à P.

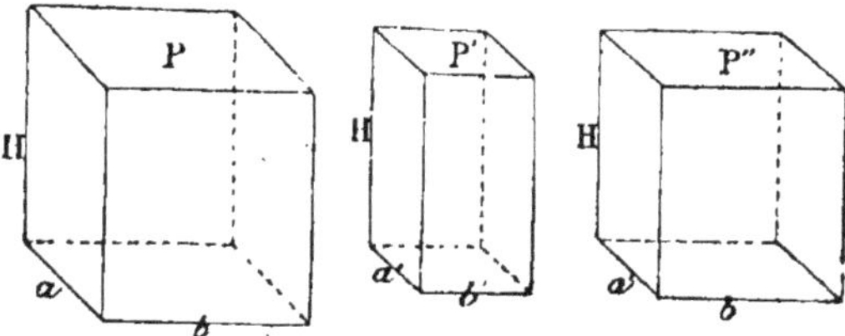

Comparons P et P″ ; nous pouvons dire (365) qu'ils ont même base et des hauteurs a et a', donc (369)

$$\frac{V}{V''} = \frac{a}{a'}$$

Comparons P″ et P ; nous pouvons dire (365) qu'ils ont même base et des hauteurs b et b', donc (369)

$$\frac{V''}{V} = \frac{b}{b'}$$

Multipliant membre à membre les deux proportions :

$$\frac{VV''}{V'V''} = \frac{ab}{a'b'}$$

ou
$$\frac{V}{V'} = \frac{ab}{a'b'}$$

371. Théorème. — *Deux parallélépidèdes rectangles sont proportionnels au produit de leurs trois dimensions.*

Soit deux parallélépipèdes rectangles P et P′ de dimensions a, b et H pour l'un et a', b' et H′ pour l'autre. Désignons par V et V′ leurs volumes.

Nous voulons démontrer que

$$\frac{V}{V'} = \frac{abH}{a'b'H'}$$

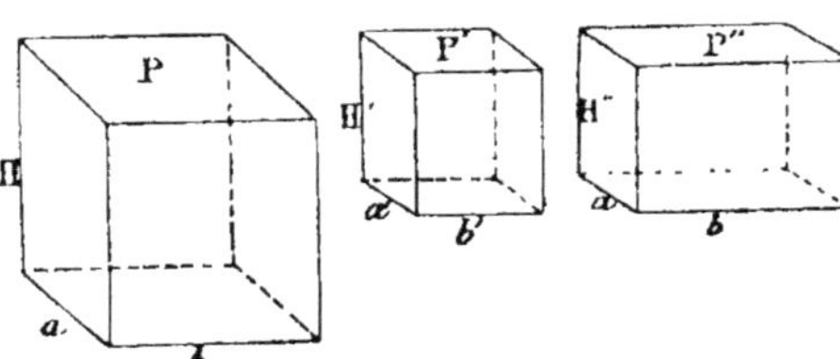

Construisons un parallélépipède auxiliaire P″ empruntant à P sa base de dimensions a et b et à P′ sa hauteur H.

Comparons P et P″, ils ont même base, donc (369) :

$$\frac{V}{V''} = \frac{H}{H'}$$

Comparons P″ et P′, ils ont même hauteur, donc (370) :

$$\frac{V''}{V'} = \frac{ab}{a'b'}$$

Multiplions membre à membre ces deux proportions :

$$\frac{VV''}{V'V''} = \frac{abH}{a'b'H'}$$

ou :
$$\frac{V}{V} = \frac{abH}{a'b'H'}$$

372. Théorème. — *Le volume d'un parallélépipède rectangle est égal au produit de ses trois dimensions, à la condition de prendre pour unité de volume le cube ayant pour arête l'unité de longueur.*

Reprenons l'égalité démontrée dans le théorème précédent, nous pouvons l'écrire :

$$\frac{V}{V'} = \frac{a}{a'} \times \frac{b}{b'} \times \frac{H}{H'}$$

Si V' est le cube construit sur l'unité de longueur, a', b' et H' sont égales à l'unité de longueur, par suite (155) :

$$\frac{a}{a'} = mes.\ a \qquad \frac{b}{b'} = mes.\ b \qquad \frac{H}{H'} = mes.\ H$$

Si nous convenons de prendre V' pour unité de volume, nous avons :

$$\frac{V}{V'} = mes.\ V$$

d'où $\qquad mes.\ V = mes.\ a \times mes.\ b \times mes.\ H$

373. Remarque. — D'après la démonstration, nous voyons que l'énoncé correct du théorème précédent serait :

Le nombre qui mesure le volume d'un parallélépipède rectangle est égal au produit des trois nombres qui mesurent ses trois dimensions.

Il est convenu, par abréviation, de supprimer l'expression *nombre qui mesure* dans tous les théorèmes sur les mesures.

Par suite, nous écrirons :

$$V = abH$$

374. Théorème. — *Le volume d'un parallélépipède droit est égal au produit de sa base par sa hauteur.*

Soit le parallélépipède droit ABCDEFGH, désignons par V son volume, par B la surface de sa base et par H sa hauteur.

Nous voulons démontrer que

$$V = B \times H$$

Par le point D de l'arête DC menons la section droite DIKH du parallélépipède.

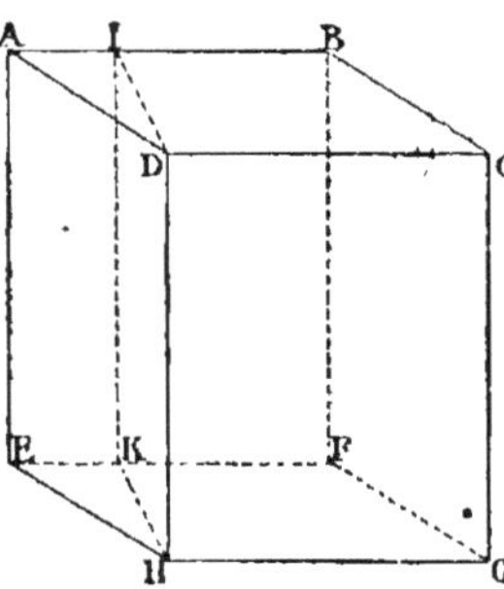

Le pàrallélépipède donné est équivalent au parallélépipède rectangle de base DIHK et de hauteur HG (367).

Donc
$$V = HG \times KH \times DH$$

Or, KH étant perpendiculaire à HG (367), KH est la hauteur du parallélogramme EFGH, donc :
$$B = HG \times KH$$

or (357)
$$DH = H$$

donc
$$V = B \times H$$

375. Théorème. — *Le volume d'un parallélépipède est égal au produit de sa base par sa hauteur.*

Soit le parallélépipède ABCDEFGH ; désignons par V son volume, par B la surface de sa base et par H sa hauteur.

Nous voulons démontrer que :

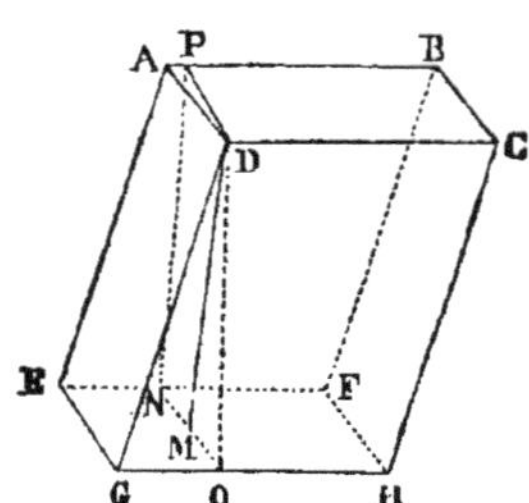

$$V = B \times H$$

Par un point D de l'arête DC menons la section droite DONP du parallélépipède. Le parallélépipède donné est équivalent au parallélépipède droit de base DONP et de hauteur GH.

Si du point D nous menons DM perpendiculaire sur NO, d'une part, cette droite est la hauteur du parallélogramme DONP, d'autre part, elle est perpendiculaire au plan EFGH (348) et par suite, est la hauteur H du parallélépipède donné. Donc :
$$V = NO \times H \times GH$$

Or, NO est perpendiculaire à GH, c'est donc la hauteur du parallélogramme EFGH, et par suite :
$$NO \times GH = \mathbf{B}$$

d'où
$$V = B \times H$$

376. Théorème. — *Le volume d'un prisme est égal au produit de sa base par sa hauteur.*

1° *Prisme triangulaire.*

Soit le prisme triangulaire ABDEFGH. Désignons par V son volume, par B la surface de sa base et par H sa hauteur.

Nous voulons démontrer que

$$V = B \times H$$

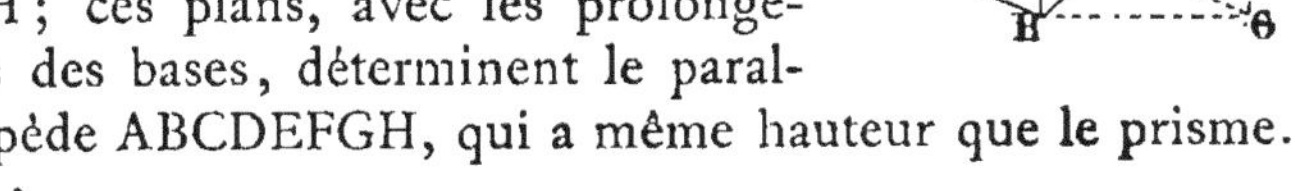

Menons par HD le plan parallèle à ABFE et par BF le plan parallèle à ADEH ; ces plans, avec les prolongements des bases, déterminent le parallélépipède ABCDEFGH, qui a même hauteur que le prisme. Donc :

$$ABCDEFGH = EFGH \times H$$

Or, ABCDEFGH est le double du prisme ABDEFH (368), et EFGH est le double de la base EFH ou B du prisme ;

d'où $$2\,V = 2\,B \times H$$

donc $$V = B \times H$$

2° *Prisme quelconque.*

Par l'arête EK et les arêtes non consécutives BG et CH, menons des plans, nous décomposons le prisme donné en prismes triangulaires de même hauteur :

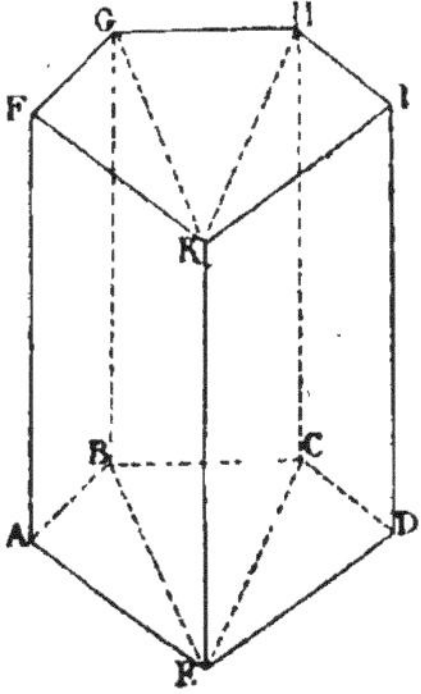

$$ABEFGK = ABE \times H$$
$$BECGHK = BEC \times H$$
$$CEDHKI = CED \times H$$

Ajoutons membre à membre ces égalités :

$$V = (ABE + BEC + CED)\,H$$

ou $$V = B \times H$$

Remarque. — Rappelons que pour le prisme droit *seul* l'arête est égale à la hauteur.

377. Théorème. — *Le volume d'un prisme est égal au produit de sa section droite par son arête.*

En effet, tout prisme est équivalent au prisme droit ayant pour base la section droite et pour hauteur l'arête, et ce dernier prisme a pour volume le produit de sa base par son arête.

§ II. — PYRAMIDE

378. Pyramide. — Une *pyramide* est le volume limité par un polygone quelconque et par des triangles ayant un sommet commun et pour bases les côtés du polygone donné.

Le polygone donné est la *base* de la pyramide.

Les triangles sont les *faces latérales*.

Le sommet commun est le *sommet* de la pyramide.

Les côtés issus des sommets sont les *arêtes* de la pyramide.

La *hauteur* est la distance du sommet au plan de base.

379. Pyramide régulière. — Une pyramide régulière a pour base un polygone régulier, et le pied de la hauteur coïncide avec le centre de la base.

Par suite, dans une pyramide régulière, toutes les arêtes latérales sont égales, et les faces latérales sont des triangles isocèles égaux.

L'*apothème* d'une pyramide régulière est la hauteur commune à toutes les faces latérales.

380. Tronc de pyramide. — Un *tronc de pyramide* est le volume compris entre la base d'une pyramide et un plan sécant parallèle à la base.

La base de la pyramide primitive et la section forment les *deux bases* du tronc de pyramide.

La *hauteur* d'un tronc de pyramide est la distance des deux plans parallèles des bases.

381. Théorème. — *Si l'on coupe une pyramide par un plan parallèle à la base :*

1° *Les arêtes et la hauteur sont partagées en parties proportionnelles ;*

2° *La section est semblable à la base ;*

3° *Les surfaces de la section et de la base sont proportionnelles aux carrés de leurs distances au sommet.*

Soit la pyramide SABCD; coupons-la par un plan parallèle à la base.

1° Nous voulons démontrer que

$$\frac{Sa}{SA} = \frac{Sb}{SB} = \frac{Sc}{SC} = \frac{Sd}{SD} = \frac{Sm}{SM}$$

Les droites *ab, bc, cd, da, am* sont respectivement parallèles à AB, BC, CD, DA, AM comme intersection de plans parallèles par un troisième plan (305). Donc (216) :

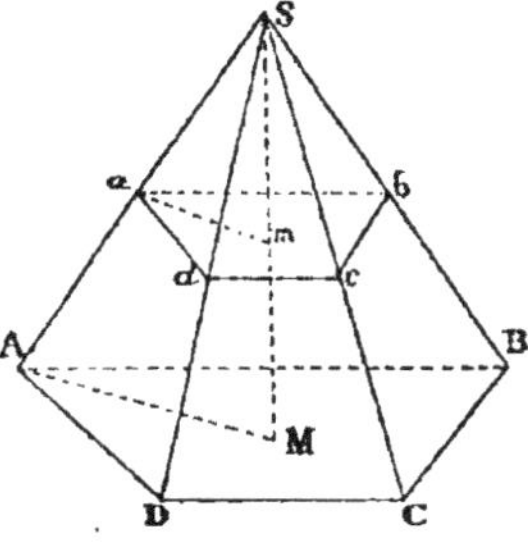

$$\frac{Sa}{SA} = \frac{Sb}{SB} \qquad \frac{Sb}{SB} = \frac{Sc}{SC} \qquad \frac{Sa}{SA} = \frac{Sm}{SM}$$

Ces proportions ayant toutes des rapports communs, les rapports sont tous égaux entre eux.

2° Nous voulons démontrer que *abcd* est semblable à ABCD.

D'une part, les angles de ces deux polygones sont égaux, puisque, d'après la première partie, leurs côtés sont parallèles et de même sens.

D'autre part, les côtés sont proportionnels, *ad* étant parallèle à AD, nous savons que :

$$\frac{ad}{AD} = \frac{Sa}{SA}$$

de même
$$\frac{ab}{AB} = \frac{Sa}{SA}$$

d'où
$$\frac{ab}{\mathrm{AB}} = \frac{ad}{\mathrm{AD}}$$

Nous démontrerions de même la proportionnalité des autres côtés.

3° Nous voulons démontrer que

$$\frac{abcd}{\mathrm{ABCD}} = \frac{\overline{\mathrm{S}m}^2}{\overline{\mathrm{SM}}^2}$$

Les polygones ABCD et *abcd* étant semblables (233), nous avons :

$$\frac{abcd}{\mathrm{ABCD}} = \frac{\overline{ad}^2}{\overline{\mathrm{AD}}^2}$$

or
$$\frac{ad}{\mathrm{AD}} = \frac{\mathrm{S}a}{\mathrm{SA}} \qquad \text{d'après la deuxième partie ;}$$

$$\frac{\mathrm{S}a}{\mathrm{SA}} = \frac{\mathrm{S}m}{\mathrm{SM}} \qquad \text{d'après la première partie ;}$$

donc
$$\frac{ad}{\mathrm{AD}} = \frac{\mathrm{S}m}{\mathrm{SM}}$$

et
$$\frac{abcd}{\mathrm{ABCD}} = \frac{\overline{\mathrm{S}m}^2}{\overline{\mathrm{SM}}^2}$$

382. Conséquence. — *Les deux bases d'un tronc de pyramide sont des polygones semblables* (380).

383. Théorème. — *Si deux pyramides ont même hauteur et des bases équivalentes, les sections faites par des plans parallèles aux bases et équidistantes des sommets sont équivalentes.*

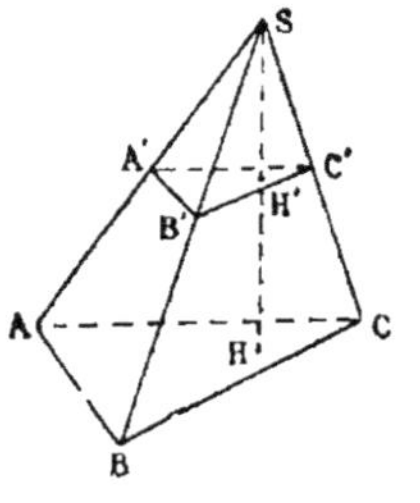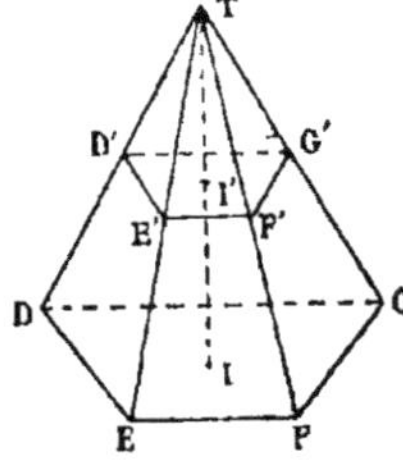

Soit les deux pyramides SABC et TDEFG ayant même hauteur et des bases équivalentes.

Prenons

$$\mathrm{SH} = \mathrm{TI}$$
$$\mathrm{SH'} = \mathrm{TI'}$$

et menons par H' et I' des plans parallèles aux bases.

Nous voulons démontrer que A'B'C' et D'E'F'G' sont équivalents.

Nous savons que (381) :

$$\frac{A'B'C'}{ABC} = \frac{\overline{SH'}^2}{\overline{SH}^2}$$

et que :

$$\frac{D'E'F'G'}{DEFG} = \frac{\overline{TI'}^2}{\overline{TI}^2}$$

Mais d'après l'hypothèse et la construction, les seconds rapports de ces proportions sont égaux, d'où :

$$\frac{A'B'C'}{ABC} = \frac{D'E'F'G'}{DEFG}$$

Les dénominateurs sont équivalents, par hypothèse ; donc les numérateurs sont équivalents.

384. Théorème. — *Deux pyramides triangulaires de même hauteur et de bases équivalentes sont équivalentes.*

Soit les deux pyramides triangulaires SABC et S'DEF ayant même hauteur H et des bases équivalentes.

Nous voulons démontrer que ces pyramides sont équivalentes.

Divisons la hauteur H en cinq parties égales, par exemple, et, par les points de division, traçons dans chaque pyramide des sections parallèles aux bases. Construisons sur chacune de ses sections, mais en-dessous, des prismes dont les arêtes sont parallèles à SA et à S'D.

Ces prismes sont deux à deux équivalents.

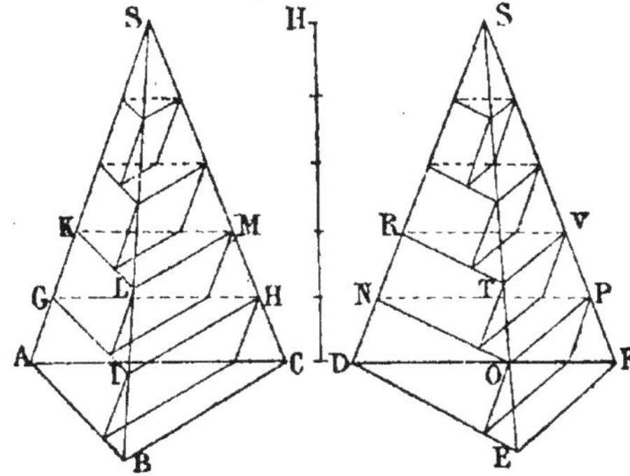

Par exemple, les prismes GM et NV sont équivalents : ils ont, par construction, même hauteur, et, les bases KLM et RTV sont équivalentes (383); donc leurs volumes sont égaux.

Nous ferions la même démonstration pour les autres prismes.

Le raisonnement subsiste quel que soit le nombre de divisions de la hauteur. Si nous augmentons indéfiniment le nombre des divisions, les sommes des volumes des prismes construits dans chaque pyramide sont équivalentes. A la limite, nous obtenons les volumes des pyramides qui, par suite, sont équivalentes.

385. Théorème. — *Le volume d'une pyramide est égal au tiers du produit de sa base par sa hauteur.*

1° *Pyramide triangulaire.*

Soit la pyramide triangulaire SABC; désignons par V son volume, par B la surface de sa base et par H sa hauteur.

Nous voulons démontrer que

$$V = \frac{1}{3} B \times H$$

Par le point S menons le plan parallèle à ABC; par AC menons le plan parallèle à SB; ces plans avec les prolongements des faces SAB et SAC déterminent le prisme ABCSEF.

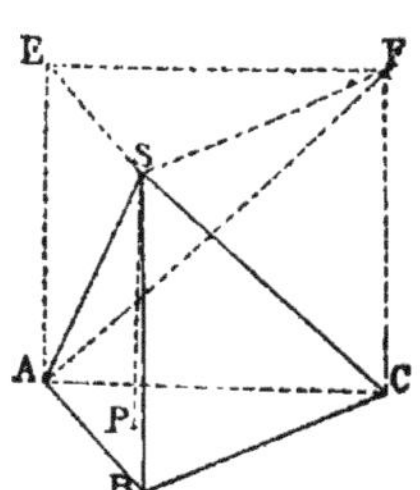

Nous allons démontrer que le prisme se compose de trois pyramides équivalentes à la pyramide donnée.

Détachons d'abord la pyramide SABC; il reste la pyramide quadrangulaire SACFE; coupons-la par le plan SAF; nous obtenons deux pyramides triangulaires SAEF et SACF.

La pyramide SAEF peut être considérée comme ayant pour base ESF qui est égale à ABC (356) et pour sommet le point A ; sa hauteur est donc égale à H ; donc SAEF est équivalent à SABC (384).

La pyramide SACF, en prenant pour sommet S, a pour base ACF égale à EAF comme moitié du parallélogramme AEFC ; sa hauteur, qui est la distance du point S à la base AFC, est égale à celle de la pyramide SAEF ; donc les pyramides SACF et SAEF sont équivalentes (384), et, d'après ce qui précède, SACF est équivalent à SABC.

Donc le volume du prisme ABCSEF est le triple du volume de la pyramide SABC.

or

$$vol.\ \mathrm{ABCSEF} = \mathrm{B} \times \mathrm{H}$$

donc

$$\mathrm{V} = \frac{1}{3}\,\mathrm{B} \times \mathrm{H}$$

2° *Pyramide quelconque.*

Soit la pyramide SABCDE ; représentons par V son volume, par B la surface de sa base et par H sa hauteur.

Nous voulons démontrer que

$$\mathrm{V} = \frac{1}{3}\,\mathrm{B} \times \mathrm{H}$$

Par l'arête SE et chacun des sommets, non adjacents, faisons passer des plans ; nous décomposons la pyramide donnée en pyramides triangulaires.

$$vol.\ \mathrm{SEAB} = \frac{1}{3}\,\mathrm{EAB} \times \mathrm{H}$$

$$vol.\ \mathrm{SEBC} = \frac{1}{3}\,\mathrm{EBC} \times \mathrm{H}$$

$$vol.\ \mathrm{SECD} = \frac{1}{3}\,\mathrm{ECD} \times \mathrm{H}$$

Ajoutons membre à membre ces égalités :

$$\mathrm{V} = \frac{1}{3}\,(\mathrm{EAB} + \mathrm{EBC} + \mathrm{ECD})\,\mathrm{H}$$

$$\mathrm{V} = \frac{1}{3}\,\mathrm{B} \times \mathrm{H}$$

386. Théorème. — *Le volume d'un tronc de pyramide est égal à la somme des volumes de trois pyramides ayant toutes trois pour hauteur la hauteur du tronc ; et pour bases : la première, la base inférieure ; la seconde, là base supérieure ; la troisième, une moyenne proportionnelle entre les bases du tronc.*

1° *Tronc de pyramide triangulaire.*

Soit le tronc de pyramide triangulaire ABCDEF.

Par les points BDE faisons passer un plan ; nous détachons une première pyramide BDEF qui a pour base la base inférieure DEF du tronc, et pour hauteur la hauteur du tronc puisque son sommet est en B.

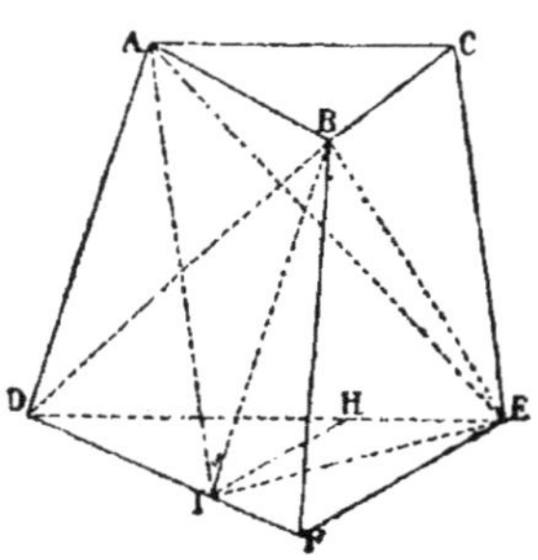

Reste la pyramide quadrangulaire BACED ; coupons-la par le plan ABE ; nous la décomposons en deux pyramides triangulaires.

L'une BACE a pour base ABC, base supérieure du tronc, et pour hauteur la hauteur du tronc puisque son sommet est en E.

L'autre est BADE ; montrons qu'elle est équivalente à la troisième pyramide cherchée.

Par le point B menons BI parallèle à AD, et joignons IE.

Les deux pyramides BADE et IADE sont équivalentes, car elles ont même base ADE, et leurs sommets B et I sont sur une même parallèle à la base. La pyramide IADE peut être considérée comme ayant pour sommet A et pour base DIE, sa hauteur est la hauteur du tronc. Reste à prouver que DIE est moyenne proportionnelle entre ABC et DEF.

Remarquons d'abord que, si nous menons IH parallèle à EF, les deux triangles ABC et DIH sont égaux, comme ayant :

AB = DI comme parallèles comprises entre parallèles, et tous les angles égaux puisqu'ils ont leurs côtés parallèles.

Comparons les triangles DIH et DIE d'une part, et DIE

et DEF, d'autre part, en remarquant qu'ils ont l'angle D commun (208).

$$\frac{DIH}{DIE} = \frac{DH \times DI}{DE \times DI} = \frac{DH}{DE}$$

$$\frac{DIE}{DEF} = \frac{DE \times DI}{DE \times DF} = \frac{DI}{DF}$$

or, IH est parallèle à EF, d'où :

$$\frac{DH}{DE} = \frac{DI}{DF}$$

d'où :
$$\frac{DIH}{DIE} = \frac{DIE}{DEF}$$

et comme nous avons démontré que $\quad$ DIH $=$ ABC

$$\frac{ABC}{DIE} = \frac{DIE}{DEF}$$

Formule. — Représentons par V le volume du tronc, par B sa base inférieure, par b sa base supérieure et par H sa hauteur. La moyenne proportionnelle entre B et b est $\sqrt{Bb}$.

Appliquons le théorème :

$$V = \frac{1}{3} BH + \frac{1}{3} bH + \frac{1}{3} \sqrt{Bb}\, H$$

ou $$V = \frac{1}{3}(B + b + \sqrt{Bb})\, H$$

2° *Tronc de pyramide quelconque.*

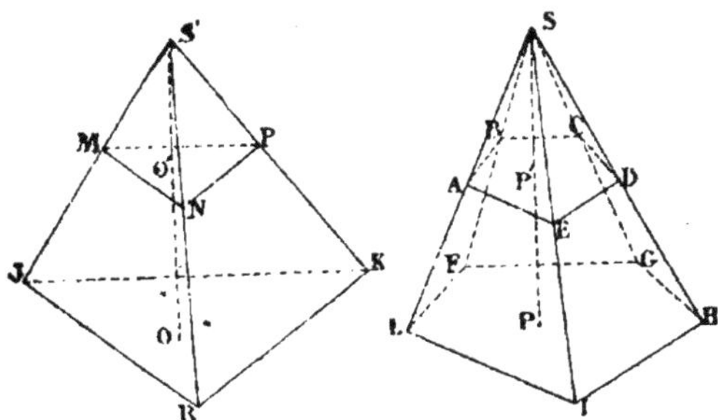

Soit un tronc polygonal ; terminons la pyramide auquel il

appartient. Construisons une pyramide triangulaire S′ ayant une base équivalente à la pyramide polygonale et même hauteur, coupons-la par un plan MNP, tel que :

$$S'O' = SP'$$

Les deux sections ABCDE et MNP sont équivalentes (383).

Les pyramides SP et SO d'une part, SP′ et S′O′ d'autre part, sont équivalentes comme ayant même hauteur et des bases équivalentes (384). Par suite, les deux troncs PP′ et OO′ sont équivalents et, comme ils ont des bases équivalentes et même hauteur

$$V = \frac{1}{3}\left(B + b + \sqrt{B\,b}\right) H$$

représente le volume du tronc de pyramide polygonale.

LIVRE VII

§ I. — CYLINDRE

387. Cylindre. — Un *cylindre droit* à base circulaire est le volume engendré par un rectangle tournant autour d'un de ses côtés.

Le côté fixe ou *axe* est la *hauteur* du cylindre.

Les côtés adjacents aux côtés fixes décrivent des cercles égaux dont les plans sont perpendiculaires à l'axe : ce sont les *bases* du cylindre.

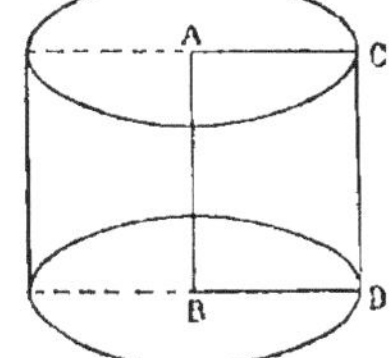

Le côté parallèle au côté fixe ou *génératrice* décrit la *surface latérale* du cylindre.

Par abréviation, nous appellerons ce volume : *cylindre*.

388. Notation. — Nous désignerons par R le rayon de base d'un cylindre, par H sa hauteur, par S_l sa surface latérale, par S_t sa surface totale et par V son volume.

389. Lemme. — *La surface latérale d'un prisme droit est égale au produit du périmètre de sa base par sa hauteur.*

Soit le prisme droit ABCDEFGH.

Nous voulons démontrer que

$$S_l = (AB + BC + CD + DA)\ AE$$

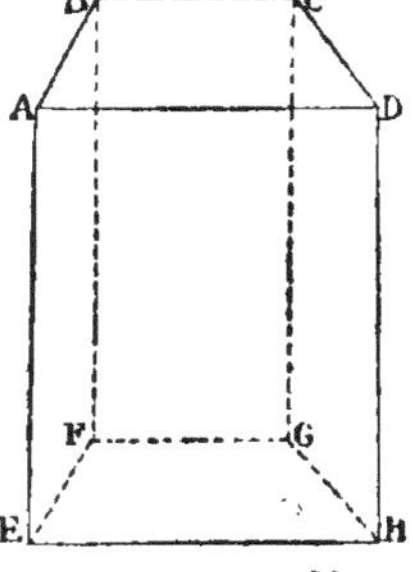

Les faces latérales sont des rectangles ayant pour bases respectives AB, BC, CD, DA, et pour hauteur les arêtes du prisme qui sont toutes égales à AE.

Évaluons les surfaces de chacun de ces

rectangles et, faisant la somme, nous trouvons le résultat cherché.

390. Théorème. — *La surface latérale d'un cylindre est égale au produit de la circonférence de base par la hauteur*

Soit un cylindre droit. Nous voulons démontrer que

$$S_l = 2\pi RH$$

Inscrivons dans le cylindre un prisme droit dont le périmètre de la base est P.

Nous savons que (389) :

$$S_l \; ABCDEFGH = P \times H$$

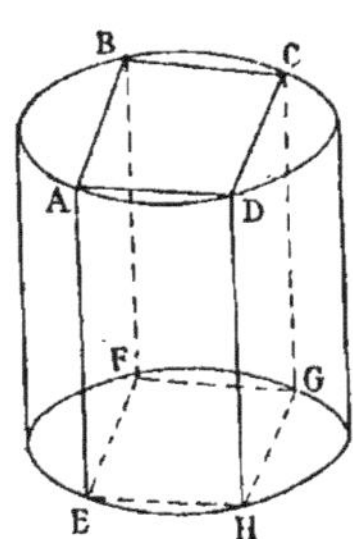

Si nous augmentons indéfiniment le nombre des faces du prisme, la surface latérale du prisme devient la surface latérale du cylindre, le périmètre de base devenant la circonférence, d'où :

$$P = 2\pi R$$

et par suite $\qquad S_l = 2\pi RH$

391. Problème. — *Trouver la surface totale d'un cylindre.*

La surface totale d'un cylindre se compose de sa surface latérale

$$2\pi RH$$

et de la surface des deux bases ; chacune d'elles est une circonférence de rayon R et a pour surface

$$\pi R^2$$

d'où $\qquad S_t = 2\pi RH + 2\pi R^2$

$$S_t = 2\pi R (R + H)$$

392. Théorème. — *Le volume d'un cylindre est égal au produit de la surface de sa base par sa hauteur.*

Soit un cylindre droit. Nous voulons prouver que

$$V = \pi R^2 H$$

Inscrivons dans le cylindre un prisme droit, dont la base ait une surface S. Nous savons que (376)

$$\text{V. ABCDEFH} = S \times H$$

Si nous augmentons indéfiniment le nombre des faces du prisme, le volume du prisme devient le volume du cylindre, la surface de base devenant le cercle de base, d'où :

$$S = \pi R^2$$

et par suite $\qquad V = \pi R^2 H$

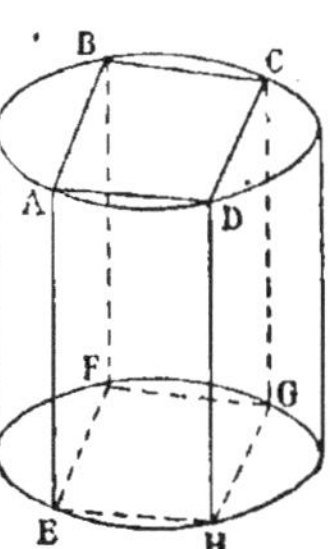

§ II. — CÔNE

393. Cône droit. — Un *cône droit* à base circulaire est le volume engendré par un triangle rectangle tournant autour d'un des côtés de l'angle droit.

Le côté fixe ou *axe* est la *hauteur* du cône.

L'hypoténuse est l'*arête* du cône ; dans son mouvement elle engendre la *surface latérale* du cône.

Le second côté de l'angle droit décrit un cercle dont le plan est perpendiculaire à l'axe, c'est la *base* de cône.

Par abréviation, nous appellerons ce volume : *cône*.

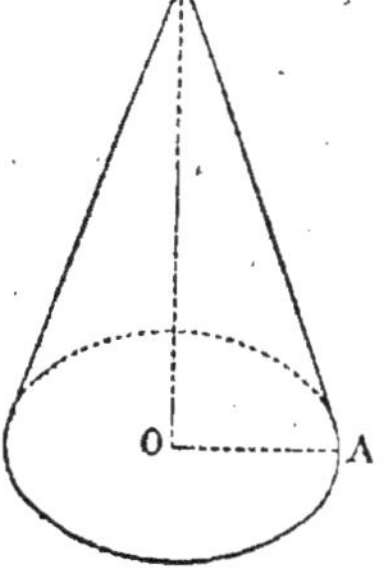

394. Tronc de cône. — Un *tronc de cône* est le volume obtenu en coupant un cône par un plan parallèle à la base et en supprimant la partie adjacente au sommet.

La base du cône et la section forment les *deux bases* du tronc de cône.

La *hauteur* d'un tronc de cône est la distance entre les plans parallèles des bases.

395. Théorème. — *La section d'un cône par un plan parallèle à la base est un cercle.*

Soit le cône S ; coupons-le par un plan MA parallèle à la base.

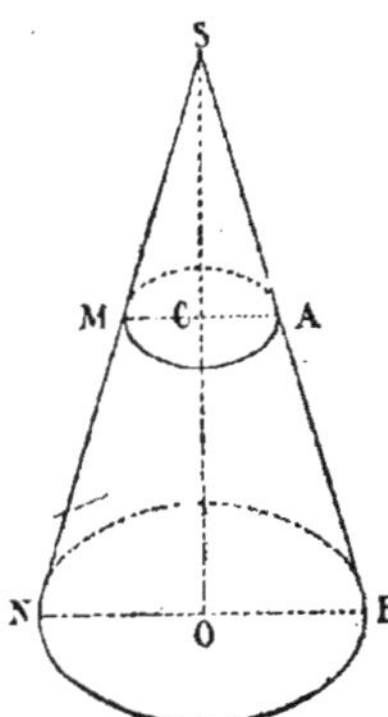

Nous voulons démontrer que la section MA est un cercle.

Soit CA et OB les intersections du plan de base et du plan sécant par un plan quelconque mené par la hauteur SO ; ces droites CA et OB sont parallèles (305). Donc :

$$\frac{CA}{OB} = \frac{SC}{SO}$$

Le second rapport est constant, que que soit le plan mené par SO ; d'autre part, OB est le rayon de base ; donc CA a toujours la même valeur pour tous les points de la section MA ; par suite, celle-ci est un cercle.

396. Conséquence. — *Les deux bases d'un tronc de cône sont deux cercles.*

397. Lemme. —. *La surface latérale d'une pyramide régulière est égale à la moitié du produit du périmètre de sa base par son apothème.*

Soit SABCD une pyramide régulière (379).
Nous voulons démontrer que

$$S_l = \frac{1}{2}\,P \times a$$

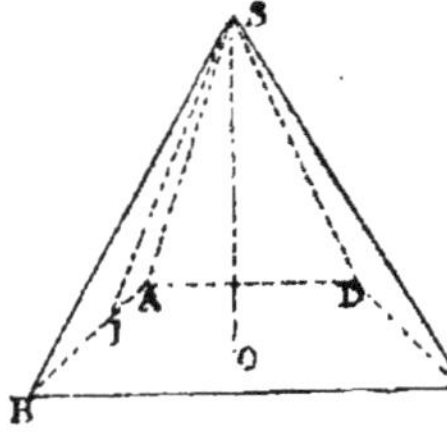

Toutes les faces latérales sont des triangles égaux à SAB ; menons sa hauteur SI :

$$SI = a$$

et $\qquad Surf\,SAB = \dfrac{1}{2}\,AB \times a$

Si nous multiplions par *n*, nombre des côtés de la base, les deux membres de l'égalité précédente, comme

$$n \times \textit{Surf. } \text{SAB} = S_l \qquad \text{et} \qquad n \times \text{AB} = \text{P}$$

nous obtenons :
$$S_l = \frac{1}{2} \text{P} \times a$$

398. Théorème. — *La surface latérale d'un cône est égale à la moitié du produit de la circonférence de base par l'arête.*

Soit le cône S. Nous voulons démontrer que

$$S_l = \pi R a$$

Inscrivons dans sa base un polygone régulier, et joignons ses sommets au sommet S du cône ; nous formons une pyramide régulière inscrite dans le cône. Nous savons que

$$S_l \text{ SABCD} = \frac{1}{2} \text{P} \times \text{SE}$$

Si nous doublons indéfiniment le nombre des faces, la surface latérale de la pyramide devient la surface latérale du cône. Or le périmètre du polygone devient la circonférence de base :

$$\text{P} = 2\,\pi R$$

L'apothème SE devient l'apothème *a* du cône, d'où :

$$S_l = \frac{1}{2} \times 2\,\pi R a = \pi R a$$

399. Problème. — *Trouver la surface totale d'un cône.*

La surface totale d'un cône se compose de la surface latérale

$$\pi R a$$

et de la surface de base qui est un cercle de rayon R et qui vaut

$$\pi R^2$$

donc $\qquad S_t = \pi R a + \pi R^2 = \pi R (a + R)$

400. Théorème. — *Le volume d'un cône est égal au tiers du produit de la surface du cercle de base par la hauteur.*

Soit le cône S. Nous voulons démontrer que

$$V = \frac{1}{3} \pi R^2 H$$

Inscrivons dans le cône une pyramide ; elle a même hauteur SO ou H que le cône ; représentons par B la surface de sa base :

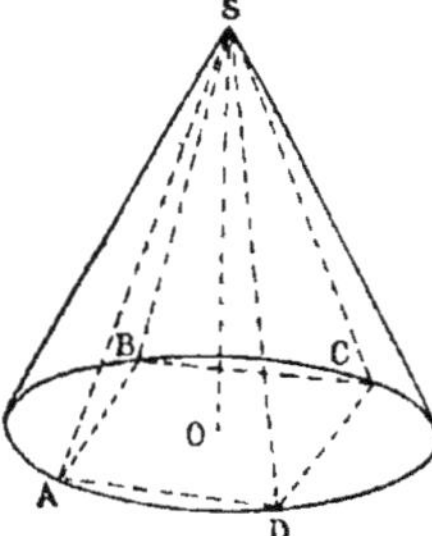

$$Vol.\ SABCD = \frac{1}{3} B \times H$$

Si nous doublons indéfiniment le nombre des faces de la pyramide, le volume de la pyramide devient le volume du cône, la surface du polygone devient le cercle de base du cône, d'où :

$$B = \pi R^2$$

et par suite $\qquad V = \frac{1}{3} \pi R^2 H$

401. Théorème. — *La surface latérale d'un tronc de cône est égale à la demi-somme des circonférences de base multipliée par son apothème.*

Soit le tronc de cône OC. Nous voulons démontrer que ;

$$S_l = \pi (OB + CA) \times AB$$

La surface latérale du tronc de cône OC est la différence entre les surfaces latérales des deux cônes SO et SC.

or
$$S_l \; SO = \pi OB \times SB$$
$$= \pi OB \, (SA + AB)$$
$$S_l \; SC = \pi CA \times SA$$
$$= \pi CA \, (SB - AB)$$

d'où, en retranchant :
$$S_l = \pi \, (OB + CA) \, AB$$
$$+ \pi (OB \times SA - CA \times SB)$$

Mais les triangles SAC et SOB sont semblables :
$$\frac{OB}{CA} = \frac{SB}{SA} \qquad \text{ou} \qquad OB \times SA = CA \times SB$$

donc
$$S_l = \pi \, (OB + CA) \times AB$$

.402. Corollaire. — *La surface latérale d'un tronc de cône est égale à la circonférence menée à égale distance des bases multipliée par son apothème.*

Par le milieu P de OC menons la section perpendiculaire à OC. La droite PF, dans le trapèze OCAB, est menée par le milieu d'un côté parallèlement à la base ; nous savons que (205)
$$2 \, PF = OB + CA$$

d'où
$$S_l = 2 \, \pi . PF \times AB$$

403. Théorème. — *Le volume d'un tronc de cône est égal à la somme des volumes de trois cônes ayant tous trois, pour hauteur la hauteur du tronc, et pour bases : l'un la base inférieure, le second la base supérieure, le troisième une moyenne proportionnelle entre les deux bases du tronc.*

Inscrivons dans le tronc de cône un tronc de pyramide. Si nous doublons indéfiniment le nombre des côtés, le volume du tronc de pyramide devient le volume du tronc de cône, les bases de la pyramide deviennent les bases du tronc de cône ; donc, en appliquant au tronc de cône le théorème du volume du tronc de pyramide (386), nous obtenons l'énoncé du théorème.

Remarquant qu'alors :

$$B = \pi R^2 \qquad b = \pi r^2 \qquad \sqrt{Bb} = \sqrt{\pi^2 R^2 r^2} = \pi Rr$$

Nous obtenons :

$$V = \frac{1}{2}\,\pi\,(R^2 + r^2 + Rr)\,H$$

§ III. — SPHÈRE

404. Sphère. — Une sphère est le volume engendré par une demi-circonférence tournant autour de son diamètre.

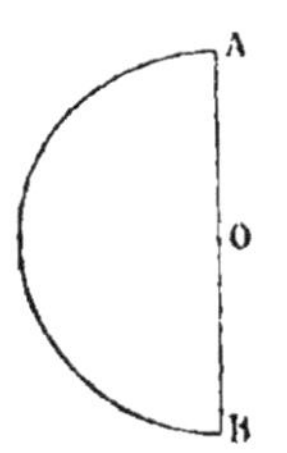

Le centre de cette demi-circonférence est le *centre de la sphère*.

D'après cette définition, il résulte que :

Tous les points de la surface d'une sphère sont situés à égale distance du centre.

Cette distance constante est le *rayon de la sphère*.

405. Plan tangent. — Un plan est *tangent* à une sphère lorsqu'il ne rencontre cette sphère qu'en un seul point, (voir 415). Ce point est appelé *point de contact*.

406. Grand cercle. Petit cercle. — Un *grand cercle* est la section obtenue dans une sphère par un plan *passant par le centre* de la sphère.

Un *petit cercle* est la section obtenue dans une sphère par un plan *ne passant pas par le centre* (voir 411).

407. Pôle. — Les *pôles* d'un cercle sont les extrémités du diamètre de la sphère perpendiculaire au plan de ce cercle.

408. Zone. — Une *zone* est la portion de la surface d'une sphère comprise entre deux plans parallèles.

409. Hauteur d'une zone. — La *hauteur d'une zone* est la distance des deux plans parallèles qui déterminent cette zone.

410. Secteur sphérique. — Un *secteur sphérique* est le volume engendré par un secteur circulaire tournant autour d'un axe passant par son centre et situé dans son plan.

411. Théorème. — *La section d'une sphère par un plan est un cercle.*

Soit la sphère O ; coupons-la par un plan MN.

Nous voulons démontrer que la section MN est un cercle.

Du centre O de la sphère, menons OA perpendiculaire sur le plan MN.

Prenons trois points quelconques B, C, D, sur le périmètre de la section. Joignons OB, OC, OD et AB, AC, AD.

OB, OC, OD sont des obliques égales comme rayons de la sphère ; donc elles s'écartent également du pied A de la perpendiculaire, par suite :

$$AB = AC = AD$$

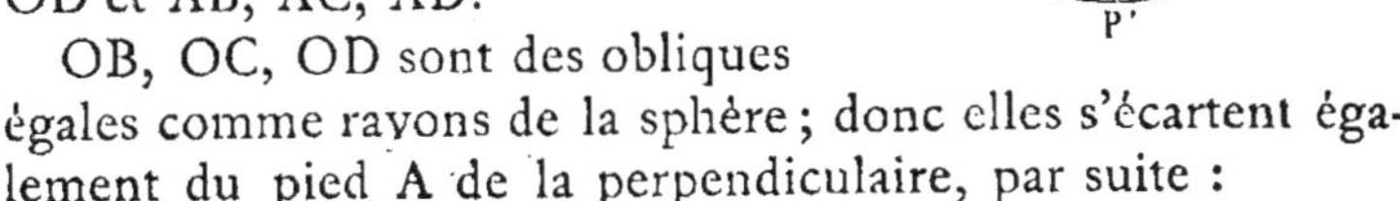

Nous démontrerions de même que tous les points de la courbe MBDNC sont à égale distance du point A. Donc :

1° La section d'une sphère par un plan est un cercle ;

2° Le centre de la section est le pied de la perpendiculaire menée du centre de la sphère sur le plan sécant.

Remarque. — Le théorème est évident pour un plan passant par le centre : la section est un cercle ayant pour rayon le rayon de la sphère (voir la figure suivante).

412. Théorème. — *Les pôles d'un cercle sont à égale distance des points de la circonférence de ce cercle.*

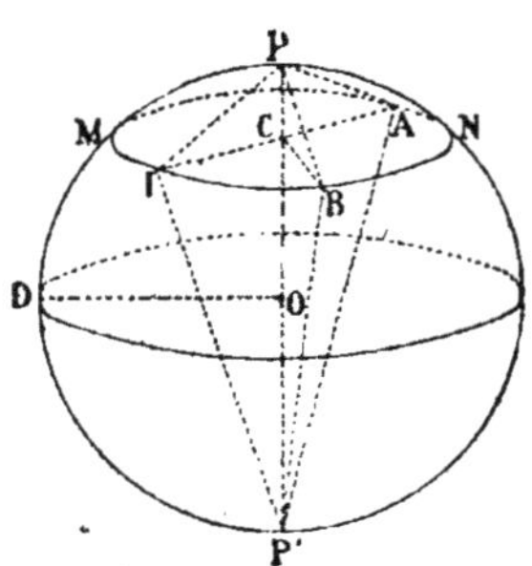

Soit la sphère O et le cercle MN. Menons par O le diamètre PP' perpendiculaire au plan MN.

Nous voulons démontrer que P est à égale distance de tous les points de la circonférence MN.

Joignons CA, CB et PA, PB.

$$CA = CB$$

comme rayon du cercle MN ; donc

$$PA = PB$$

comme obliques s'écartant également du pied A de la perpendiculaire OP. — Le même raisonnement s'appliquerait à tous les points de la circonférence MN.

Nous démontrerions de même que le pôle P' est à égale distance de tous les points de la circonférence MN.

413. Procédé pratique pour tracer une circonférence sur une sphère. — Plaçant une pointe d'un compas à branches courbes, appelé *compas d'épaisseur*, en un point P d'une sphère, la seconde pointe, en restant en contact avec la sphère décrit, d'après le théorème précédent, un cercle.

414. Problème. — *Construire le rayon d'une sphère.*

Soit une sphère, dont on peut n'avoir qu'un fragment, du point D comme pôle décrivons un cercle MN.

Construisons d'abord le rayon de ce cercle. Choisissons trois points A, B, C ; mesurons avec le compas d'épaisseur

les distances rectilignes AB, BC, CA; construisons le triangle
ABC ayant ces trois longueurs pour côtés (181), et circon-

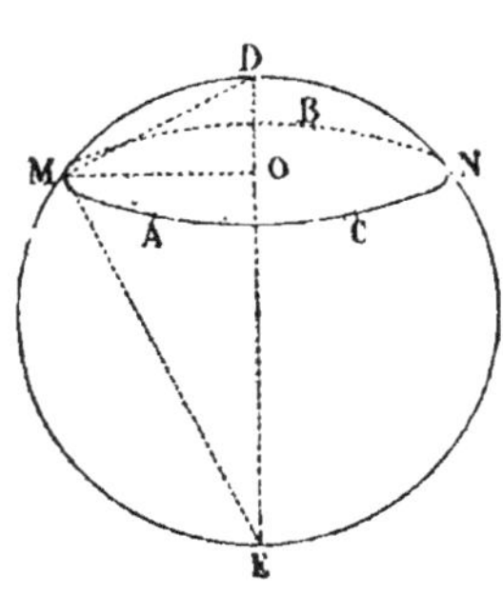

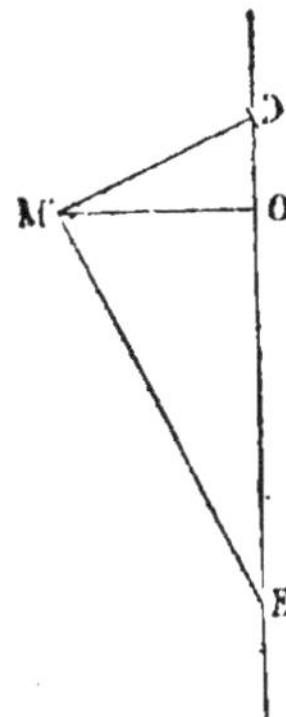

scrivons lui un cercle (183) : son rayon MO est le rayon
d'un cercle égal à MN.

Imaginons le diamètre DE perpendiculaire au plan MN, et joignons,
par la pensée, MD et ME. Le triangle
DME inscrit dans une demi-circonférence est rectangle.

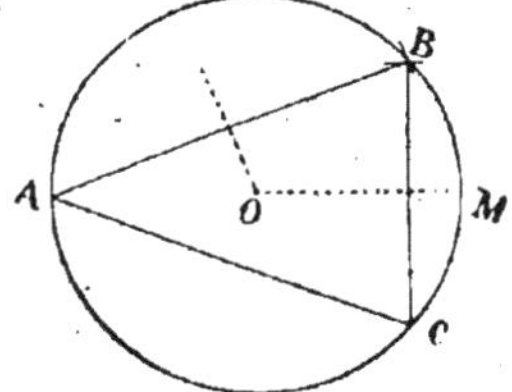

Nous pouvons construire le triangle rectangle MDO, car nous avons
construit son côté MO, et avec le compas d'épaisseur
nous pouvons mesurer MD.

Par le point M menons enfin ME perpendiculaire à MD;
DE est le diamètre de la sphère.

415. Théorème. — *Tout plan perpendiculaire à l'extrémité d'un rayon est tangent à la sphère.*

Soit la sphère O et le plan M perpendiculaire à l'extrémité
du rayon OA.

Nous voulons démontrer que le plan M est tangent à la sphère (405).

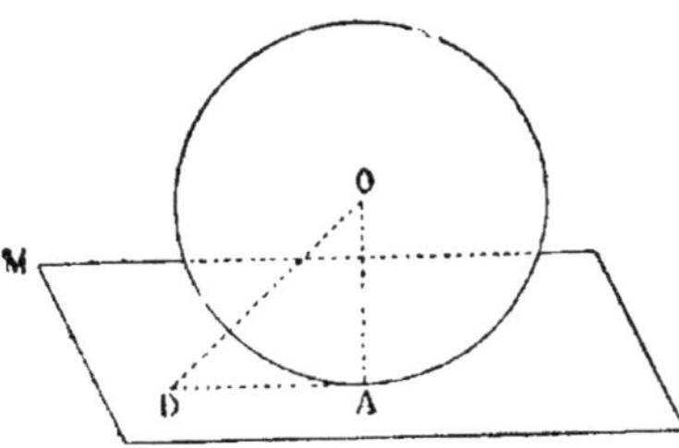

Prenons un point quelconque D sur le plan M. Joignons OD et DA.

OA est perpendiculaire à DA (313), d'où :

$$OD > OA$$

Le point D est donc hors de la sphère. Nous ferions le même raisonnement pour tous les points du plan M, sauf pour le point A. Donc, le plan M est tangent en A à la sphère.

416. Réciproque. — *Tout plan tangent est perpendiculaire à l'extrémité du rayon passant par le point de contact.*

Soit le plan M tangent en A à la sphère. Joignons OA.
Nous voulons démontrer que OA est perpendiculaire au plan M.
Prenons un point quelconque D sur le plan M. Joignons OD. Le point D étant, par hypothèse, hors de la sphère :

$$OD > OA$$

Nous ferions le même raisonnement pour tous les points du plan M sauf pour le point A. Donc OA est la plus courte distance du point O au plan M et, par suite (325), OA est perpendiculaire au plan M.

417. Théorème. — *L'intersection de deux sphères est un cercle, dont le plan est perpendiculaire à la ligne des centres.*

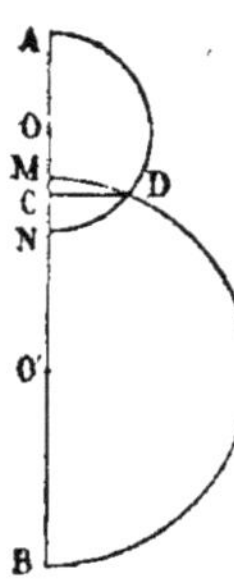

Soit AN et BM les demi-circonférences qui engendrent les sphères, D leur point d'intersection ; du point D menons DC perpendiculaire sur la ligne des centres.

Lorsque nous ferons tourner les demi-circonférences pour engendrer les sphères, le point D engendrera l'intersection des sphères, la droite DC restera constamment perpendiculaire à la ligne des centres. Donc, elle reste dans un plan perpendiculaire à OO', et comme

DC garde la même longueur, le point C étant fixe, le lieu
du point D est une circonférence.

418. Lemme. — *La surface engendrée par un segment
tournant autour d'un axe situé dans le même plan, est égale
à la circonférence ayant pour rayon la perpendiculaire menée
au milieu du segment multipliée par la projection du segment
sur l'axe.*

1° *Le segment est issu de l'axe.*

Soit la droite AB, par le point B menons BC perpendiculaire à xy et par H, milieu de AB,
menons HD perpendiculaire à AB.

Nous voulons démontrer que

$$\text{Surf. } AB = 2\,\pi DH \times AC$$

Dans sa révolution autour de xy,
AB engendre la surface latérale d'un cône, d'où (398) :

$$\text{Surf. } AB = \pi BC \times AB$$

Les deux triangles rectangles ABC et ADH sont semblables,
puisqu'ils ont l'angle aigu A commun (225). Écrivons qu'aux
angles égaux sont opposés les côtés proportionnels :

$$\frac{BC}{DH} = \frac{AC}{AH}$$

et comme
$$AH = \frac{AB}{2}$$

$$BC \times AB = 2\,DH \times AC$$

Transportons cette valeur dans l'expression *Surf.* AB :

$$\text{Surf. } AB = 2\,\pi DH \times AC$$

2° *Le segment est parallèle à l'axe.*

Soit AB parallèle à xy, menons par A,
B et H milieu de AB, des perpendiculaires à AB.

Nous voulons démontrer que

$$\text{Surf. } AB = 2\,\pi HD \times EF$$

Dans sa révolution autour de *xy*, AB engendre la surface latérale d'un cylindre, d'où (390) :

$$\text{Surf. } AB = 2\,\pi AB \times BF$$

Mais　　　　$AB = EF$　　　et　　　$BF = HD$

donc　　　　　$\text{Surf. } AB = 2\,\pi HD \times EF$

3° *Le segment est quelconque.*

Soit le segment AB; par A et B menons des perpendiculaires à *xy* et par H, milieu de AB, menons HD perpendiculaire à AB.

Nous voulons démontrer que

$$\text{Surf. } AB = 2\,\pi HD \times EF$$

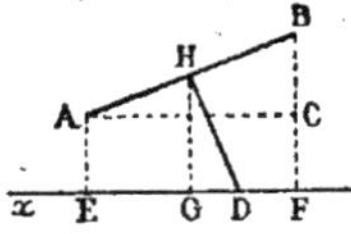

Dans sa révolution autour de *xy*, AB engendre la surface latérale d'un tronc de cône, d'où (402) :

$$\text{Surf. } AB = 2\,\pi HG \times AB$$

Menons AC parallèle à *xy*. Les triangles ABC et HGD sont semblables comme ayant leurs côtés perpendiculaires (228). Écrivons qu'aux angles égaux sont opposés les côtés proportionnels :

$$\frac{AB}{HD} = \frac{AC}{HG}$$

d'où, en remarquant que $AC = EF$:

$$HG \times AB = HD \times EF$$

Transportons cette valeur dans l'expression *Surf.* AB :

$$\text{Surf. } AB = 2\,\pi HD \times EF$$

419. Lemme. — *La surface engendrée par une ligne polygonale régulière, tournant autour d'un axe situé dans son plan, est égale à la projection de la ligne polygonale sur l'axe multipliée par la circonférence ayant pour rayon l'apothème du polygone.*

Soit la ligne polygonale régulière ABCDE de centre O.

Menons l'apothème OI de cette ligne polygonale, et prenons
les projections de ses côtés. L'apothème étant la même pour
tous les côtés, nous avons
(418) :

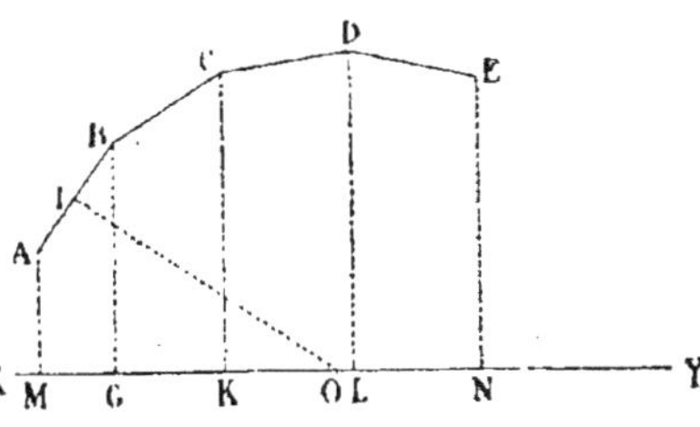

$Surf.$ AB $= 2\pi OI \times MG$

$Surf.$ BC $= 2\pi OI \times GK$

$Surf.$ CD $= 2\pi OI \times KL$

$Surf.$ DE $= 2\pi OI \times LN$

Ajoutons membre à membre ces égalités :

$$Surf.\ ABCDE = 2\pi OI \times (MG + GK + KL + LN)$$

ou $\qquad Surf.\ ABCDE = 2\pi OI \times MN$

420. Théorème. — *La surface d'une zone est égale à
une circonférence de grand cercle multipliée par la hauteur
de la zone.*

Soit la zone DE. Nous voulons démontrer que :

$$Surf.\ DE = 2\pi RH$$

Inscrivons dans l'arc DE une ligne polygonale régulière
de mêmes extrémités, sa projection MN est
égale à H. Or (419) :

$$Surf.\ EID = 2\pi OF \times H$$

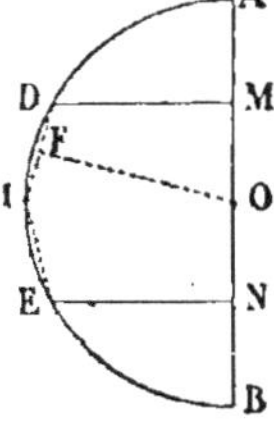

Si nous doublons indéfiniment le nombre
des côtés, la surface de la ligne polygonale
devient la surface de la zone, OF devient le
rayon de la sphère, d'où :

$$Surf.\ DE = 2\pi RH$$

421. Théorème. — *La surface d'une sphère est égale à
une circonférence de grand cercle multipliée par le diamètre*

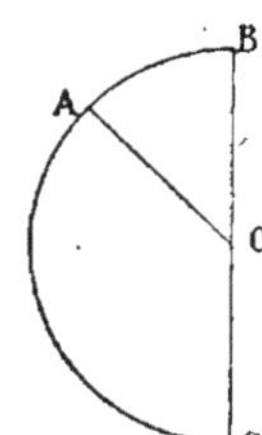

En effet, la surface d'une sphère est la surface d'une zone dont la hauteur est le diamètre. Faisons

$$H = 2R$$

dans la formule précécente :

$$S = 2\pi R \times 2R = 4\pi R^2$$

422. Conséquence. — *La surface d'une sphère est égale au quadruple de la surface d'un grand cercle.*

Nous avons $$S = 4\pi R^2$$

et πR^2 est égal à la surface d'un grand cercle.

423. Lemme. — *Le volume, engendré par un triangle tournant autour d'un axe situé dans son plan et passant par un de ses sommets, est égal au tiers de la surface engendrée par le côté opposé au sommet multipliée par la hauteur relative à ce côté.*

1° *Un des côtés du triangle est sur l'axe.*

Soit le triangle ABC tournant autour de l'axe MN.
Nous voulons démontrer que

$$Vol.\ ABC = \frac{1}{3}\ Surf.\ AC \times BD$$

Menons du point A la perpendiculaire AI à MN. Les
triangles ABI et ACI tour-
nant autour de MN engen-
drent des cônes :

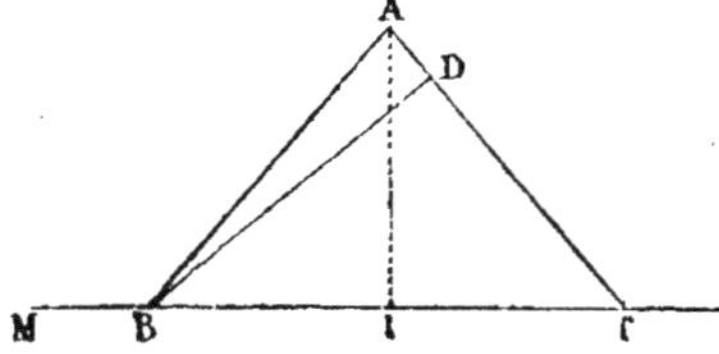

$$Vol.\ ABI = \frac{1}{3}\ \pi\overline{AI}^2 \times BI$$

$$Vol.\ ACI = \frac{1}{3}\ \pi\overline{AI}^2 \times IC$$

Ajoutons membre à membre ces deux égalités, nous obtenons :

$$Vol.\ ABC = \frac{1}{3}\pi \overline{AI}^2 (BI + IC) = \frac{1}{3}\pi \overline{AI}^2 \times BC$$

Si nous menons BD perpendiculaire à AC,

$$AI \times BC = AC \times BD$$

car, chacun de ces produits représente le double de la surface du triangle ABC. Par suite, l'égalité précédente devient :

$$Vol.\ ABC = \frac{1}{3}\pi AI \times AC \times BD$$

Or, le côté AC engendre la surface latérale d'un cône :

$$Surf.\ AC = \pi\ AI \times AC$$

donc $\qquad\qquad Vol.\ ABC = \frac{1}{3} Surf.\ AC \times BD$

2° *Un des côtés du triangle est parallèle à l'axe.*

Soit le triangle ABC tournant autour de MN, le côté AC est parallèle à MN.

Nous voulons démontrer que

$$Vol.\ ABC = \frac{1}{3} Surf.\ AC \times BD$$

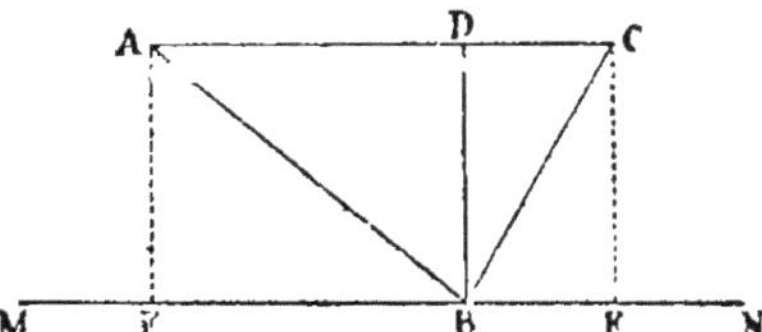

Nous avons évidemment :

$$Vol.\ ABC = Vol.\ ACEF - Vol.\ BAF - Vol.\ BCE$$

or $\qquad\qquad Vol.\ ACEF = \pi \overline{BD}^2 \times AC \qquad\qquad (392)$

$$Vol.\ BAF = \frac{1}{3}\pi \overline{BD}^2 \times AD \qquad\qquad (400)$$

$$\textit{Vol. } \mathrm{BCE} = \frac{1}{3}\pi\overline{\mathrm{BD}}^2 \times \mathrm{DC} \qquad\qquad (400)$$

d'où :

$$\textit{Vol. } \mathrm{ABC} = \frac{1}{3}\pi\overline{\mathrm{BD}}^2\,(3\,\mathrm{AC} - \mathrm{AD} - \mathrm{DC}) = \frac{1}{3}\pi\overline{\mathrm{BD}}^2 \times 2\,\mathrm{AC}$$

$$\textit{Vol. } \mathrm{ABC} = \frac{1}{3} \times 2\,\pi\mathrm{BD} \times \mathrm{AC} \times \mathrm{BD}$$

Or, le côté AC engendre la surface latérale d'un cylindre, d'où :

$$\textit{Surf. } \mathrm{AC} = 2\,\pi\mathrm{BD} \times \mathrm{AC}$$

donc
$$\textit{Vol. } \mathrm{ABC} = \frac{1}{3}\,\textit{Surf. } \mathrm{AC} \times \mathrm{BD}$$

3° *Le triangle a une position quelconque.*

Soit le triangle ABC tournant autour de MN.

Nous voulons démontrer que

$$\textit{Vol. } \mathrm{ABC} = \frac{1}{3}\,\textit{Surf. } \mathrm{AC} \times \mathrm{BD}$$

Prolongeons le côté 'AC jusqu'à sa rencontre E avec MN.

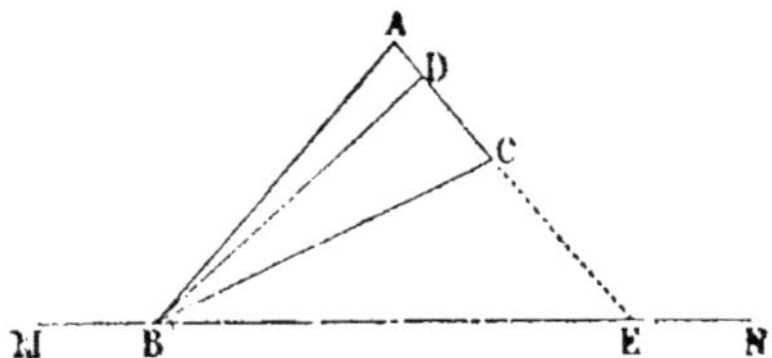

Par application de la première partie, nous avons :

$$\textit{Vol. } \mathrm{ABE} = \frac{1}{3}\,\textit{Surf. } \mathrm{AE} \times \mathrm{BD}$$

$$\textit{Vol. } \mathrm{BCE} = \frac{1}{3}\,\textit{Surf. } \mathrm{CE} \times \mathrm{BD}$$

Retranchons membre à membre ces deux égalités, nous obtenons :

$$Vol.\ ABC = \frac{1}{3}\,(Surf.\ AE - Surf.\ CE) \times BD$$

or
$$Surf.\ AE - Surf.\ CE = Surf.\ AC$$

donc
$$Vol.\ ABC = \frac{1}{3}\,Surf.\ AC \times BD$$

424. Lemme. — *Le volume, engendré par un secteur polygonal régulier tournant autour d'un axe passant par son centre et situé dans son plan, est égal au tiers de la surface engendrée par la ligne polygonale multipliée par l'apothème.*

Soit le secteur polygonal OABCD tournant autour de l'axe PQ.

Nous voulons démontrer que

$$Vol.\ OABCD = \frac{1}{3}\,Surf.\ ABCD \times OE$$

Si nous remarquons que l'apothème OE est égale pour tous les côtés de la ligne polygonale. Nous avons (423) :

$$Vol.\ OAB = \frac{1}{3}\,Surf.\ AB \times OE$$

$$Vol.\ OBC = \frac{1}{3}\,Surf.\ BC \times OE$$

$$Vol.\ OCD = \frac{1}{3}\,Surf.\ CD \times OE$$

Ajoutons membre à membre ces égalités :

$$Vol.\ OABCD = \frac{1}{3}\,(Surf.\ AB + Surf.\ BC + Surf.\ CD) \times OE$$

ou
$$Vol.\ OABCD = \frac{1}{3}\,Surf.\ ABCD \times OE$$

Remarque. — Le théorème n'est vrai que si l'axe ne coupe pas la surface polygonale donnée.

425. Théorème. — *Le volume d'un secteur sphérique est égal au produit de la zone qui lui sert de base par le tiers du rayon.*

Soit le secteur circulaire OAB tournant autour de l'axe MN. Nous voulons démontrer que

$$\textit{Vol. } \text{OAB} = \frac{1}{3} \textit{ Surf. } \text{AB} \times \text{OA}$$

Inscrivons dans le secteur circulaire un secteur polygonal régulier. Nous savons que

$$\textit{Vol. } \text{OAIB} = \frac{1}{3} \textit{ Surf. } \text{AIB} \times \text{OE}$$

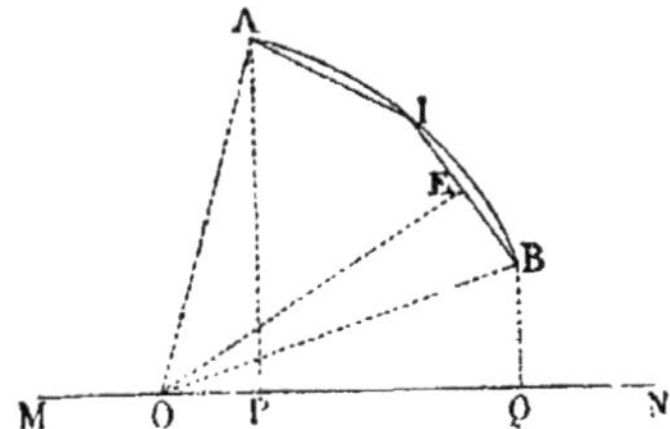

Si nous doublons indéfiniment le nombre des côtés, le secteur polygonal devient le secteur circulaire, la surface AIB devient la surface engendrée par l'arc AB, et l'apothème OE se confond avec le rayon du cercle. Donc :

$$\textit{Vol. } \text{OAB} = \frac{1}{3} \textit{ Surf. } \text{AB} \times \text{OA}$$

426. Formule du volume d'un secteur.

Soit R le rayon de la sphère, H la hauteur de la zone servant de base au secteur. Nous venons de démontrer que

$$V = \frac{1}{3} \textit{ Surf. } \text{AB} \times \text{OA}$$

or $$\textit{Surf. } \text{AB} = 2\,\pi \text{R} \times \text{H} \qquad\qquad (420)$$

d'où
$$V = \frac{2}{3} \pi R^2 H$$

427. Théorème. — *Le volume d'une sphère est égal au tiers du produit de sa surface par son rayon.*

En effet, une sphère peut être considérée comme engendrée par un secteur égal à une demi-circonférence.

Donc
$$V = \frac{1}{3} \, Surf. \, \mathrm{BAC} \times \mathrm{OA}$$

or
$$Surf. \, \mathrm{BAC} = Surf. \, \text{Sphère}$$

d'où
$$V = \frac{1}{3} \, Surf. \, \text{Sphère} \times \mathrm{OA}$$

428. Formule du volume d'une sphère. — D'après ce qui précède, nous aurons le volume de la sphère en faisant

$$H = 2\,R$$

dans la formule du secteur sphérique, d'où :

$$V = \frac{2}{3} \pi R^2 \times 2\,R$$

$$V = \frac{4}{3} \pi R^3$$

Si nous voulons exprimer le volume d'une sphère en fonction de son diamètre D, remarquons que :

$$R = \frac{D}{2} \qquad \text{ou} \qquad R^3 = \frac{D^3}{8}$$

alors

$$V = \frac{4}{3} \pi \frac{D^3}{8} = \frac{1}{6} \pi D^3$$

EXERCICES

PREMIÈRE SÉRIE

LIVRE I

1. — Trouver la somme de deux angles valant respectivement 13° 27′ 45″ et 92° 42′ 39″.

2. — Un angle vaut 123° 47′ 38″. Quelle est la valeur commune de chacun des angles partiels formés par la bissectrice ?

3. — Un triangle a 5ᵐ, 6ᵐ et 7ᵐ de côtés. Énoncer par ordre de grandeur les angles de ce triangle.

4. — Un triangle a un angle aigu et un angle obtus. Que sait-on sur les côtés opposés à ces angles ?

5. — Peut-on former un triangle avec les trois longueurs : 8ᵐ, 5ᵐ et 14ᵐ ?

6. — Quel est le supplément d'un angle de 125° 32′ 9″ ?

7. — Quel est le complément d'un angle de 26° 11′ 35″ ?

8. — Deux angles adjacents valent 130° et 50°. Comment sont situés leurs côtés non communs ?

9. — Deux droites se coupent en faisant des angles dont l'un est $\frac{8}{13}$ d'angle droit. Calculer les autres angles.

10. — Une droite et une demi-droite forment un angle de 38° 43′ 7″. Que vaut le second angle formé ?

11. — Autour d'un point on forme quatre angles successifs : le premier vaut 29° 12′ 6″, le second 109° 31′ 15″, le troisième 90° 23′ 54″. Que vaut le quatrième ?

12. — Deux parallèles coupées par une sécante forment un angle de 27° 35′. Que valent les sept autres angles formés ?

13. — On donne un angle de 45° 38′ : par un point on mène des parallèles aux côtés de l'angle. Trouver la valeur des quatre angles formés par les deux parallèles.

14. — Deux angles d'un triangle valent 28° 42′ et 45° 36′. Calculer le troisième angle et chacun des angles extérieurs.

15. — Un angle aigu d'un triangle rectangle vaut 35° 4′ 13″. Calculer le second angle aigu et chacun des angles extérieurs.

16. — Deux angles d'un triangle valent 125° 37′ 4″ et 45° 48′ 59″; on mène les bissectrices de ces angles jusqu'à leur point de rencontre. Calculer les trois angles du triangle ainsi formé.

17. — Que vaut chaque angle d'un triangle équilatéral?

18. — L'angle au sommet d'un triangle isocèle vaut 38° 47′ 25″. Que vaut chacun des angles à la base?

19. — Dans un triangle ABC :

$$A = 49° 25″ 30″ \qquad B - C = 31° 19′ 20″$$

Calculer les angles B et C. Quel est le plus grand côté du triangle? Quel est le plus petit?

20. — Que vaut la somme des angles d'un polygone convexe de 4 ou 6 côtés?

21. — Que vaut la somme des angles d'un polygone convexe de 17 côtés?

22. — Un angle d'un parallélogramme vaut 43° 26′. Que vaut chacun des autres angles de ce parallélogramme?

LIVRE II

23. — Deux circonférences ont 3^m et 5^m de rayon; la distance des centres est de 10^m. Comment sont situées ces circonférences?

24. — Deux circonférences ont 7^m et 11^m de rayon. Quelle doit être la distance des centres pour qu'elles soient tangentes extérieurement, ou tangentes intérieurement?

25. — Que vaut en grades et en fractions d'angle droit un angle de 48°?

26. — Que vaut en grades et en fractions d'angle droit un angle de 27° 12′?

27. — Que vaut en grades et en fractions d'angle droit un angle de 115° 41′ 25″?

28. — Que vaut en degrés et en grades un angle égal à $\dfrac{4}{7}$ dr. ?

29. — Que vaut en degrés et en fractions d'angle droit un angle de 45^g 32?

30. — Que vaut un angle inscrit comprenant un arc de 39° 27′ 42″ entre ses côtés?

31. — Que vaut un angle inscrit dans un arc de 193° 39′ 20″?

32. — Que vaut un angle formé par une tangente et une sécante qui comprend entre ses côtés un arc de 93° 23′ 46″ ?

33. — Deux demi-sécantes issues d'un point intérieur à une circonférence interceptent un arc de 32° 47′ 58″, et les prolongements interceptent un arc de 2° 56′ 32″. Que vaut l'angle des demi-sécantes ?

34. — Deux demi-sécantes issues d'un point extérieur à une circonférence interceptent des arcs de 36° 21′ 12″ et de 9° 43′ 24″. Que vaut l'angle des demi-sécantes ?

35. — On prend sur une circonférence des arcs successifs :

$$AB = 60° \qquad BC = 90° \qquad CD = 180°$$

Calculer : 1° les angles du quadrilatère ABCD ; 2° les angles formés par les diagonales ; 3° les angles formés par les côtés AB, CD et BD, BC prolongés jusqu'à leur rencontre.

LIVRE III

36. — Trouver la surface d'un rectangle dont les côtés ont 22ᵐ 5 et 13ᵐ 04.

37. — Trouver la surface d'un parallélogramme de 26ᵐ 81 de base et de 19ᵐ 257 de hauteur.

38. — La surface d'un rectangle est de 98ᵐ𝑞 367 ; un de ses côtés vaut 12ᵐ 53. Quelle est la longueur du second côté ?

39. — Calculer la hauteur d'un parallélogramme ayant 46ᵐ𝑞 de surface et 13ᵐ 5 de base.

40. — Trouver la surface d'un carré de 2ᵐ 35 de côté.

41. — Quel est le côté d'un carré de 642ᵐ𝑞 39 de surface ?

42. — La hauteur d'un parallélogramme est le triple de sa base, sa surface vaut 582ᵐ𝑞 32. Trouver la base et la hauteur de ce parallélogramme.

43. — Trouver la surface d'un triangle ayant 7ᵐ 85 de base et 2ᵐ 28 de hauteur.

44. — Un triangle a 218ᵐ𝑞 6254 de surface, sa base vaut 49ᵐ 5. Quelle est sa hauteur ?

45. — Un triangle a sa base égale à sa hauteur, sa surface vaut 30ᵐ𝑞 253. Trouver sa base et sa hauteur.

46. — Une diagonale d'un losange a 25ᵐ sa surface vaut 375ᵐ𝑞. Calculer la longueur de la seconde diagonale.

47. — Quel est le rapport des surfaces de deux triangles ayant des bases égales à 45^m 32 et des hauteurs égales à 12^m 21 et 9^m 36 ?

48. — Deux triangles ont un angle égal ; les côtés comprenant cet angle valent dans l'un 21^m et 6^m, dans l'autre 28^m et 9^m. Quel est le rapport des surfaces de ces deux triangles ?

49. — Les bases d'un trapèze valent 0^m 256 et 0^m 922 ; sa hauteur est 0^m 36. Trouver sa surface.

50. — La surface d'un trapèze est de 302^{mq} 25 ; la base inférieure est le double de la base supérieure ; la hauteur vaut 13^m 4. Calculer les deux bases.

51. — La surface d'un trapèze est de 242^{mq} 5236 ; la base inférieure est le triple de la base supérieure ; la hauteur est égale à la somme des deux bases. Calculer les bases et la hauteur de ce trapèze.

52. — Deux côtés d'un triangle valent 28^m 45 et 32^m 507. Sur le premier côté on prend un point à 10^m 5 du sommet et on mène une parallèle au troisième côté. Calculer les segments déterminés par cette parallèle sur le second côté.

53. — Deux côtés d'un triangle valent 12^m et 28^m. A partir du sommet on prend sur le premier une longueur égale à 3^m et sur le second une longueur égale à 7^m. On joint les points de division. Comment est située cette droite par rapport au troisième côté ?

54. — Les trois côtés d'un triangle valent 8^m, 9^m et 12^m. On mène la bissectrice du plus grand angle. Calculer les segments qu'elle détermine sur le côté opposé.

55. — Deux droites antiparallèles déterminent sur un côté d'un angle des segments égaux à 12^m 80 et 7^m 25. L'un des segments de l'autre côté vaut 26^m 13. Que vaut le second segment ?

56. — Les trois côtés d'un triangle valent 10^m, 12^m, 18^m. On mène les bissectrices du plus grand angle et de l'angle extérieur adjacent : elles coupent le côté opposé aux points M et M'. Calculer MM'.

57. — Les trois côtés d'un triangle valent 13^m, 15^m, 22^m. Calculer les côtés d'un triangle semblable, sachant que l'homologue au premier côté du triangle donné vaut 8^m 25. Quel est le rapport des surfaces de ces deux triangles ?

58. — Un trapèze isocèle a pour bases 10^m et 4^m, les côtés non parallèles ont 6^m. Calculer les côtés des triangles formés par chacune des bases et les côtés non parallèles prolongés jusqu'à leur point d'intersection.

59. — Deux côtés homologues de deux polygones semblables valent 12ᵐ 45 et 9ᵐ 06. Quel est le rapport des surfaces de ces deux polygones ?

60. — On construit un polygone semblable à un polygone donné, dont les côtés sont le double des côtés donnés. Trouver le rapport des surfaces de ces deux polygones.

61. — Les deux côtés de l'angle droit d'un triangle rectangle valent 22ᵐ et 13ᵐ. Calculer l'hypoténuse, les deux segments déterminés sur l'hypoténuse par la hauteur, et la hauteur.

62. — L'hypoténuse d'un triangle rectangle vaut 31ᵐ, un des côtés de l'angle droit vaut 12ᵐ. Calculer le second côté de l'angle droit, les segments déterminés sur l'hypoténuse par la hauteur, et la hauteur ?

63. — Les deux côtés de l'angle droit d'un triangle rectangle valent 13ᵐ et 42ᵐ. Calculer la surface et la hauteur relatives à l'hypoténuse.

64. — Trouver la distance au centre d'une corde de 113ᵐ 24 tracée dans une circonférence de 58ᵐ de rayon.

65. — Par un point situé à 32ᵐ du centre d'une circonférence de 14ᵐ de rayon, on mène une tangente. Trouver la longueur de cette tangente.

66. — Les côtés égaux d'un triangle isocèle valent 47ᵐ et la base égale 13ᵐ. Calculer la hauteur et la surface.

67. — Un trapèze rectangle a 12ᵐ et 15ᵐ de bases, sa hauteur vaut 6ᵐ. Calculer le quatrième côté.

68. — Un trapèze isocèle a 21ᵐ et 13ᵐ de bases, les deux côtés égaux valent 8ᵐ. Calculer la hauteur et la surface.

69. — Trouver les trois côtés d'un triangle rectangle, sachant que ce sont trois nombres entiers consécutifs.

70. — Calculer les deux côtés de l'angle droit d'un triangle rec-.angle, sachant que leur somme vaut 42ᵐ et que l'hypoténuse égale 25ᵐ.

71. — Les trois côtés d'un triangle valent 15ᵐ, 17ᵐ, 20ᵐ. Ce triangle a-t-il un angle obtus ?

72. — Un triangle isocèle a une base égale à 15ᵐ, les deux côtés égaux valent chacun 19ᵐ. Calculer la projection d'un des côtés égaux sur l'autre.

73. — Dans une circonférence de 10ᵐ de rayon, on mène par un même point une corde de 13ᵐ et un diamètre. Calculer la projec tion de la corde sur le diamètre.

74. — Dans une circonférence de 7ᵐ de rayon, on mène un

diamètre, et par le milieu d'un des rayons formant le diamètre on mène la perpendiculaire à ce diamètre. Calculer la longueur de cette perpendiculaire limitée à la circonférence et au diamètre.

75. — Dans une circonférence de 3ᵐ de rayon, on mène des cordes passant toutes par le point situé aux 3/4 d'un rayon à partir du centre. Calculer le produit des deux segments déterminés par ce point sur les cordes.

76. — Dans une circonférence de 8ᵐ, 5 de rayon, on prolonge un diamètre d'une longueur égale au rayon, par ce point, on mène une tangente à la circonférence. Calculer la longueur de la tangente.

LIVRE IV

77. — Calculer l'angle d'un polygone régulier de 8 côtés et son angle au centre.

78. — Deux hexagones réguliers ont 14ᵐ et 21ᵐ de côté. Calculer le rapport de leurs périmètres et le rapport de leurs surfaces.

79. — Calculer le côté, l'apothème et la surface d'un carré inscrit dans une circonférence de 7ᵐ de rayon.

80. — La surface d'un carré est de 342ᵐᑫ 25. Calculer les rayons des cercles inscrits et circonscrits à ce carré.

81. — Calculer le côté d'un octogone régulier inscrit dans une circonférence de 2ᵐ de rayon.

82. — Calculer le côté, l'apothème et la surface d'un hexagone régulier inscrit dans une circonférence de 8ᵐ de rayon.

83. — La surface d'un hexagone est de 13ᵐᑫ 2532. Calculer le rayon de la circonférence circonscrite à ce polygone ainsi que son apothème.

84. — Calculer le côté d'un dodécagone régulier inscrit dans une circonférence de 12ᵐ de rayon.

85. — Calculer le côté, l'apothème et la surface d'un triangle équilatéral inscrit dans une circonférence de 4ᵐ de rayon.

86. — L'apothème d'un triangle équilatéral vaut 11ᵐ 75. Calculer le rayon du cercle circonscrit à ce triangle, son côté et sa surface.

87. — Calculer la longueur d'une circonférence de 2ᵐ 45 de rayon.

88. — Une circonférence a 7ᵐ 95 de tour. Quel est son rayon ?

89. — Dans une circonférence de 4ᵐ 25 de rayon, calculer la longueur des arcs de 28°, de 30° 42′, de 15° 13′ 22″.

90. — Un arc de 45° a 18ᵐ 23 de long. Calculer le rayon de la circonférence à laquelle il appartient.

91. — Dans une circonférence de 6ᵐ 7 de rayon, on prend un arc de 2ᵐ. Calculer l'angle au centre correspondant à cet arc.

92. — Trouver la surface d'un cercle de 0ᵐ 25 de rayon.

93. — La surface d'un cercle est de 243ᵐᵐᑫ. Calculer son rayon.

94. — La longueur d'une circonférence est de 47ᵐ 36. Calculer la surface du cercle limité par cette circonférence.

95. — Trouver la surface d'une couronne circulaire : les rayons des cercles concentriques qui la forment ont 4ᵐ 80 et 5ᵐ 10.

96. — Trouver le rayon de la circonférence, dont la surface et le périmètre sont exprimés par le même nombre. Quel est ce nombre?

97. — Dans une circonférence de 0ᵐ 025 de rayon, calculer la surface des secteurs de 60°, de 41° 23′ et de 10° 53′ 45″.

98. — Dans une circonférence de 3ᵐ de rayon on veut tracer un secteur de 2ᵐᑫ 36. Quel angle au centre doit-on former?

99. — Un secteur de 27° a une surface de 10ᵐᑫ 324. Calculer le rayon de la circonférence à laquelle appartient ce secteur.

100. — Calculer la surface du segment d'une circonférence de 0ᵐ 17 correspondant à un angle au centre de 90°.

101. — La surface d'un segment correspondant à un angle de 60° est de 8ᵐᑫ 35. Calculer le rayon de la circonférence à laquelle appartient ce segment.

LIVRE V

102. — Un point est à une distance de 2ᵐ 25 d'un plan, de ce point on mène une oblique de 3ᵐ 82. Trouver la distance du pied de l'oblique au pied de la perpendiculaire.

103. — Un fil de 3ᵐ de long est fixé à un point extérieur à un plan. Son extrémité libre décrit sur ce plan une circonférence de 0ᵐ 8 de rayon. Calculer la distance du point au plan.

104. — Trois plans M, N, P sont tels que la distance de M à N est de 4ᵐ 25, celle de N à P est de 3ᵐ 10. Une droite AC de 14ᵐ de long a ses extrémités sur les plans extrêmes M et P. Trouver la longueur des deux segments que détermine le plan N sur cette droite.

105. — Trois droites issues d'un même point font des angles successifs de 150°, 120° et 90°. Ces droites forment-elles les arêtes d'un trièdre, ou sont-elles dans un même plan ?

106. — Peut-on former un angle polyèdre convexe en réunissant quatre angles de 120°, 97°, 62° et 45° ?

LIVRE VI

107. — Les arêtes d'un parallélépipède rectangle ont 2^m 50, 3^m 20 et 4^m 40. Calculer les longueurs des diagonales des faces, les diagonales du parallélépipède et son volume.

108. — Calculer le volume d'un prisme régulier dont la base est un hexagone régulier de 2^m de côté, la hauteur a 4^m 25.

109. — Un parallélépipède rectangle a deux de ses dimensions égales à 4^m 80 et 5^m 20. Son volume est de 44^{mc} 536. Calculer sa troisième dimension.

110. — Le volume d'un prisme est de 2^{mc} 453. Sa hauteur est de 4^m 50. Sa base est un triangle équilatéral. Calculer le côté de cette base.

111. — Une poutre a pour longueur 3^m 60. Sa section est un carré de 0^m 20 de côté. Calculer son poids, sachant que le poids spécifique du bois est 0^m 80.

112. — Un parallélépipède a pour base un losange, dont les diagonales ont 4^m 50 et 3^m 60 ; sa hauteur vaut 12^m 25. Calculer son volume.

113. — Un prisme droit a pour base un triangle rectangle, les deux côtés de l'angle droit valent 4^m 50 et 12^m 50. Son volume vaut 211^{mc} 50. Calculer sa hauteur.

114. — Un cube a 2^m 40 d'arête. Calculer sa surface.

115. — Trouver le volume d'un prisme ayant pour base le triangle équilatéral inscrit dans une circonférence de 4^m de rayon, et pour hauteur le côté du carré inscrit dans la même circonférence.

116. — Une pyramide régulière a pour base un hexagone régulier de 12^m de côté et une arête de 25^m. Quel est son volume ?

117. — La plus haute pyramide d'Égypte a une hauteur de 146^m. Sa base est un carré de 233^m de côté. Calculer son volume et la longueur du mur de 4^m de haut et de o^m 8 d'épaisseur que l'on pourrait construire avec ses matériaux.

118. — Une pyramide a pour base un triangle équilatéral de o^m 1 de côté. Quelle doit être sa hauteur pour que son volume soit de 1 décimètre cube?

119. — Trouver le volume d'un tronc de pyramide à bases carrées. Les côtés des carrés ont 12^m 50 et 10^m 30; la hauteur a 2^m 10.

120. — Un tronc de pyramide a pour base inférieure un triangle rectangle, dont les côtés de l'angle droit ont o^m 30 et o^m 40. La base supérieure a une hypoténuse de o^m 25. Le volume du tronc est de 14 litres. Quelle est sa hauteur?

121. — Un tronc de pyramide a une base de o^{mq} 2542. Sa hauteur vaut 3^m 25. La seconde base a des côtés 3 fois plus petits que ceux de la base donnée. Calculer le volume du tronc.

122. — Un tronc de pyramide a une base de 3^{mq}. Sa hauteur vaut 2^m . Son volume est de 8^{mc}. Calculer la seconde base.

LIVRE VII

123. — Un tuyau cylindrique a un diamètre de o^m 15. Sa hauteur est de 2^m 30. Calculer la surface de tôle qu'il faut pour le fabriquer.

124. — Trouver le poids d'une colonne cylindrique de fonte, sachant que sa hauteur est de 3^m 50, et que sa circonférence est de 432^{mm}. La densité de la fonte est de 7,2.

125. — Trouver le rayon et la hauteur d'un cylindre, sachant que la hauteur est le triple du rayon de base et que la surface totale est de 12^{mq}.

126. — Calculer le volume, la surface latérale et la surface totale d'un cylindre ayant pour rayon 2^m 25 et pour hauteur 4^m 07.

127. — Un rectangle de carton a o^m 20 sur o^m 30. Calculer les volumes des deux cylindres que l'on obtient en enroulant ce rectangle de façon que soit un côté soit l'autre devienne la hauteur.

128. — Un fil de cuivre de 100^m de long pèse 7 kg. 260. Calculer son diamètre. La densité du cuivre est de 8,8.

129. — Un cône a un rayon de 7^m et une hauteur de 4^m 25. Calculer son arête, sa surface latérale, sa surface totale, son volume.

130. — Un cône a une hauteur de 2^m 24 et une arête de 3^m 10. Calculer sa surface totale et son volume.

131. — L'arête d'un cône est égale au diamètre de la base, la surface latérale est de 45^{mq} 32. Calculer son volume.

132. — La surface latérale d'un cône est de 25^{mq}, sa surface totale est de 30^{mq}. Calculer le rayon de sa base, l'arête et la hauteur.

133. — La base d'un cône a 28^{mq}, sa hauteur est de 10^m. A quelle distance du sommet faut-il couper ce cône pour que la section soit le tiers de la surface de la base ?

134. — Trouver le volume, la surface latérale et la surface totale d'un tronc de cône, dont les rayons ont 2^m 5 et 3^m 4. La hauteur égale 4^m 20.

135. — Les rayons de base d'un tronc de cône ont 8^m et 5^m, l'arête vaut 12^m. Calculer le volume.

136. — Calculer la surface et le volume d'une sphère de 0^m 25 de rayon.

137. — La surface d'une sphère est égal à 1^{mq}. Calculer son rayon.

138. — Dans une sphère de 3^m 4 de rayon, on prend une zone de 0^m 25 de hauteur. Quelle est la surface de cette zone ?

139. — Une boule de cuivre a 0^m 25 de rayon extérieur, son épaisseur est de 0^m 01. Calculer son poids, la densité du cuivre est 8,8.

140. — Une calotte sphérique a pour base un cercle de 0^m 12 de rayon, sa hauteur est de 0^m 05. Calculer le rayon de la sphère à laquelle elle appartient.

141. — D'après la définition du mètre, trouver en kilomètres le rayon de la terre. Calculer sa surface et son volume.

142. — Une zone de 0^{mq} 01 appartient à une sphère de 0^m 13 de rayon ; l'une des bases de la zone est à 0^m 05 du centre. Calculer la surface du cercle qui forme la seconde base.

143. — Le demi-cercle générateur d'une sphère a 0^m 40 de diamètre. Dans ce demi-cercle on mène une corde parallèle au diamètre, sa longueur est 0^m 20. Calculer la surface engendrée par cette corde.

144. — Une chaudière à vapeur a la forme d'un cylindre terminé de part et d'autre par une demi-sphère. Sa longueur totale est de 6^m 4. Son diamètre égal 0^m 88. Calculer son volume.

145. — Un vase cylindrique de 0^m 25 de diamètre contient de l'eau jusqu'à un certain niveau. On immerge totalement dans le liquide une sphère de 0^m 12 de diamètre. De combien s'élèvera le niveau de l'eau ?

146. — Un cône a pour base un petit cercle, son sommet est au centre d'une sphère, dont le rayon est 1^m. Sa surface latérale est égale à $\dfrac{1}{10}$ de celle de la sphère. Calculer sa hauteur.

147. — Trouver la hauteur d'un cône circonscrit à une sphère de 2^m de rayon, sachant que le rapport de sa surface totale à celle de la sphère est égal à 3.

DEUXIÈME SÉRIE

1. — Construire un triangle isocèle.

2. — Construire un parallélogramme.

3. — Construire un rectangle.

4. — Quelle figure obtient-on après avoir retourné un triangle isocèle autour de sa base ?

5. — Construire un carré.

6. — Construire un trapèze : 1° quelconque ; 2° rectangle ; 3° isocèle.

7. — Deux angles qui ont même supplément ou même complément sont égaux.

8. — Deux triangles qui ont les trois côtés égaux chacun à chacun sont égaux. (Supposer qu'un des angles adjacents aux côtés que l'on amène à coïncider est obtus.)

9. — Lorsque deux triangles ont deux côtés égaux chacun à chacun comprenant des angles inégaux, les troisièmes côtés sont inégaux, le plus grand côté étant opposé au plus grand angle. (Faire la démonstration en supposant que : 1° le point D est à l'intérieur du triangle ABC ; 2° le point D est sur AC.)

10. — Deux triangles qui ont deux angles égaux chacun à chacun ont aussi leurs troisièmes angles égaux.

11. — Lorsque deux demi-droites, issues d'un même point d'une droite, forment avec celle-ci des angles égaux situés de part et d'autre de la droite et non adjacents, ces angles sont opposés par le sommet.

12. — Un triangle, dans lequel la même droite est à la fois bissectrice et hauteur, est isocèle.

13. — Un triangle, dans lequel la même droite est à la fois hauteur et médiane, est isocèle.

14. — De deux obliques qui s'écartent inégalement du pied de la perpendiculaire, celle qui s'en écarte le plus est la plus grande. (Démontrer le théorème lorsque les deux obliques sont de part et d'autre de la perpendiculaire.)

15. — Deux obliques qui sont inégales s'écartent inégalement du pied de la perpendiculaire.

16. — Tout point situé à égale distance des deux extrémités d'un segment est sur la perpendiculaire menée par le milieu de ce segment.

17. — Tout point situé à égale distance des deux côtés d'un angle est sur la bissectrice de cet angle.

18. — Si deux droites coupées par une sécante forment : 1º des angles alternes externes égaux ; 2º des angles alternes internes égaux ; 3º des angles internes de même côté supplémentaires ; 4º des angles externes de même côté supplémentaires, ces droites sont parallèles.

19. — Deux angles obtus qui ont leurs côtés perpendiculaires sont égaux.

20. — Un parallélogramme dont les diagonales sont égales est un rectangle.

21. — Un parallélogramme dont les diagonales sont perpendiculaires est un losange.

22. — Un quadrilatère, dont les diagonales sont perpendiculaires et se coupent par leurs milieux, est un losange.

---

23. — Dans une même circonférence à des arcs égaux correspondent des cordes et des angles au centre égaux.

24. — Dans une même circonférence à des angles au centre égaux correspondent des cordes égales et des arcs égaux.

25. — Dans une même circonférence à des cordes égales correspondent des angles au centre égaux et des arcs égaux.

26. — Dans deux circonférences égales des cordes égales s'écartent également du centre, et réciproquement.

26 *bis*. — Quelle relation doit-il exister entre le rayon d'une circonférence et la distance d'une droite au centre de cette circonférence pour que la droite soit : 1º sécante, 2º tangente, 3º extérieure ?

27. — Les arcs compris entre une sécante et une tangente parallèles sont égaux.

28. — Les arcs compris entre deux tangentes parallèles sont égaux à une demi-circonférence.

29. — Des angles inscrits dans des arcs égaux appartenant à des circonférences égales sont égaux.

30. — Quelle est la nature d'un angle inscrit dans un arc plus petit (ou plus grand) qu'une demi-circonférence.

31. — L'angle, formé par une tangente et une sécante issue du point de contact, a même mesure que la moitié de l'arc compris entre ses côtés. (Démontrer ce théorème lorsque l'angle est obtus.)

32. — Trouver la mesure de l'angle formé par une demi-tangente et une demi-sécante issue d'un même point pris hors de la circonférence.

33. — Trouver la mesure de l'angle formé par deux demi-tangentes issues d'un même point, pris hors de la circonférence.

34. — Mener les tangentes communes à deux circonférences égales.

---

35. — Deux parallélogrammes de même base sont proportionnels à leurs hauteurs.

36. — Deux parallélogrammes de même hauteur sont proportionnels à leurs bases.

37. — Deux triangles qui ont un angle égal et un côté adjacent égal sont proportionnels aux seconds côtés formant l'angle égal.

38. — Toute parallèle à un côté d'un triangle divise les deux autres côtés en segments proportionnels. (Démontrer ce théorème : 1° quand la parallèle est au-dessous de la base du triangle ; 2° quand la parallèle est au delà du sommet.)

39. — La bissectrice de l'angle d'un triangle divise le côté opposé en segments proportionnels aux côtés adjacents. (Démontrer le théorème dans le cas d'un triangle isocèle.)

40. — Que devient le théorème sur la bissectrice de l'angle extérieur d'un triangle, lorsque le triangle est isocèle ?

41. — Si des droites interceptent sur deux parallèles des segments proportionnels, ces droites sont concourrantes.

42. — Toute parallèle à un côté d'un triangle détermine un triangle semblable au triangle donné. (Démontrer ce théorème : 1° quand la parallèle est au-dessous de la base du triangle ; 2° quand la parallèle est au delà du sommet.)

43. — Les produits des deux segments déterminés sur un côté d'un angle par deux antiparallèles sont égaux au produit des segments déterminés sur le second côté. (Démontrer le théorème, lorsque les antiparallèles sont, de part et d'autre, du sommet de l'angle.)

44. — Si sur deux droites concourantes ox et oy on a des points A et B sur l'une et C et D sur l'autre, tels que :

$$OA \times OB = OC \times OD$$

Démontrer que les droites AC et AD sont antiparallèles.

45. — Dans un triangle le carré d'un côté opposé à un angle aigu est égal à la somme des carrés des deux autres côtés, moins deux fois le produit d'un de ces côtés par la projection de l'autre sur lui. (Démontrer le théorème lorsque le triangle a un angle obtus).

46. — Si sur deux droites concourantes ox et oy on a des points A et B sur l'un et C et D sur l'autre, tels que :

$$OA \times OB = OC \times OD$$

démontrer que les quatre points ABCD sont sur une même circonférence.

------

47. — Toute ligne polygonale régulière est inscriptible et circonscriptible.

48. — Un polygone inscrit dans une circonférence qui a tous ses côtés égaux est régulier.

49. — La surface d'un triangle équilatéral est la moitié de la surface de l'hexagone inscrit dans la même circonférence.

------

50. — Si deux segments de parallèles compris entre une droite et un plan sont égaux, la droite et le plan sont parallèles.

51. — Deux angles qui ont leurs côtés parallèles et de sens contraire sont égaux; deux angles qui ont leurs côtés parallèles les uns de même sens et les autres de sens contraire sont supplémentaires.

52. — Lorsque deux plans sont coupés par un plan quelconque suivant deux parallèles, les plans donnés sont parallèles.

53. — Si des segments de parallèles quelconques compris entre deux plans sont égaux, les deux plans sont parallèles.

54. — Toutes les perpendiculaires menées sur une droite en un point de cette droite sont dans le plan perpendiculaire à la droite passant par le point donné.

55. — La somme des dièdres consécutifs, ayant même arête et formés d'un même côté d'un plan, est égale à deux droits.

56. — La somme des dièdres consécutifs, ayant même arête et formés autour de cette arête, est égale à quatre droits.

57. — Si deux dièdres adjacents sont supplémentaires, leurs faces non communes sont dans le même plan.

------

58. — Quel est le rapport des volumes de deux cubes ?

59. — Deux prismes de même hauteur sont proportionnels à leurs bases.

60. — Deux prismes de bases égales sont proportionnels à leurs hauteurs.

61. — Si des pyramides ont même base et leurs sommets dans un plan parallèle à la base, ces pyramides sont équivalentes:

TROISIÈME SÉRIE

LIVRE I

1. — Les bissectrices de deux angles adjacents et supplémentaires sont perpendiculaires entre elles.

2. — Les bissectrices de deux angles opposés par le sommet sont dans le prolongement l'une de l'autre.

3. — Si quatre angles consécutifs formés autour d'un point sont tels que : le premier et le troisième d'une part, le second et le quatrième d'autre part sont égaux, démontrer que le premier et le troisième sont opposés par le sommet.

4. — Dans un triangle une médiane est plus petite que la demi-somme des côtés issus du même sommet.

5. — Si on joint aux trois sommets un point intérieur d'un triangle, la somme des trois lignes menées est plus grande que le demi-périmètre du triangle et est plus petite que ce périmètre.

6. — Dans un triangle ABC, on mène la médiane AM. Démontrer que si :

$$AM = \frac{BC}{2} \quad \text{on a} \quad \widehat{A} = \widehat{B} + \widehat{C}$$

7. — Étant donné un angle quelconque A, si l'on porte sur un côté deux longueurs AB, AB′, puis sur l'autre côté deux longueurs respectivement égales aux premières AC, AC′, les droites BC′ et CB′ sont égales et se rencontrent sur la bissectrice de l'angle A.

8. — Un triangle isocèle a deux médianes égales, deux bissectrices égales, deux hauteurs égales.

9. — Un triangle qui a deux hauteurs égales est isocèle.

10. — Un triangle qui a deux médianes égales est isocèle.

11. — Toute perpendiculaire à la bissectrice d'un angle rencontre les côtés à égales distances du sommet.

12. — Les perpendiculaires menées aux deux côtés d'un angle à égales distances du sommet se coupent sur la bissectrice.

13. — Les perpendiculaires élevées au milieu des trois côtés d'un triangle se coupent en un même point.

14. — Les bissectrices des angles d'un triangle se coupent en un même point.

15. — Trouver sur une droite un point qui soit à égale distance de deux points donnés.

16. — Trouver le lieu des points situés à une distance donnée d'une droite donnée.

17. — Trouver le lieu des points situés à égale distance de deux droites données : 1º les droites sont parallèles ; 2º les droites se coupent.

18. — Trouver un point qui soit à une distance donnée de deux droites données.

19. — Si d'un point pris dans l'intérieur d'un angle on mène des perpendiculaires sur les côtés, l'angle formé est le supplément de l'angle donné.

20. — Si deux angles ont leurs côtés parallèles, leurs bissectrices sont parallèles ou perpendiculaires.

21. — Dans un triangle isocèle, la somme des distances d'un point de la base aux deux côtés égaux est constante.

22. — Deux points sont situés du même côté d'une droite. Trouver le plus court chemin pour aller d'un point à l'autre en touchant la droite.

23. — Si par les sommets d'un triangle on mène des parallèles aux côtés opposés, le triangle formé est le quadruple du triangle proposé.

24. — Le point de rencontre des diagonales d'un rectangle est à égale distance des quatre sommets.

25. — Dans un triangle rectangle la médiane qui part du sommet de l'angle droit est la moitié de l'hypoténuse.

26. — Un quadrilatère qui a trois angles droits est un rectangle.

27. — Les bissectrices des angles d'un parallélogramme forment un rectangle.

28. — Les bissectrices des angles d'un rectangle forment un carré.

29. — Deux triangles sont égaux lorsqu'ils ont deux côtés égaux et la médiane comprise égale.

30. — Si à partir des quatre sommets d'un carré, on porte sur chaque côté, dans le même sens, des longueurs égales, la figure obtenue en joignant les extrémités de ces longueurs est un carré.

31. — Tout segment, passant par le point de rencontre des diagonales d'un parallélogramme, limité aux côtés de ce parallélogramme, est divisé par le point de rencontre des diagonales en deux parties égales.

32. — Lieu des points d'intersection des diagonales de parallélogrammes ayant une base commune et des hauteurs égales.

33. — Par un point pris dans un angle, mener un segment limité aux côtés de l'angle et qui soit divisé en deux parties égales par le point donné.

LIVRE II

34. — Trouver la plus courte et la plus grande distance d'un point à une circonférence.

35. — Deux circonférences sont intérieures ou extérieures. Trouver le plus court segment compris entre les deux circonférences.

36. — Des extrémités d'une corde parallèle à un diamètre, on mène des perpendiculaires sur celui-ci. Démontrer que les segments du diamètre extérieur à ces perpendiculaires sont égaux.

37. — Une corde de longueur constante se meut dans un cercle. Quel est le lieu décrit par son milieu ?

38. — Une droite de longueur constante se meut parallèlement à elle-même, de façon qu'une de ses extrémités soit constamment sur une circonférence. Quel est le lieu décrit par l'autre extrémité ?

39. — Lieu décrit par le milieu d'une droite de longueur donnée, dont les extrémités s'appuient sur les côtés d'un angle droit.

40. — Les tangentes menées d'un point à une circonférence sont égales.

41. — Dans tout quadrilatère circonscrit, la somme de deux côtés opposés est égale à la somme des deux autres.

42. — Lieu des points d'où les tangentes menées à une circonférence ont une longueur donnée.

43. — Mener par un point donné une sécante, telle que la partie comprise à l'intérieur d'une circonférence donnée ait une longueur donnée.

44. — La tangente menée par le milieu d'un arc est parallèle à la corde qui sous-tend cet arc.

45. — On donne une circonférence et un point A situé à une distance du centre double du rayon. Démontrer que le triangle formé par les tangentes et a corde de contact est équilatéral.

46. — Les tangentes extérieures ou intérieures à deux circonférences se coupent sur la ligne des centres.

47. — AC et BC étant deux tangentes à un cercle, si on mène une tangente en un point P de l'arc AB, cette tangente coupe AC et BC en des points M et N, tels que le périmètre du triangle CMN est indépendant de la position de P sur l'arc AB.

48. — Lieu des points situés à une distance donnée d'une circonférence donnée.

49. — Décrire une circonférence passant à une distance donnée de trois points donnés, non situés en ligne droite.

50. — Décrire une circonférence passant à égale distance de quatre points donnés, non situés en ligne droite. Le problème peut-il être indéterminé ?

51. — BB′ et CC′ étant deux hauteurs d'un triangle ABC. Démontrer que le cercle de diamètre BC passe par B′ et C′.

52. — Les angles opposés d'un quadrilatère convexe inscrit dans un cercle sont supplémentaires.

53. — Si un trapèze est inscrit dans un cercle, les côtés non parallèles sont égaux.

54. — Si deux circonférences se coupent et si, par l'un des points d'intersection, on mène un diamètre dans chaque circonférence, en joignant leurs extrémités, on obtient une droite passant par le second point d'intersection.

55. — Si deux sécantes se croisent au point de contact de deux circonférences tangentes, les cordes qui joignent leurs extrémités sont parallèles.

56. — Si deux circonférences sont tangentes et qu'on mène une sécante quelconque par le point de contact, les tangentes menées par les extrémités de cette sécante sont parallèles.

57. — Deux cordes AB et CD qui se coupent à angle droit interceptent sur la circonférence des arcs, tels que :

$$AC + DB = \text{constante}.$$

58. — Tracer une circonférence de rayon donné passant par deux points donnés.

59. — Tracer une circonférence passant par un point donné et tangente en un point donné d'une droite donnée.

60. — Tracer une circonférence passant par un point donné et tangente en un point donné d'une circonférence donnée.

61. — Tracer avec un rayon donné une circonférence tangente à deux droites données.

62. — Tracer avec un rayon donné une circonférence tangente à deux circonférences données.

63. — Construire un triangle isocèle connaissant :
  1o La base et l'angle au sommet ;
  2o La base et la hauteur ;
  3o Les côtés égaux et la hauteur.

64. — Construire un triangle rectangle connaissant :
  1o L'hypoténuse et la hauteur ;
  2o L'hypoténuse et un côté adjacent ;
  3o Un angle aigu et un côté quelconque.

65. — Construire un triangle connaissant :
  1o Deux côtés et la hauteur relative à l'un d'eux ;
  2o Un côté, la hauteur relative à ce côté et l'angle opposé à ce côté ;
  3o Un côté, un angle adjacent et la hauteur relative à ce côté ;
  4o Deux côtés et la hauteur relative au troisième ;
  5o Un côté, la médiane et la hauteur relative à ce côté ;
  6o Les angles et le rayon du cercle circonscrit ;
  7o Les angles et le rayon du cercle inscrit ;
  8o Les angles et le périmètre.

66. — Construire un quadrilatère connaissant ses côtés et l'une des diagonales.

67. — Construire un quadrilatère inscrit dans une circonférence donnée, connaissant deux côtés et la diagonale issue du même sommet.

68. — Construire un trapèze isocèle connaissant une de ses bases, le côté latéral et la hauteur.

69. — Construire un parallélogramme connaissant un côté, une diagonale et l'angle des deux diagonales.

LIVRE III

70. — Démontrer que la surface d'un polygone circonscrit à une circonférence est égale au demi-produit du périmètre par le rayon de la circonférence.

71. — Si l'on joint un point pris dans. l'intérieur d'un parallélogramme aux quatre sommets, les quatre triangles formés sont tels que la somme de deux triangles opposés est équivalente à la somme des deux autres.

72. — Démontrer que la somme des distances d'un point intérieur à un triangle équilatéral aux côtés de ce triangle est constante.

73. — L'aire d'un quadrilatère, dont les diagonales sont perpendiculaires, a pour mesure la moitié du produit des diagonales.

74. — Calculer la hauteur et la base d'un triangle connaissant la surface et en plus soit le rapport, soit la somme, soit la différence de ces deux lignes.

75. — Partager un triangle en trois parties équivalentes par des droites partant du sommet.

76. — Parmi tous les triangles que l'on peut former avec deux côtés donnés, quel est le plus grand ?

77. — Démontrer que les milieux des côtés d'un quadrilatère forment un parallélogramme, dont les côtés sont parallèles aux diagonales de ce quadrilatère et égales à leurs moitiés.

78. — Le rapport des deux hauteurs d'un parallélogramme est l'inverse du rapport des côtés de ce parallélogramme.

79. — Démontrer que toutes les droites qui joignent les extrémités de rayons parallèles menés dans deux cercles coupent la ligne des centres en un même point.

80. — Le rapport des surfaces de deux polygones circonscrits à une même circonférence est égal au rapport de leurs périmètres.

81. — Lieu des milieux des droites joignant un point donné à une droite donnée.

82. — Le lieu des points, dont le rapport des distances aux deux côtés d'un angle est constant, est une droite passant par le sommet de l'angle.

83. — Les côtés non parallèles d'un trapèze et la droite qui joint les milieux des côtés parallèles concourent en un même point.

84. — Trouver à l'intérieur d'un triangle un point tel que les triangles, ayant ce point pour sommet et pour bases les côtés du triangle donné, soient égaux.

85. — Toute parallèle à la base d'un triangle a son milieu sur la médiane.

86. — Démontrer que les trois médianes d'un triangle se coupent en un même point.

87. — Si dans deux triangles semblables, on mène les médianes qui partent de deux sommets homologues, on décompose les triangles donnés en triangles semblables deux à deux.

88. — Si dans deux triangles semblables, on mène les bissectrices de deux angles homologues, on décompose les triangles donnés en triangles semblables deux à deux.

89. — Si BB' et CC' sont deux hauteurs d'un triangle ABC, on a :

$$AB' \times AC = AC' \times AB$$

90. — Démontrer que deux losanges qui ont leurs diagonales proportionnelles sont semblables.

91. — Deux trapèzes qui ont les angles égaux et les bases proportionnelles sont semblables.

92. — Deux trapèzes qui ont les angles égaux et de plus une base et un côté adjacent proportionnels sont semblables.

93. — Dans un triangle, la somme des carrés de deux côtés est égale à deux fois le carré de la moitié du troisième côté, plus deux fois le carré de la médiane relative à ce troisième côté.

94. — Trouver le lieu des points tels que la somme des carrés de leurs distances à deux points fixes soit égale à un carré donné.

95. — Dans un triangle, la différence des carrés de deux côtés est égale au double produit du troisième côté par la projection de la médiane sur ce côté.

96. — Trouver le lieu des points tels que la différence des carrés de leurs distances à deux points fixes soit égale à un carré donné.

97. — Calculer la hauteur d'un triangle rectangle connaissant les deux côtés de l'angle droit.

98. — Trouver la surface du carré qui a pour côté la diagonale du carré de côté a.

99. — Mener un cercle passant par deux points donnés et tangente à une droite donnée.

100. — Partager un triangle en deux parties égales par une parallèle à l'un des côtés.

101. — Calculer la surface d'un triangle équilatéral, dont la hauteur est h.

102. — Calculer les côtés d'un triangle rectangle, sachant qu'ils sont trois termes consécutifs d'une progression arithmétique dont la raison est donnée.

103. — Calculer la longueur d'une droite menée parallèlement aux bases d'un trapèze et partageant les côtés dans un rapport donné.

104. — Calculer la longueur de la diagonale d'un carré de côté a.

105. — Trouver la longueur de la tangente menée à une circonférence de rayon R par un point situé à une distance d du centre.

106. — Si sur les trois côtés d'un triangle rectangle on construit des polygones semblables, la surface du polygone construit sur l'hypoténuse est égale à la somme des surfaces des deux autres polygones.

107. — La somme des carrés des segments de deux cordes perpendiculaires est égale au carré du diamètre.

108. — Par un point situé à une distance d du centre d'une circonférence de rayon R mener une sécante telle que la partie intérieure soit égale à la partie extérieure.

109. — Inscrire un carré dans une demi-circonférence.

LIVRE IV

110. — Un polygone circonscrit à un cercle et qui a ses angles égaux est régulier.

111. — La surface d'un polygone régulier est égale à la moitié du produit d'un côté par la somme des perpendiculaires abaissées d'un point intérieur sur ses côtés.

112. — Si l'on prolonge de deux en deux les côtés d'un hexagone régulier on forme un triangle équilatéral.

113. — La somme des distances d'un point intérieur aux côtés d'un polygone régulier est constante et est égale à l'apothème multipliée par le nombre des côtés du polygone.

114. — Connaissant le côté a du carré inscrit dans une circonférence, calculer le côté du triangle équilatéral inscrit dans la même circonférence.

115. — La surface du triangle équilatéral circonscrit est égale au double de la surface de l'hexagone régulier inscrit dans le même cercle.

116. — La surface du cercle décrit sur l'hypoténuse d'un triangle rectangle, comme diamètre, est égale à la somme des surfaces des cercles construits sur les deux côtés de l'angle droit.

117. — Trouver la longueur du rayon d'un cercle équivalent à la somme de deux cercles donnés, et le construire géométriquement.

118. — D'un point M d'un demi-cercle AMC, on mène MP perpendiculaire sur le diamètre AB; sur AP et PB comme diamètres on décrit des demi-cercles ANP et PRB. Démontrer que la surface comprise entre le demi-cercle AMB et les demi-cercles ANP et PRB équivaut au cercle décrit sur MP comme diamètre.

119. — Diviser un cercle en deux parties équivalentes en traçant un cercle concentrique.

120. — Calculer le rapport des deux segments déterminés dans un cercle par une corde égale au rayon.

121. — Deux cercles de même rayon R ont une distance des centres égale à R. Calculer la surface commune à ces deux cercles.

LIVRE V

122. — On donne deux droites D et D' non situées dans un même plan et un point M. Démontrer qu'il existe une seule droite passant par M et rencontrant D et D'.

123. — Étant données deux droites non situées dans un même plan, démontrer que par un point donné passe un plan et une seule parallèle au deux droites données.

124. — Étant donné un point O, une droite D, et un plan P, démontrer que le point O passe une seule droite parallèle au plan P et rencontrant la droite D.

125. — Étant donnés quatre points A, B, C, D, non situés dans le même plan, démontrer que la figure formée en joignant les milieux des quatre droites AB, BC, CD, DA est un parallélogramme.

126. — Si deux plans sont respectivement parallèles à deux autres plans, les intersections sont parallèles.

127. — Les projections de deux droites parallèles sur un même plan sont parallèles.

128. — Si deux droites sont perpendiculaires, tout plan perpendiculaire à l'une est parallèle à l'autre.

129. — Lorsqu'une droite n'est pas perpendiculaire à un plan, elle est toujours perpendiculaire à une droite de ce plan.

130. — Démontrer que le lieu des points équidistants de deux points donnés est le plan mené perpendiculairement au milieu du segment joignant les deux points donnés.

131. — Démontrer que le lieu des points équidistants des deux côtés d'un dièdre est le bissecteur de ce dièdre.

132. — Trouver le lieu des points équidistants de deux plans parallèles.

133. — Trouver le lieu des points équidistants de deux droites parallèles.

134. — Trouver le lieu des points équidistants de trois points non situés en ligne droite.

135. — Trouver le lieu des points équidistants des trois faces d'un trièdre.

136. — Trouver le lieu des points équidistants des deux côtés d'un angle.

137. — Un segment de droite a une extrémité fixe, la seconde extrémité s'appuie constamment sur un plan fixe. Trouver le lieu de cette seconde extrémité.

138. — Un plan tourne autour d'une droite. D'un point fixe on abaisse une perpendiculaire sur chacune des positions du plan. Trouver le lieu des pieds de ces perpendiculaires.

LIVRE VI

139. — Dans un parallélépipède, les diagonales se coupent toutes en un même point.

140. — Les diagonales d'un parallélépipède rectangle sont égales et le carré de chacune d'elle est la somme des carrés des trois dimensions du parallélépipède.

141. — La section d'un parallélépipède par un plan qui rencontre deux faces opposées est un parallélogramme.

142. — La surface latérale d'un prisme oblique est égale au produit du périmètre de la section droite par l'arête.

143. — Les plans menés perpendiculairement par le milieu des arêtes d'un tétraèdre se coupent en un même point.

144. — Les plans bissecteurs des dièdres d'un tétraèdre se coupent en un même point.

145. — Le volume d'un prisme triangulaire est égal à la moitié du produit de la surface d'une face latérale par la distance de cette face à l'arête opposée.

146. — Sur trois droites parallèles on prend trois longueurs égales AA', BB', CC'. Démontrer que le volume du prisme ABCA'B'C' est constant.

147. — Trouver le volume d'un tétraèdre ayant trois arêtes issues d'un même point rectangulaires entre elles et de longueur a, b, c.

148. — Trouver la surface totale et le volume d'un tétraèdre régulier d'arête a.

149. — Étant donné un tronc de pyramide, trouver le volume de la pyramide totale à laquelle appartient le tronc.

150. — Trouver le volume d'une pyramide régulière dont la base est un triangle équilatéral de côté a et dont l'arête latérale égale $3a$.

151. — Couper une pyramide par un plan parallèle à la base de telle façon que les deux volumes partiels soient égaux.

LIVRE VII

152. — Trouver la hauteur et la base d'un cylindre connaissant sa surface latérale et sa surface totale.

153. — Un rectangle tourne successivement autour de ses deux côtés. Trouver le rapport des volumes des cylindres engendrés.

154. — Trouver la surface latérale et le volume d'un cône connaissant sa surface totale et, de plus, soit l'arête, soit la hauteur, soit le rayon de base.

155. — Un triangle rectangle tourne successivement autour des deux côtés de l'angle droit. Trouver le rapport des volumes des cônes engendrés.

156. — Partager la surface latérale d'un cône par un plan parallèle aux bases en deux parties égales.

157. — Partager la surface latérale d'un tronc de cône par un plan parallèle aux bases en deux parties égales.

158. — On donne un tronc de cône ayant R et r pour rayons et k pour arête. Trouver : 1° l'arête A du cône total; l'arête a du petit cône; 3° la surface latérale S du grand cône; 4° la surface latérale s du petit cône; 5° la surface latérale du tronc.

159. — On donne un tronc de cône ayant R et r pour rayons et h pour hauteur. Trouver : 1° la hauteur H du cône total; 2° la hauteur h du petit cône; 3° le volume V du cône total; 4° le volume v du petit cône; 5° le volume du tronc.

160. — Étant donnés une demi-circonférence et un rectangle circonscrit à cette demi-circonférence, démontrer que lorsque cette figure tourne autour du diamètre, le rectangle engendre un cylindre circonscrit à une sphère.

161. — Trouver le volume, la surface latérale, la surface totale d'un cylindre circonscrit à une sphère de rayon R.

162. — Si par un point pris sur le prolongement du diamètre d'une demi-circonférence, on mène la tangente à cette demi-circonférence, lorsqu'on fait tourner la figure autour du diamètre, la tangente décrit la surface latérale d'un cône circonscrit à la sphère.

163. — Trouver le volume d'un cylindre inscrit dans une sphère de rayon R, sachant que sa surface totale est égale à la surface d'un grand cercle.

164. — Un triangle rectangle tourne autour de son hypoténuse. Calculer la somme des surfaces engendrées par les côtés de l'angle droit.

165. — Un triangle isocèle tourne autour de sa base. Trouver le volume engendré, sachant que la base est la moitié de chacun des côtés égaux.

166. — Trouver le volume engendré par un triangle équilatéral tournant autour d'un de ses côtés.

167. — Couper une sphère par un plan, de telle sorte que la différence des surfaces des deux zones soit égale à la surface d'un grand cercle.

168. — Deux plans parallèles sont équidistants du centre d'une sphère; la somme des surfaces des sections est égale à la surface de la zone comprise entre les deux plans. Calculer la distance du centre à chacun des plans.

169. — Trouver le rayon d'un cône inscrit dans une sphère, sachant que sa surface est égale au double de la surface de la zone située au-dessous de sa base.

TABLE DES MATIÈRES

9 782329 017129